U0188663

中国草原保护与牧场利用丛书

（汉蒙双语版）

名誉主编 任继周

饲草青贮调制与利用技术

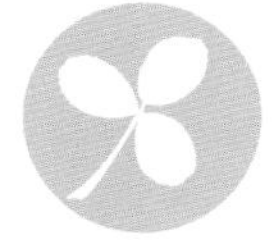

陶 雅 那 亚 李 峰

著

上海科学技术出版社

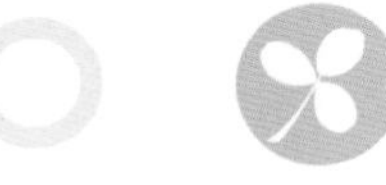

图书在版编目（CIP）数据

饲草青贮调制与利用技术 / 陶雅，那亚，李峰著
. -- 上海 ： 上海科学技术出版社，2021.2
（中国草原保护与牧场利用丛书 ： 汉蒙双语版）
ISBN 978-7-5478-5121-0

Ⅰ. ①饲… Ⅱ. ①陶… ②那… ③李… Ⅲ. ①牧草－青贮－汉、蒙②牧草－综合利用－汉、蒙 Ⅳ. ①S816

中国版本图书馆CIP数据核字(2021)第026038号

中国草原保护与牧场利用丛书(汉蒙双语版)

饲草青贮调制与利用技术

陶　雅　那　亚　李　峰　著

上海世纪出版(集团)有限公司
上 海 科 学 技 术 出 版 社 出版、发行
(上海钦州南路71号　邮政编码200235　www.sstp.cn)
上海中华商务联合印刷有限公司 印刷
开本 787×1092　1/16　印张 14.5
字数 230千字
2021年2月第1版　2021年2月第1次印刷
ISBN 978-7-5478-5121-0/S·205
定价：80.00元

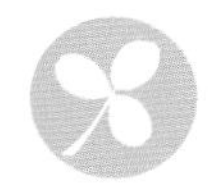

中国草原保护与牧场利用丛书（汉蒙双语版）

编/委/会

名誉主编

任继周

主　编

徐丽君　孙启忠　辛晓平

副主编

陶　雅　李　峰　那　亚

本书编著人员

（按照姓氏笔画顺序排列）

乌达巴拉　那　亚　孙雨坤　花　梅
李　峰　李　雪　李文龙　张仲鹃　陈季贵
郝林凤　柳　茜　姜永成　娜日苏　高凤芹
陶　雅　鲍青龙　魏小斌

特约编辑

陈布仁仓

序

“中国草原保护与牧场利用丛书（汉蒙双语版）”很有特色，令人眼前一亮。

这是一套朴实无华，尊重自然，贴近生产，心里装着牧民和草原生态系统的小智库。该套丛书采用汉蒙两种语言表达了编著者对草原的理解和关怀。这是我国新一代草地科学工作者的青春足迹，弥足珍贵。它记录了编著者的忠诚心志和科学素养，彰显了对草原生态系统整体关怀的现代农业伦理观。

我国是个草原大国，各类天然草原近4亿公顷，约占陆地面积的40%以上，为森林面积的2.5倍、耕地面积的3.2倍，是我国面积最大的陆地生态系统。草原不仅是我国陆地的生态屏障，也是草原与它所养育的牧业民族所共同铸造的草原文明的载体。这是无私的自然留给中华民族的宝贵遗产。我们应清醒地认知，内蒙古草原，尤其是呼伦贝尔草原是欧亚大草原仅存的一角，是自然的、历史的遗产。

这里原本是生草土发育良好，草地丰茂，畜群如云，居民硕壮，万古长青的草地生态系统，人类文明的重要组分，是中华民族获得新鲜活力的源头之一。但是由于农业伦理观缺失的历史背景，先后被农耕生态系统和工业生态系统长期、不断地入侵和干扰，草原生态系统的健康遭受破坏，变为“生态脆弱区”。

目前大国崛起的形势已经到来，我们对草原的科学保护、合理利用、复壮草原生态系统势在必行。党的十九届四中全会提出“坚持和完善生态文明制度体系，促进人与自然和谐共生”。保护好草原，建设好草原生态文明，就是关系边疆各族人民生产、生活和生

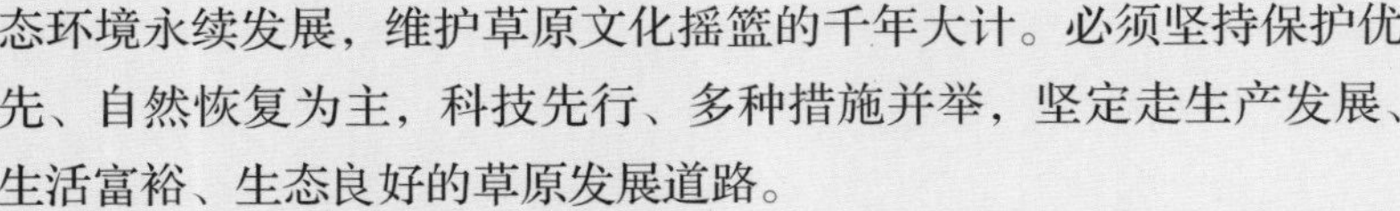

态环境永续发展，维护草原文化摇篮的千年大计。必须坚持保护优先、自然恢复为主，科技先行、多种措施并举，坚定走生产发展、生活富裕、生态良好的草原发展道路。

目前，草原科学新理念、新技术、新成果多以汉文材料为主，草原牧民汉语识别能力较弱，增加了在少数民族牧民中推广的难度。为此，该套丛书采用汉蒙双语对照，图文并茂，以便牧区广大群众看得懂、学得会和用得上，广泛推广最新研究成果，促进农牧民对汉字的识别能力。

该套丛书涵盖了草原保护与利用、栽培草地建植与管理等实用技术与原理，贯彻最新中央精神，可满足全国高校院所、农业、林业和草业部门对草牧业教材和乡村振兴战略读本的迫切需求。该套丛书的出版，可为恢复“风吹草低见牛羊”的富饶壮美的草原画卷提供有力支撑。

侯向阳

序于涵虚草舍，2019年初冬

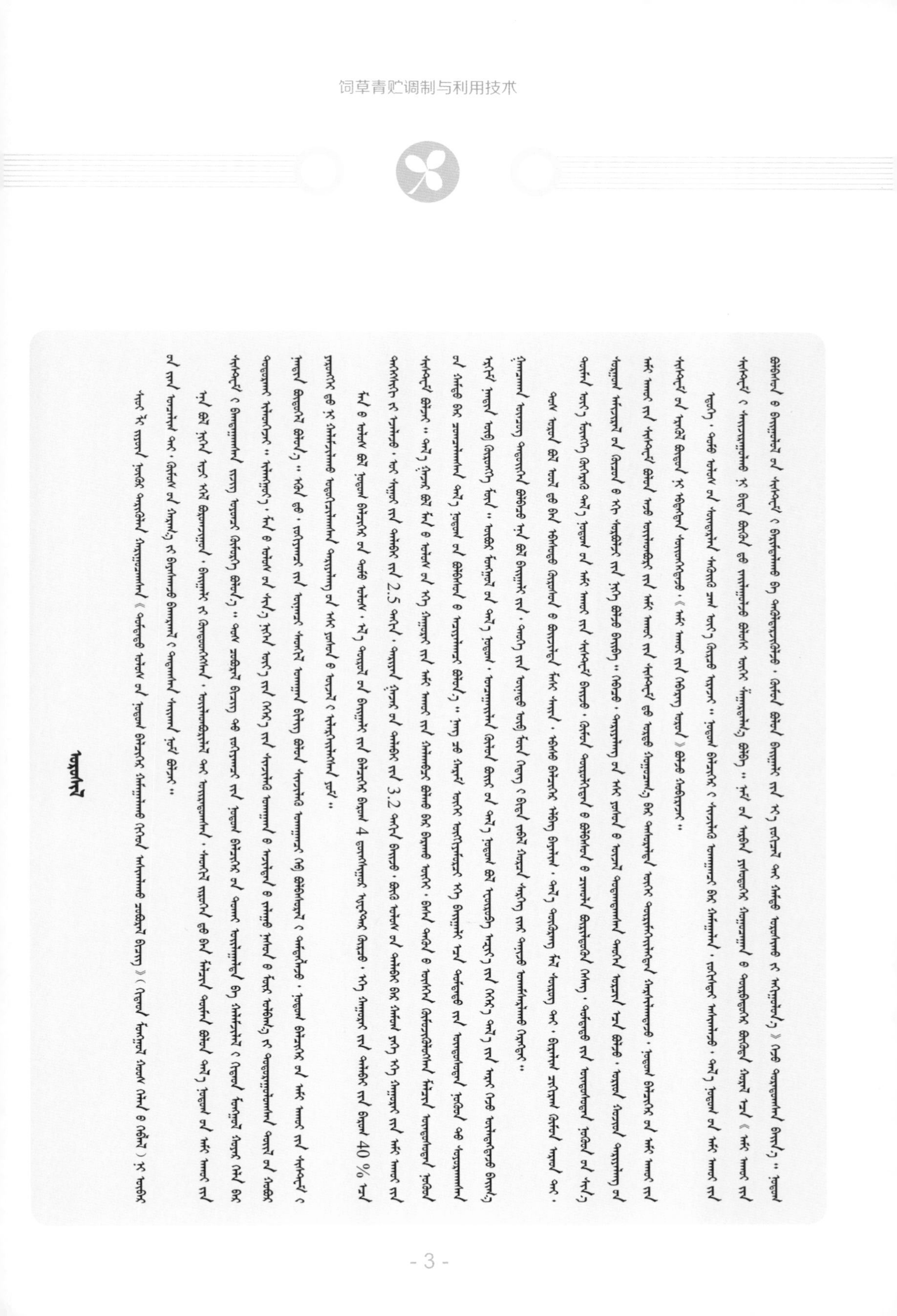

ᠤᠳᠤᠷᠢᠳᠬᠠᠯ

[illegible]

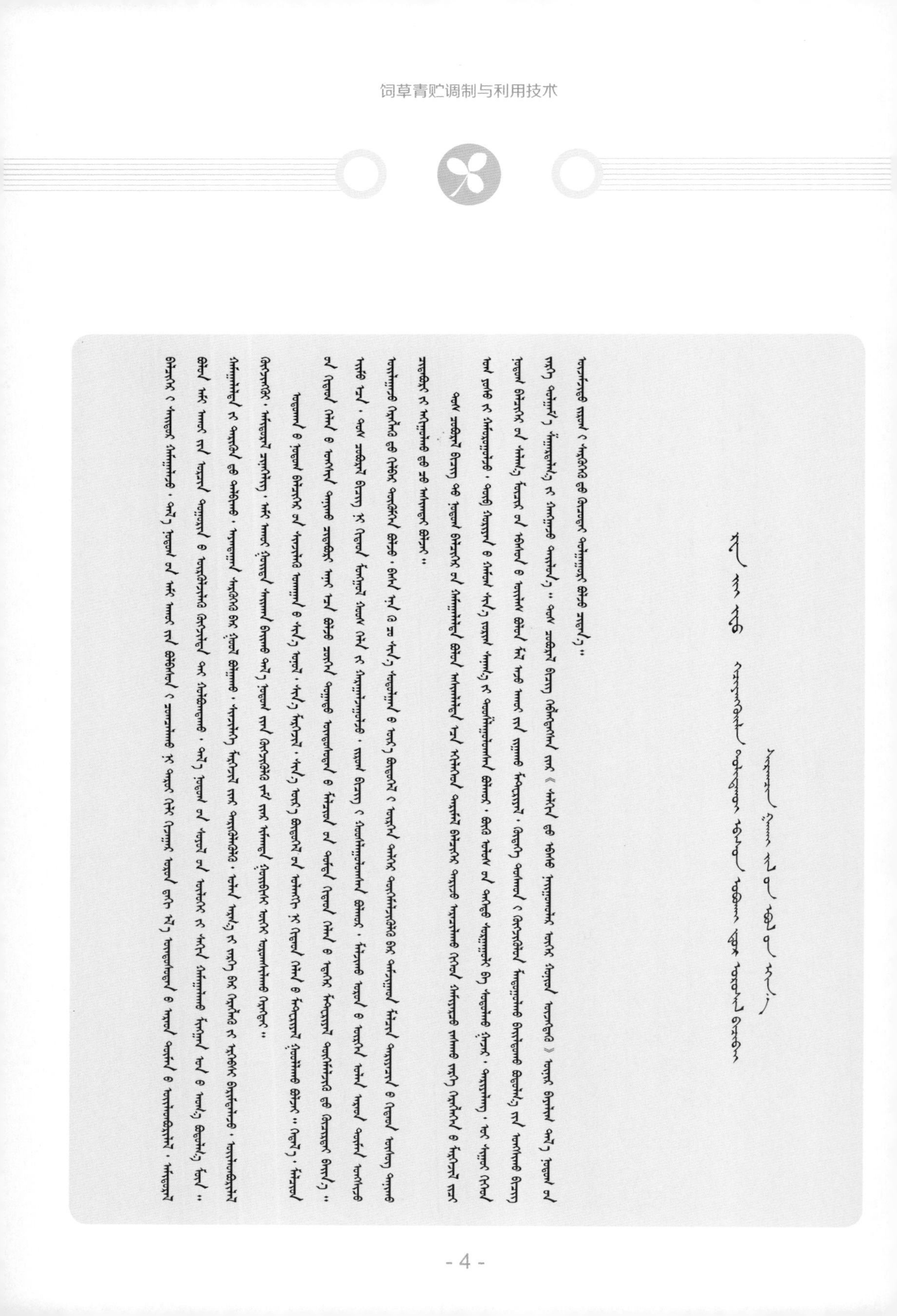

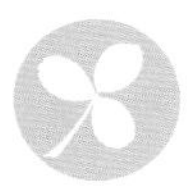

前／言

据《王祯农书》记载，我国传统青贮饲料的制作和应用起源于元代，清代《豳风广义》也有青贮饲料的制作和应用记载。20世纪40年代，王栋先生率先在我国开始现代青贮技术的研究与应用。经过近80年的研究和发展，我国的青贮理论与技术体系已相对完善，青贮技术得到广泛应用，青贮饲料在畜牧业发展中发挥着越来越重要的作用。由于青贮原料来源广泛，保存时间长，且能够有效地保存青绿饲草的营养成分，具有较好的适口性和较高的饲用价值，现已成为奶牛等草食家畜养殖中不可或缺的饲料。随着经济社会的全面发展、农业产业结构的不断优化以及国家政策的逐步扶持，草食畜牧业已成为现代农业和现代畜牧业的重要组成部分。现代草食畜牧业的快速发展，对青贮饲料的需求量也越来越大，对其品质的要求也越来越高。由于饲草在很大程度上决定着草食畜牧业的发展规模、产品质量和效益，因此利用青贮技术有效地开发饲草资源、优化饲草资源与青贮技术的高效配置、提升青贮饲料的品质、保障其质量，是保证草食畜牧业高质量发展的关键。

目前，在饲草青贮调制过程中仍存在着原料选择不佳、收获时期掌握不好、水分控制不当、青贮添加剂使用不合理、青贮设施简陋、压实密封程度不够、发酵时间不足、后期管理及利用不科学等问题，再加上我国饲草主产区收获期常与雨季相伴，往往导致饲草青贮成功率低、营养品质下降和开封后腐烂霉变等问题，从而造成严重的经济损失。在中国农业科学院农业科技创新工程重大产出科研选题（CAAS-ZDXT2019004）、国家牧草产业体系（GRS-

35）、中国农业科学院创新工程（CAAS-ASTIP-IGR 2016-02）、内蒙古自治区科技重大专项（2019ZD007）、中国博士后科学基金（2018M633612XB）项目和黑龙江飞鹤乳业有限公司的资助下，聚焦上述问题，我们就饲草优质青贮饲料的制作机理、关键技术和质量效益进行了持续多年的研究，并取得一些阶段性成果。这些研究成果的取得，为本书的完成奠定了基础。

本书从饲草青贮发酵理论出发，重点阐述饲草青贮的材料来源、添加剂选择、设施设备、调制方法、品质鉴定和管理利用等方面的技术要点。通过汉蒙双语的形式，为广大农业技术人员以及农牧民提供图文并茂、简单易懂的理论知识和技术指导，从而达到深化技术应用、提高技术水平、提升从业者业务素质等目的。这对提高我国饲草青贮技术应用水平，助推草食畜牧业持续、健康、高质量发展具有重要指导意义和促进作用。

由于本书涉及多个学科领域，且作者理论水平有限，书中存在的不妥之处，恳请广大读者批评指正！

陶雅

2020年冬

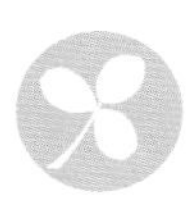

ᠤᠷᠢᠳᠤ ᠦᠭᠡ

ZDXT2019004) · [illegible] (CARS-35) · [illegible] (CAAS- [illegible]

[illegible] 20 [illegible] 《 [illegible] 》 [illegible] 《 [illegible] 》 [illegible]

[illegible]

[illegible]

[illegible]

[illegible]

[illegible] (2018M633612XB) [illegible] (2019ZD007) [illegible] (CAAS-ASTIP-IGR 2016-02) [illegible]

2020 [illegible] 6 [illegible]

[illegible]

目／录

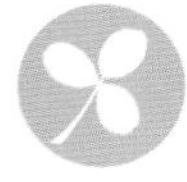

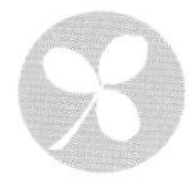

ᠭᠠᠷᠴᠠᠭ

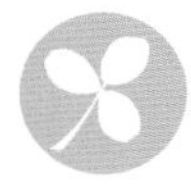

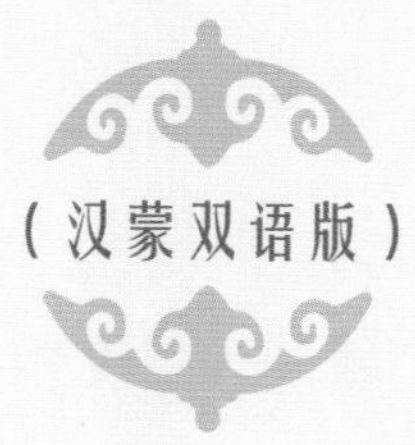

饲草青贮调制与利用技术

一、青贮基础知识

（一）什么是青贮

青贮是指在青贮容器等厌氧条件下，使新鲜的青绿饲料在相当长的时间内保持质量相对不变的一种保鲜技术，也是一种通过乳酸菌为主的微生物发酵来贮藏和调制青绿饲料的有效方法。

青贮饲料就是把新鲜的青绿饲料进行适当加工处理后，置于密闭青贮容器中，经过乳酸菌的发酵作用而调制成的一种柔软多汁、气味芳香、营养丰富、适口性好的多汁饲料。青贮饲料具有十分良好的耐贮藏特征。

（二）为什么青贮

随着我国人均消费水平的日益提高，人们对肉类产品的需求量不断加大，尤其对牛肉、羊肉等的需求与日俱增。如果想要提升牛肉、羊肉等的供应能力，就需要饲养相当数量的牛、羊，而牛、羊的饲养需要消耗大量饲料，其中青贮饲料作为重要饲料来源，每年的消耗量十分巨大（图1–1）。

1. 青贮扩大饲料来源

我国畜牧业发展面临的最严峻问题是饲草资源短缺，这严重限制了我国畜牧业的发展，同时也严重威胁着我国的粮食安全。虽然近几年国家加大对牧草产业的投资力度，饲草供给能力有明显提高，但饲草依旧有很大的缺口，需要依赖进口，导致畜牧业发展缺乏足够的物质支撑，同时也使畜牧业养殖成本居高不下。目前，人们对粮食的消费量日趋下降，而肉类产品食物消费量却逐年递增，大量的畜牧养殖对粮食的大量消耗已经成为严重影响我国粮食安全的重要因素。为了保障畜牧业稳健发展，同时保证粮食安全，必须加大对饲草资源的开发利用，扩大饲草的来源，并降低食草家畜对粮食的消耗。

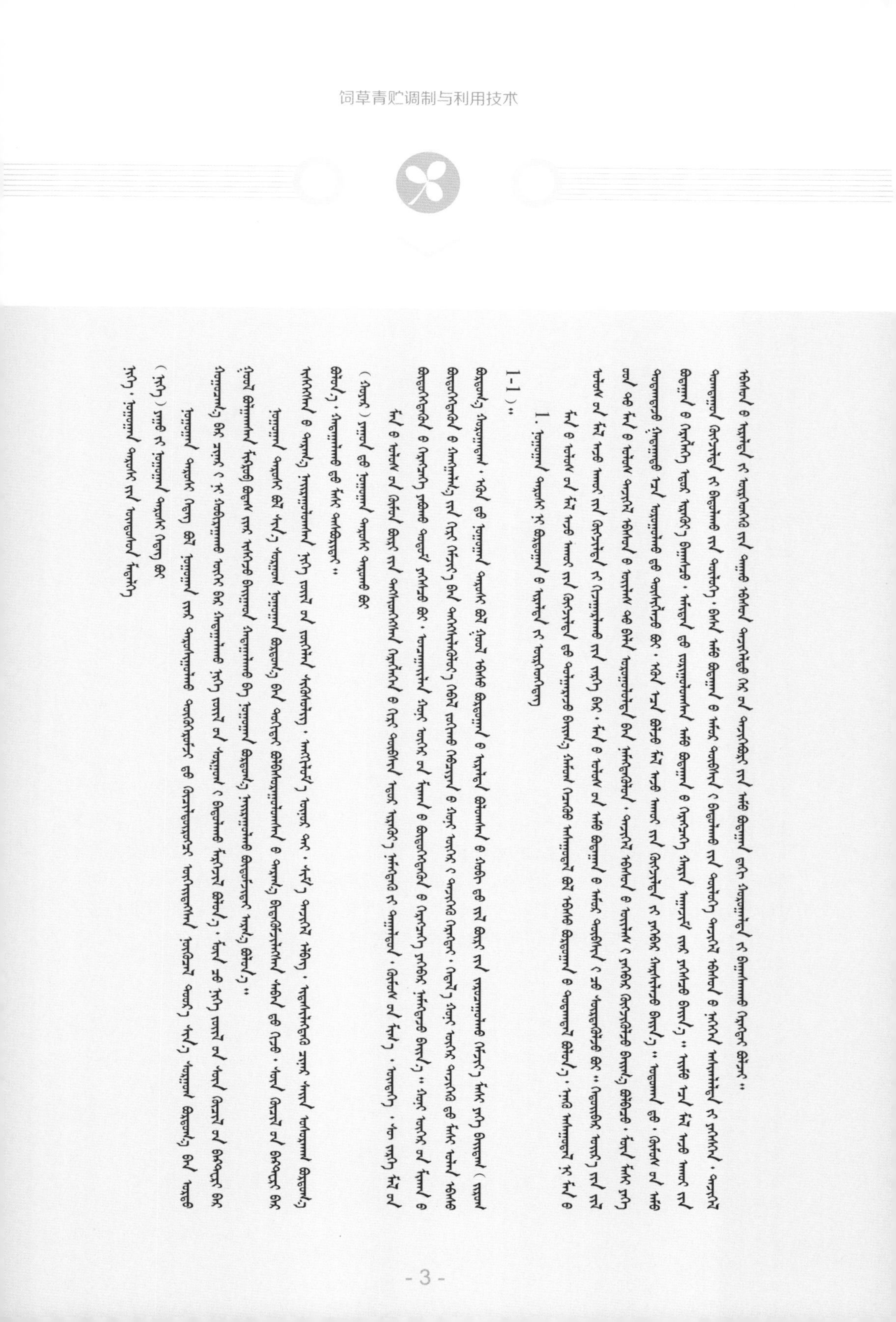

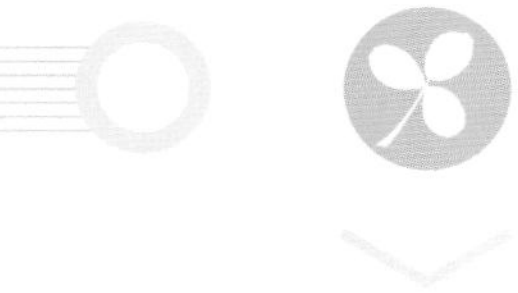

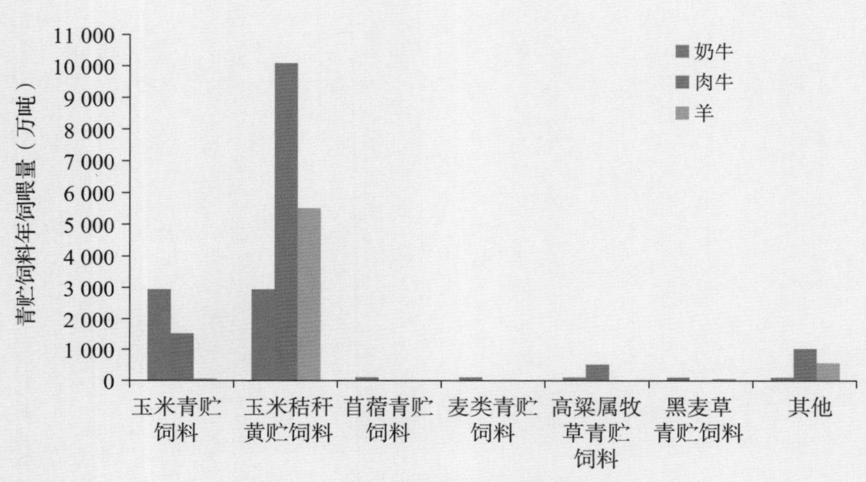

图 1–1　不同类型青贮饲料年饲喂量

将多种青贮原料调制成青贮饲料，是非常好的优良饲草加工方式。青贮原料的来源十分广泛，禾本科饲草、豆科饲草、饲料作物、农作物秸秆、农业副产物、工业副产物等都可以用来调制青贮饲料（图 1–2）。由于青贮可改善原料的物理性状及质地，去除异味，并能很好地将原料的营养成分保存下来，可提高原料的饲用价值，因此青贮也有助于开发潜在饲草资源，如家畜不爱吃或者具有异味的野草、野菜等均可调制成青贮饲料用于食草动物饲养。

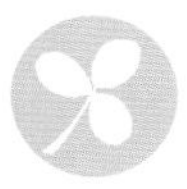

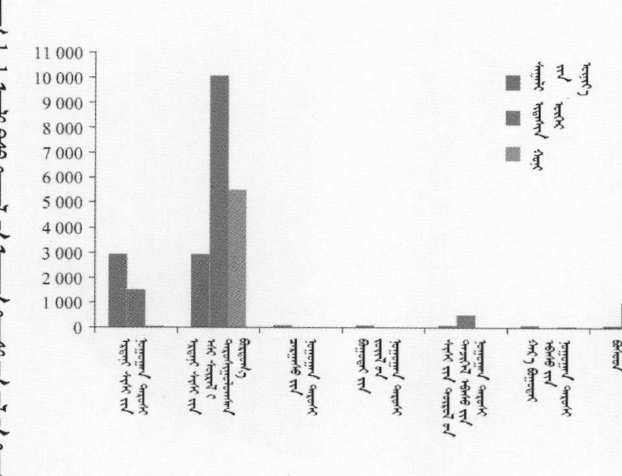

ᠵᠢᠷᠤᠭ 1-1

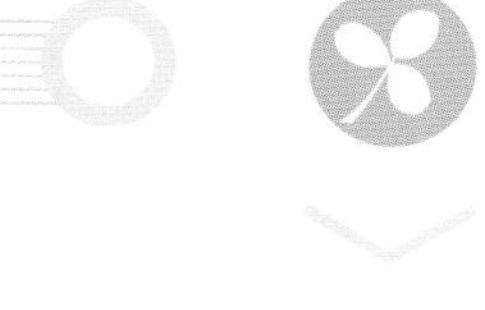

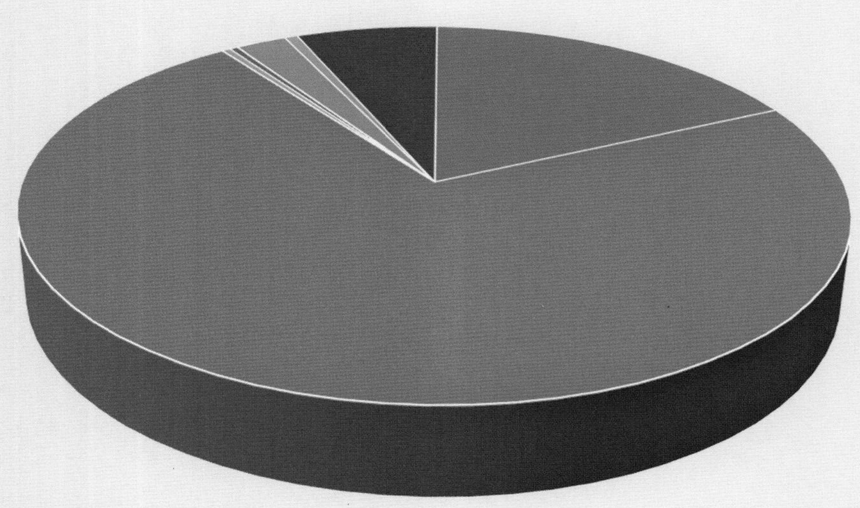

图 1–2　不同原料的青贮饲料产量占比

2. 青贮降低饲草加工成本

青贮饲料的调制需要原料、容器、机械以及人工等，由此产生的费用都属于青贮饲料的调制成本范畴。调制青贮饲料时，可结合实际情况选择青贮容器，在发挥其最大使用潜力的基础上使经济效益最大化。对于规模较大的养殖基地，可建造大型的固定青贮容器，该容器具有一次投入多年使用的优点，能够节省大量人力和物力。若是小型养殖企业或者个体养殖户可因地制宜地选择青贮窖（壕）、青贮桶、塑料袋等简易容器，以降低投入的设施成本。此外，青贮饲料较干草所需贮藏空间更小，能够节省更多的土地资源，这对于企业而言，可以减少很大一部分开支。一般储存 70 千克左右的干草就需要 1 立方米的空间，而同样体积的青贮窖可贮藏青贮饲料 450 ～ 700 千克，其中干物质含量能达到 100 ～ 150 千克。

450 ~ 700 [illegible] 100 ~ 150 [illegible] 70 [illegible] 1 [illegible]

2. [illegible]

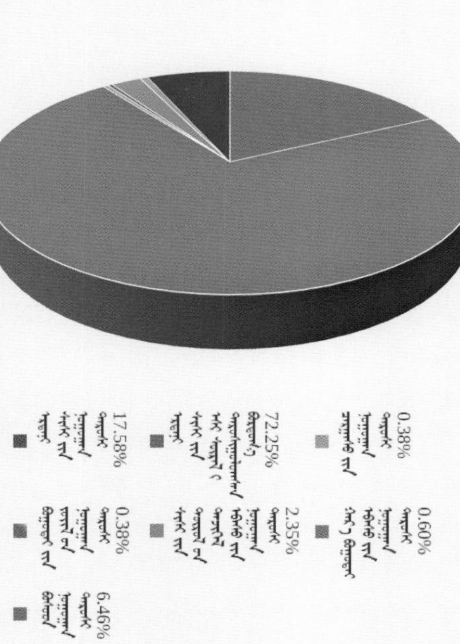

[illegible] 1-2 [illegible]

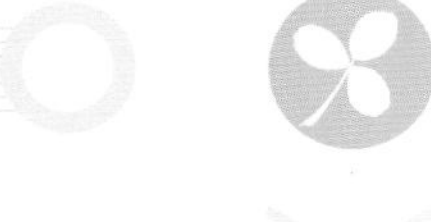

3. 青贮调制受气候因素的影响较小

我国食草畜牧业的发展离不开干草，然而大部分地区雨热同期，饲草收获季节常伴有降雨，如果没有烘干设备很难进行干草调制，且淋湿的干草容易发霉变质，造成大量损失。青贮饲料的调制受日晒、雨淋等天气因素的影响较小，无论什么时候，只要有青贮原料就可以调制青贮饲料，营养价值更高。

4. 青贮可保存青绿饲草的营养成分

受各种因素的影响，青绿饲草在晒制过程中会造成营养物质的损失，导致其营养价值降低。一般青绿植物在成熟和晒干后，营养物质损失30%左右。如在晾晒过程中遇到雨水淋湿或发霉变质，营养物质损失会更多，甚至超过其营养价值的一半。以玉米为例，一般青贮条件下，青贮玉米秸秆较风干玉米秸秆的粗蛋白含量提高1倍之多，粗脂肪增加4倍，而粗纤维含量下降了7.5个百分点（表1–1）。

表1–1 青贮玉米秸和干玉米秸养分含量差异

玉米秸	不同营养成分含量（占干物质百分比）				
	粗蛋白（%）	粗脂肪（%）	粗纤维（%）	粗灰分（%）	无氮浸出物（%）
干玉米秸	3.94	0.90	37.60	9.46	48.09
青贮玉米秸	8.19	4.60	30.13	9.74	47.30

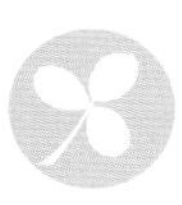

3. [illegible]

[illegible]

4. [illegible]

[illegible] 4 [illegible] 7.5% [illegible] ([illegible] 1-1) ᠃

[illegible] 1-1 [illegible]

[illegible]	[illegible] ([illegible] %)				
	[illegible]	[illegible]	[illegible]	[illegible]	[illegible]
[illegible]	3.94	0.90	37.60	9.46	48.09
[illegible]	8.19	4.60	30.13	9.74	47.30

饲草营养物质的损失主要有刈割时的机械损失、刈割后因饲草自身酶类作用导致的分解损失、降水等不利天气条件造成的损失、长时间日晒带来的损失以及不良微生物作用造成的损失和贮藏过程中的损失等。损失的营养物质主要以糖类、蛋白质等为主，这些都是家畜易于消化吸收的高营养组分。青贮饲料的调制在一定程度上能够减少部分营养物质损失，其营养物质损失一般在10%左右。这是因为青贮过程中青绿饲草暴露时间较短，受日晒、雨淋等天气条件的影响微乎其微，氧化分解程度更低，植物中的蛋白质、维生素和碳水化合物等高营养价值的养分能够更好地保存下来；此外，由于省去了翻晒等田间机械作业，进而减少了因机械作业造成的落叶等损失。

5. 青贮可改善饲草适口性、提高消化率

青绿饲草贮藏后既保持了原料营养多汁的特性，又减少了饲草中木质素、纤维素的含量，而且经过发酵后具有鲜嫩多汁、质地柔软和浓郁的酸香气味，符合家畜的采食习惯。对于家畜不爱采食的粗糙干硬饲草，经过机械切短、水分调节、微生物发酵等青贮调制过程中的一系列作用，可以大大改善其适口性。此外，青贮发酵过程还能够消除原料的特殊气味和某些抗营养因子，进而改善饲草的适口性。例如，蒿属植物因其具有特殊气味，大部分家畜都不爱采食，但调制成青贮饲料后可大大减轻其气味，提高了家畜的采食率。青贮饲料能够保存原料中的高消化性营养物质，较干草营养价值更高，所以具有较高的消化率，也提高了家畜的利用率（表1–2）。此外，青贮过程进行的机械处理使原料切短和软化，降低了动物采食活动的能量消耗，增大了消化液与饲料的接触面积，从而有利于提高消化率。

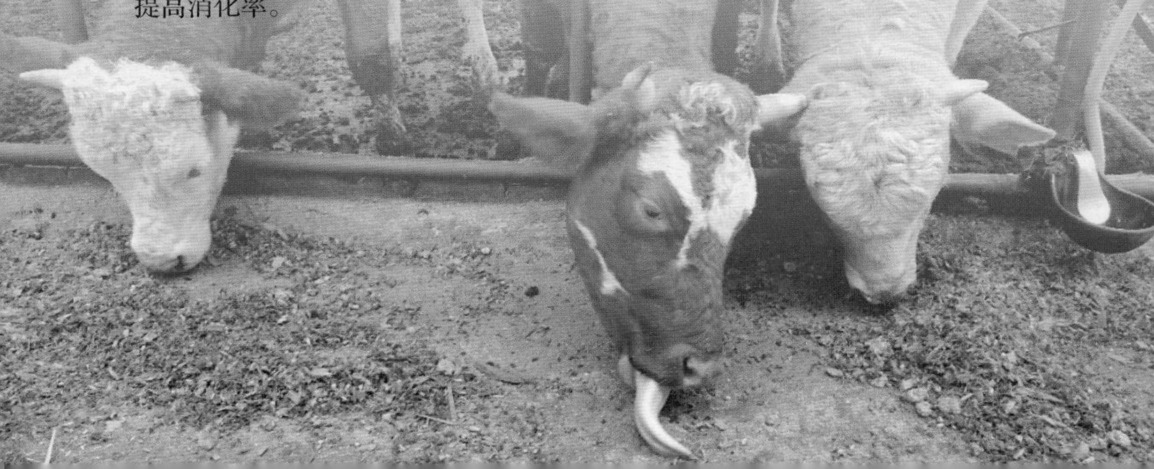

表1–2　不同类型饲料消化率比较

饲草类别	不同营养成分消化率（%）				
	干物质	粗蛋白	粗脂肪	粗纤维	无氮浸出物
干草	65	62	53	65	71
青贮饲料	69	63	68	72	75

6. 青贮可实现冬春季节青绿饲料有效供给

养殖牛、羊等离不开干草，但在我国调制干草的季节大都为阴雨天气，所以调制干草在日晒不充分且没有烘干条件的情况下十分困难，容易造成霉烂变质，养分损失较大，消化率也有所降低。青贮饲料克服了调制干草困难的这些缺点，不受季节和气候的限制，只要有原料就可青贮。但是，由于青绿饲草的供给具有明显的季节性，夏秋季节产量高，冬春季节产量低，尤其是我国北方地区，饲草生长周期短，青绿饲料生产受限制，整个冬春季节都缺乏青绿饲料，导致青绿饲料供给不均匀。把夏秋季节多余的青绿饲料以青贮的形式保存起来供冬春季节使用，就可保障青绿饲料的均衡供给，解决冬春季节家畜缺乏青绿饲料的问题。

7. 青贮可长期安全保存青绿饲料

饲草青贮，特别是青绿作物青贮，可解决冬春季节家畜饲料缺乏的问题。青贮调制成功后，只要密封严密、不开封、不漏气便可以长期安全保存，营养物质损失小，不易发生品质劣变。在贮藏管理好的情况下，青贮饲料甚至可以保存20年以上。

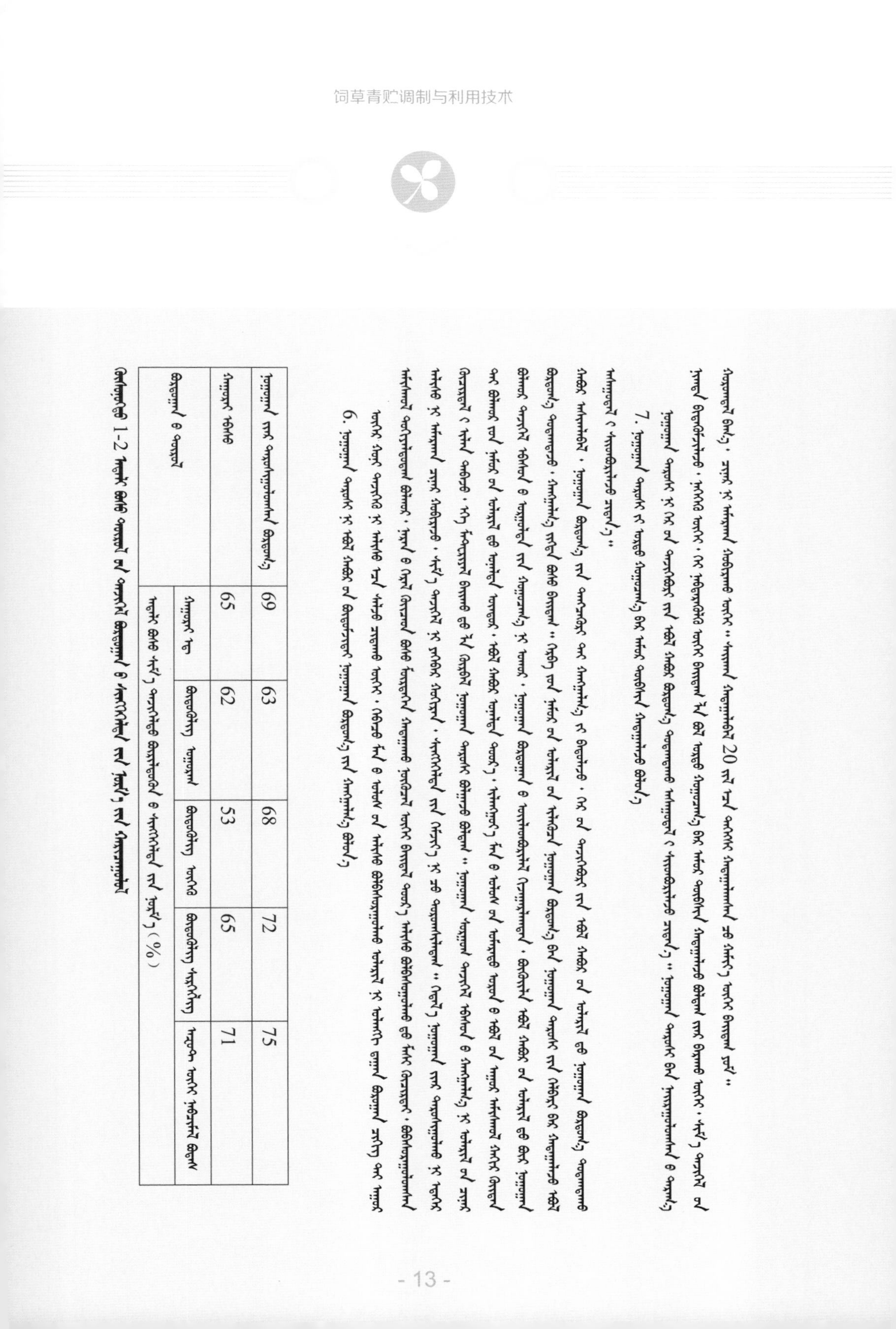

[illegible] 20 [illegible]

7. [illegible]

[illegible]

6. [illegible]

[illegible]	69	63	68	72	75
[illegible]	65	62	53	65	71
[illegible]	[illegible]	[illegible]	[illegible]	[illegible]	[illegible]
	[illegible] (%)				

[illegible] 1-2 [illegible]

（三）青贮的类型

1. 常规青贮

常规青贮也叫“一般青贮”。这种青贮方法一般要求原料的含水量达到60%～75%，是最常见的一种青贮方法。这种青贮方式主要是创造出能使乳酸菌大量繁殖的缺氧环境，从而使青贮原料中的淀粉和可溶性糖转化成乳酸，当乳酸积累到一定浓度后，青贮饲料的pH降至4.0左右，腐败菌的生长受到抑制，这样就可以把青贮饲料的养分长期保存下来。青贮原料上经常会附着大量的微生物，这些微生物既有对青贮发酵有利的，也有对青贮发酵不利的。乳酸菌是对青贮发酵有利的微生物中最主要的一种，其生长繁殖要有湿润、厌氧的环境，同时要有一定数量的糖类物质；而腐生菌等多种微生物是对青贮发酵不利的，这些微生物大多是需氧或不耐酸的菌类。青贮就是利用微生物这一特点，充分创造有利于乳酸菌生长、繁殖的环境，以达到抑制其他不利于青贮的微生物生长繁殖的目的。

青贮原料在装入青贮设施的前几天，腐生菌的数量远远多于乳酸菌，但几天之后，青贮设施内的氧气被耗尽，形成厌氧环境，乳酸菌的数量逐渐增加，成为优势菌群，青贮发酵由此开始。此时，乳酸菌将原料中的糖类物质转化为乳酸，青贮设施内乳酸浓度不断增加，当乳酸含量达到一定程度时就会抑制其他微生物活动，特别是腐生菌在低pH环境下很快死亡，而乳酸菌也会随着青贮饲料pH的不断降低而停止活动。当乳酸积累到青贮饲料湿重的1.5%～2.0%、pH为4.0～4.2时，青贮饲料在厌氧和酸性环境下成熟，青贮发酵过程到此结束，青贮趋于稳定。此时只要不开窖饲喂，破坏其厌氧环境，青贮饲料品质就可保持数年不变。

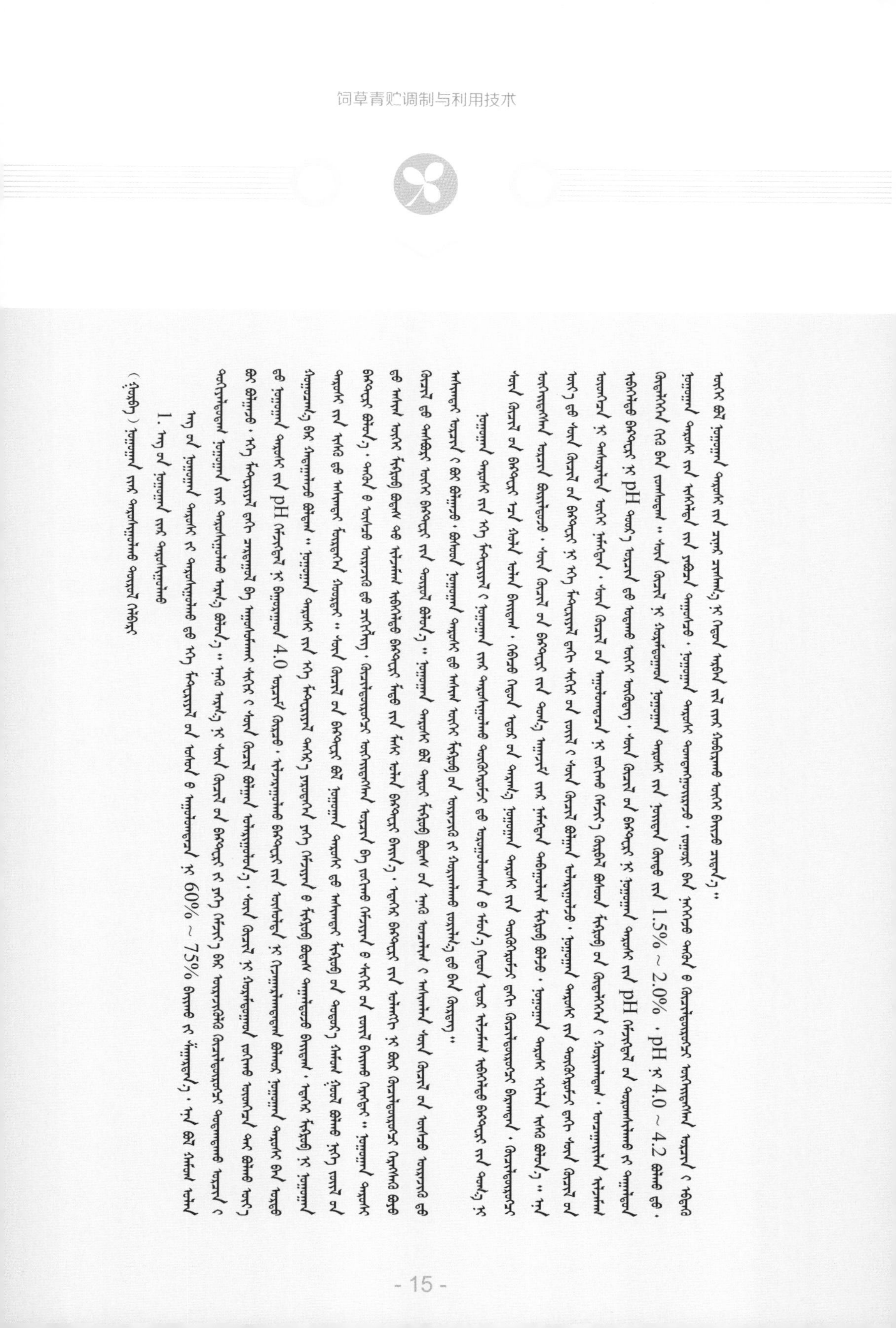

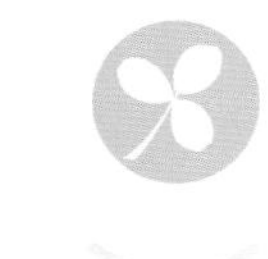

2. 半干青贮

半干青贮也叫“低水分青贮”。这是在常规青贮技术的基础上演变而来的新型青贮技术，其基本原理是降低原料水分含量，通过风干使原料的含水量降到45% ～ 60%时，再进行厌氧贮存，以实现对微生物的生理干燥。这种经过风干的青贮原料，对腐生菌、丁酸菌和乳酸菌均可造成生理干燥状态，进而限制其生长。因此，在青贮过程中，微生物活动较弱，蛋白质不会被分解，有机酸形成量少。虽然霉菌等微生物在风干饲草内仍有可能大量繁殖，但经过切短、压实并处于厌氧环境中，其活动很快停止。所以，半干青贮最好在高度厌氧的环境下进行。此外，由于半干青贮是微生物处在干燥状态及微生物繁殖受到限制的条件下进行的，所以青贮原料中的糖分或乳酸含量的多少以及pH的大小对半干青贮几乎没有影响，因此青贮原料的来源较常规青贮更加广泛。

3. 添加剂青贮

添加剂青贮也叫“外加剂青贮”。其原理是借助添加剂对青贮发酵过程进行控制，以减少发酵过程中由微生物活动造成的青贮饲料养分损失，从而获得更高品质的青贮饲料。添加剂青贮的优点是可以将常规青贮法难以青贮的原料进行青贮利用，从而扩大了青贮原料的范围。添加剂主要是通过以下三个方面来影响青贮发酵过程。

第一种是通过促进乳酸发酵来影响青贮发酵，如添加各种可溶性糖、乳酸菌以及酶制剂等，如此可快速产生大量乳酸，使pH很快降到3.8 ～ 4.2。

第二种是通过抑制不良发酵来影响青贮发酵，如添加各种酸、抑制剂等，防止腐生菌等对青贮不利的微生物生长。

第三种是提高青贮饲料营养物质的含量，如添加尿素、氨化物等，以增加青贮饲料中蛋白质的含量。

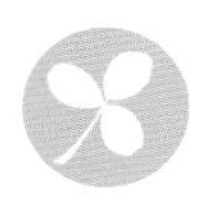

2. [illegible]

[illegible] 45%～60% [illegible] pH [illegible]

3. [illegible]

[illegible] pH [illegible] 3.8～4.2 [illegible]

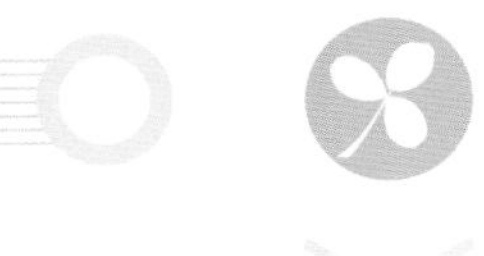

二、青贮的原料

可用于调制青贮饲料的原料来源十分广泛，凡是无毒、无害、无异味、可饲用，且含有一定量的糖分和水分的青绿植物都可用于制作青贮饲料。一般以禾本科饲草、豆科饲草、野生饲草、水生饲草，以及植物块根、块茎、藤叶等青绿植物为主。此外，树叶及一些农副产物均可作为青贮原料。

（一）禾本科饲草

禾本科饲草蛋白质含量较低，纤维素和碳水化合物含量较高，对乳酸发酵十分有利。禾本科饲草种类繁多，可作为青贮原料的主要有玉米、燕麦、甜高粱、大麦、苏丹草、羊草、多年生黑麦草、无芒雀麦、披碱草、鸭茅、猫尾草、象草等。

1. 玉米

玉米（*Zea mays* L.）是禾本科玉蜀黍属一年生植物。为我国主要的粮食作物，也是优良的饲料作物，在畜牧业生产中的地位要远远超过在粮食生产中的地位。发展青贮玉米既能满足奶牛、肉牛、肉羊等食草家畜全年饲料的充分供给，又能有效缓解人畜争粮的矛盾。

（1）青贮玉米的特点：青贮玉米（图2–1）与一般饲料相比具有很多优势。首先，青贮玉米生长速度快，茎叶繁茂，生物产量高，且干物质含量高于200克/千克；其次，青贮玉米营养丰富，可溶性碳水化合物含量高，木质素和纤维素含量低，适口性好，易于消化和吸收；最后，青贮玉米茎秆粗壮，耐密性好，抗倒伏能力强，有利于机械化作业，生产效率高。

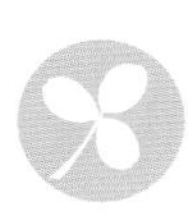

(1)

(ᠵᠢᠷᠤᠭ 2-1)

200

1.

(Zea mays L.)

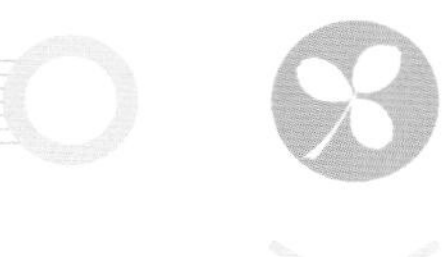

（2）青贮玉米的品种：我国青贮玉米的品种非常丰富，如金岭367、京多1号、辽原1号、科多8号、科青1号、京科青贮516、晋单青贮42、豫青贮23、郑青贮1号和金刚青贮50等。这些品种高产、优质，是很好的青贮原料，但需要根据当地实际情况因地制宜地合理选择种植品种。此外，也有很多较好的粮饲兼用型品种，其成熟后有一半以上茎叶保持青绿，同样能够调制出品质优良的青贮饲料。

（3）青贮玉米的青贮特性：青贮玉米通常在乳熟期至蜡熟期收获，由于含糖量高，调制青贮比较容易成功。即可单贮，也可以与豆科等不易青贮的饲草混贮，而且青贮质量好。由于玉米青贮后乳酸含量高，残存的碳水化合物多，开封后较其他青贮更容易发生好氧变质，可通过添加乳酸菌和丙酸等提高开封后的有氧稳定性。

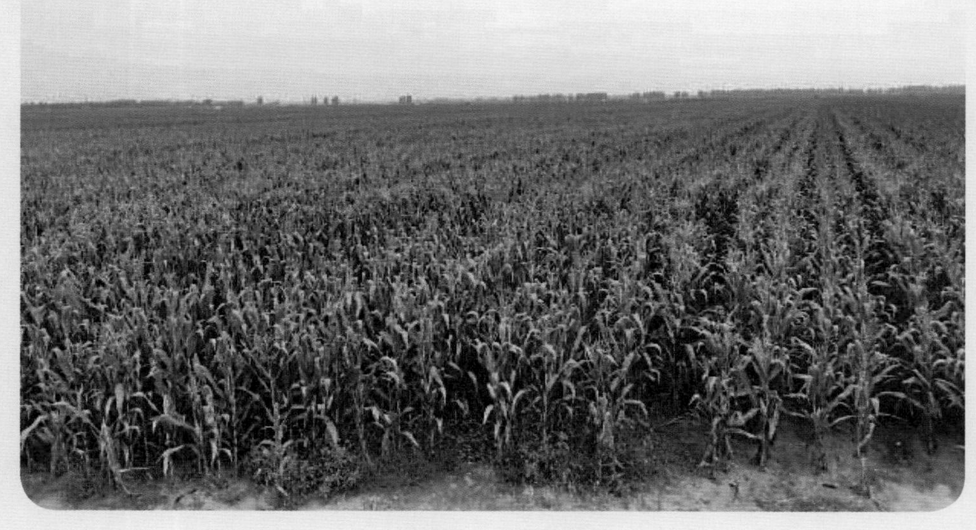

图2–1　青贮玉米

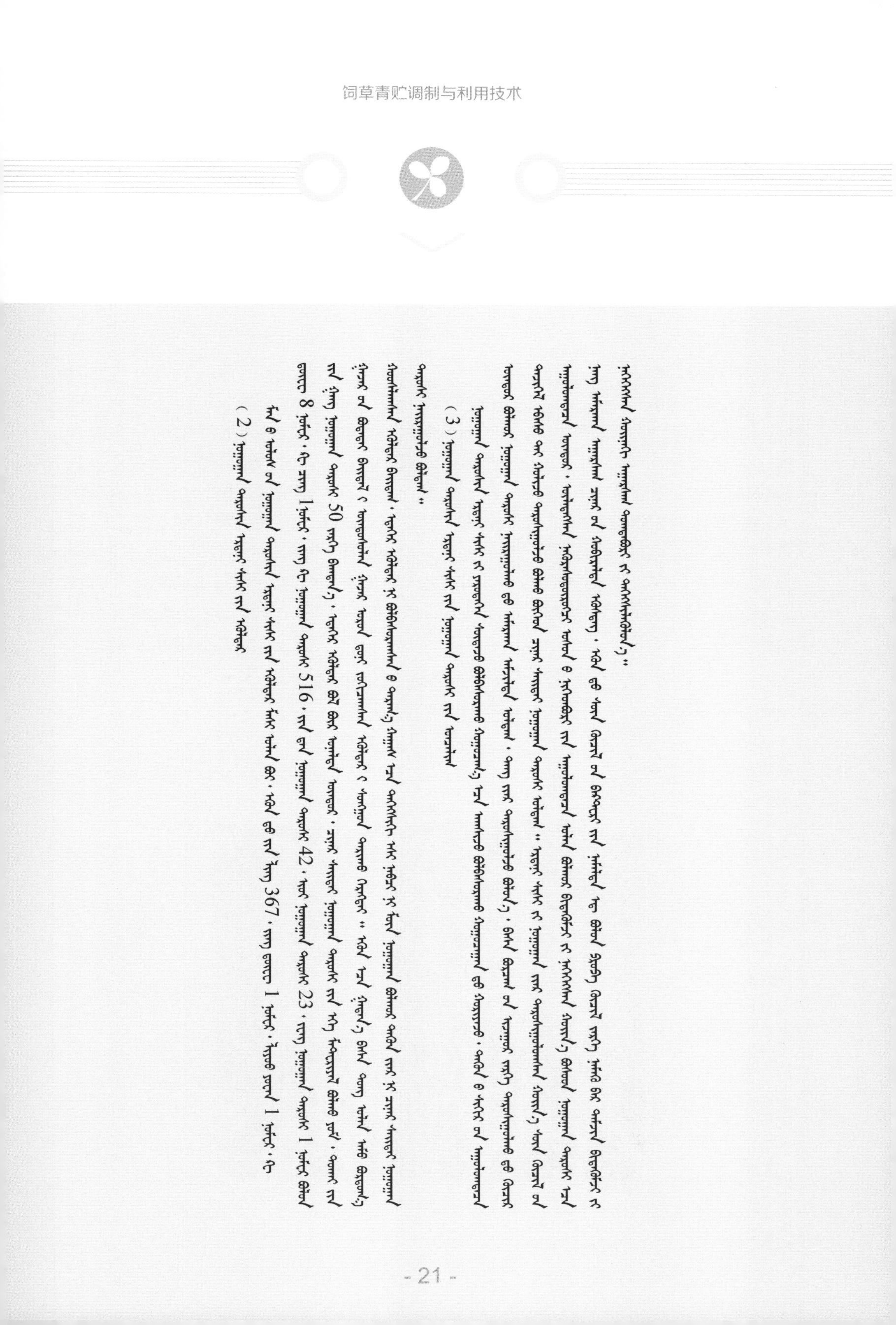

[illegible]

（3）[illegible]

[illegible] 50 [illegible] 516 [illegible] 42 [illegible] 23 [illegible] 1 [illegible] 8 [illegible] 1 [illegible] 367 [illegible] 1 [illegible] 1 [illegible]

（2）[illegible]

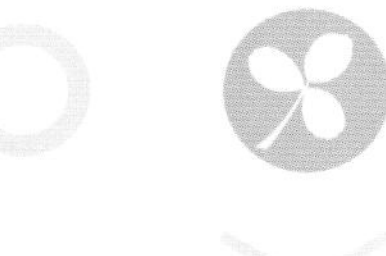

2. 燕麦

燕麦（*Avena sativa* L.）是禾本科燕麦属一年生植物（图2–2）。燕麦是一种粮饲兼用型作物，可分为皮燕麦和裸燕麦两大类型。在我国燕麦主要分布在内蒙古、河北、吉林、山西、陕西、青海和甘肃等地，是主要的高寒作物。燕麦中有效纤维较多，木质化程度低，茎秆十分柔软且具有一定韧性，能为反刍动物提供大量营养，饲用价值极高，常用来饲喂牛、羊等牲畜。燕麦具有抗旱、抗寒、耐贫瘠等优点，也适度耐盐碱，是高寒牧区公认的稳产、高产、优质的重要饲草。燕麦青贮可以在抽穗期至蜡熟期收获，无论单贮或混贮均可调制出品质优良的青贮饲料。其适口性好，消化率高，对改善家畜的生产性能具有一定作用。

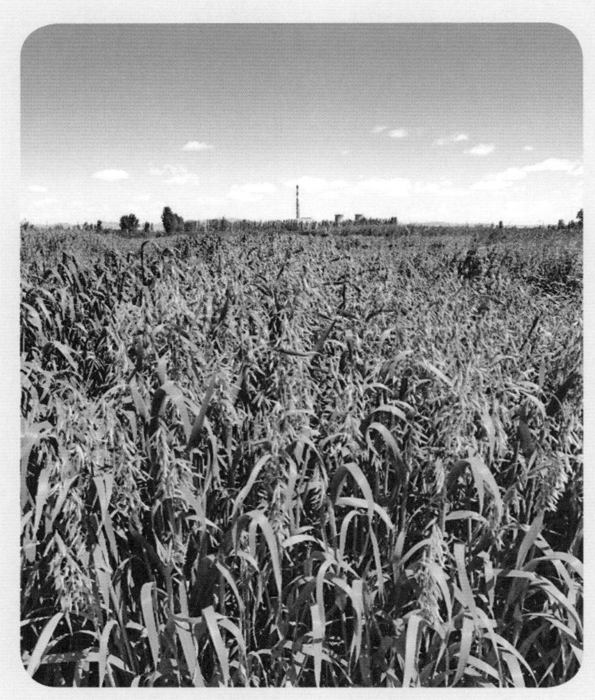

图2–2 燕麦

2. ᠰᠣᠯᠣᠭᠠᠢ ᠪᠤᠳᠠᠭ᠎ᠠ

ᠰᠣᠯᠣᠭᠠᠢ ᠪᠤᠳᠠᠭ᠎ᠠ (Avena sativa L.) ᠪᠣᠯ ᠦᠶᠡᠲᠦ ᠤᠭᠤᠷ ᠤᠨ ᠣᠢᠮᠣᠭᠲᠠ ᠶᠢᠨ ᠰᠣᠯᠣᠭᠠᠢ ᠪᠤᠳᠠᠭ᠎ᠠ ᠶᠢᠨ ᠲᠥᠷᠥᠯ ᠦᠨ ᠨᠢᠭᠡ ᠨᠠᠰᠤᠲᠤ ᠥᠪᠡᠰᠦᠨ ᠤᠷᠭᠠᠮᠠᠯ ᠮᠥᠨ (ᠵᠢᠷᠤᠭ 2-2)᠂ ᠲᠡᠷᠡ ᠨᠢ ᠬᠦᠢᠲᠡᠨ ᠳᠤ ᠲᠡᠰᠪᠦᠷᠢ ᠰᠠᠢᠲᠠᠢ᠂ ᠬᠤᠷ᠎ᠠ ᠪᠣᠷᠤᠭᠠ ᠬᠠᠷᠢᠴᠠᠩᠭᠤᠢ ᠡᠬᠡ ᠣᠷᠣᠨ ᠳᠤ ᠲᠠᠷᠢᠯᠠᠵᠤ ᠪᠣᠯᠤᠨ᠎ᠠ ᠃ ᠰᠣᠯᠣᠭᠠᠢ ᠪᠤᠳᠠᠭ᠎ᠠ ᠶᠢ ᠪᠢᠳᠡ ᠤᠯᠤᠰ ᠤᠨ ᠬᠣᠶᠢᠲᠤ ᠬᠡᠰᠡᠭ ᠲᠦ ᠣᠯᠠᠨ ᠲᠠᠷᠢᠵᠤ ᠪᠠᠢᠨ᠎ᠠ ᠃

ᠰᠣᠯᠣᠭᠠᠢ ᠪᠤᠳᠠᠭ᠎ᠠ ᠶᠢᠨ ᠦᠷ᠎ᠡ ᠲᠠᠷᠢᠶ᠎ᠠ ᠨᠢ ᠬᠦᠨᠰᠦ ᠪᠣᠯᠬᠤ ᠡᠴᠡ ᠭᠠᠳᠠᠨ᠎ᠠ ᠮᠠᠯ ᠤᠨ ᠲᠡᠵᠢᠭᠡᠯ ᠪᠣᠯᠭᠠᠨ ᠬᠡᠷᠡᠭᠯᠡᠭᠳᠡᠳᠡᠭ᠂ ᠡᠭᠦᠨ ᠦ ᠢᠳᠡᠰᠢ ᠨᠠᠮᠠᠭ ᠵᠦᠭᠡᠯᠡᠨ᠂ ᠰᠢᠮ᠎ᠡ ᠰᠠᠢᠲᠠᠢ᠂ ᠭᠠᠭᠴᠠ ᠪᠠ ᠨᠣᠭᠣᠭᠠᠨ ᠢᠳᠡᠰᠢ᠂ ᠬᠠᠳᠠᠭᠠᠯᠠᠮᠠᠯ ᠲᠡᠵᠢᠭᠡᠯ ᠪᠣᠯᠭᠠᠨ ᠬᠡᠷᠡᠭᠯᠡᠵᠦ ᠪᠣᠯᠤᠨ᠎ᠠ ᠃ ᠰᠣᠯᠣᠭᠠᠢ ᠪᠤᠳᠠᠭ᠎ᠠ ᠶᠢᠨ ᠤᠷᠭᠤᠴᠠ ᠨᠢ ᠬᠤᠷᠳᠤᠨ᠂ ᠳᠠᠬᠢᠨ ᠤᠷᠭᠤᠬᠤ ᠴᠢᠳᠠᠪᠬᠢ ᠰᠠᠢᠲᠠᠢ᠂ ᠤᠭᠤᠷᠠᠭ ᠨᠢ ᠵᠥᠭᠡᠯᠡᠨ᠂ ᠨᠠᠯᠢᠶ᠎ᠠ ᠨᠢ ᠣᠯᠠᠨ᠂ ᠡᠭᠦᠨ ᠦ ᠳᠣᠲᠣᠷ᠎ᠠ ᠤᠭᠤᠷᠠᠭ ᠤᠨ ᠠᠭᠤᠯᠭ᠎ᠠ ᠬᠠᠨᠠᠯᠲᠠ ᠲᠠᠢ ᠮᠠᠯ ᠳᠤ ᠢᠳᠡᠭᠳᠡᠬᠦ ᠴᠢᠨᠠᠷ ᠰᠠᠢᠲᠠᠢ ᠠᠭᠤᠳᠠᠮ ᠲᠡᠵᠢᠭᠡᠯ ᠪᠣᠯᠤᠨ᠎ᠠ ᠃ ᠡᠭᠦᠨ ᠢ ᠨᠣᠭᠣᠭᠠᠨ ᠲᠡᠵᠢᠭᠡᠯ᠂ ᠬᠠᠳᠠᠭᠠᠯᠠᠮᠠᠯ ᠲᠡᠵᠢᠭᠡᠯ ᠪᠣᠯᠭᠠᠨ ᠬᠡᠷᠡᠭᠯᠡᠵᠦ ᠪᠣᠯᠬᠤ ᠪᠠᠢᠨ᠎ᠠ ᠃

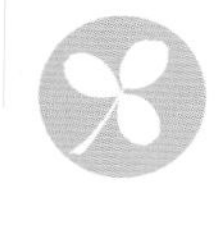

3. 甜高粱

甜高粱［*Sorghum dochna* (Forssk.) Snowden］又称丽欧高粱或糖高粱（图2–3），是禾本科高粱属一年生植物。原产于印度和缅甸，现广泛种植于世界各地。我国东北至华南均有种植，但以黄河流域居多。甜高粱对土壤的适应能力较强，尤其耐盐碱性甚至强于玉米，能够栽培在许多地区。其喜温暖，具有抗旱、耐涝、耐盐碱等特性。甜高粱产量高而稳定，其茎内糖分含量高，乳熟期糖分可达17%以上，可调制成优良的青贮饲料。

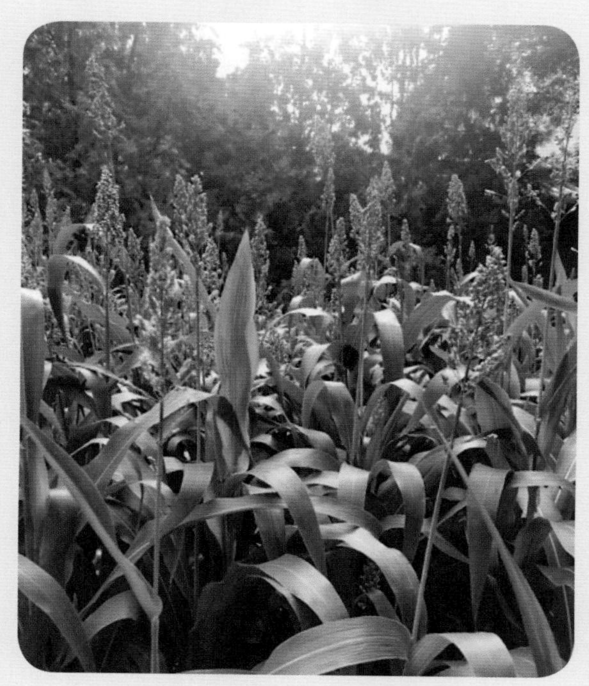

图2–3　甜高粱

3. ᠰᠤᠳᠠᠨ ᠡᠪᠡᠰᠦ

ᠰᠤᠳᠠᠨ ᠡᠪᠡᠰᠦ [*Sorghum dochna* (Forssk.) Snowden] ᠨᠢ ᠲᠠᠷᠢᠶᠠᠯᠠᠩ ᠤᠨ ᠲᠥᠷᠥᠯ ᠦᠨ ᠨᠢᠭᠡ ᠨᠠᠰᠤᠲᠤ ᠡᠪᠡᠰᠦᠨ ᠤᠷᠭᠠᠮᠠᠯ ᠪᠣᠯᠤᠨᠠ (ᠵᠢᠷᠤᠭ 2-3) ᠃ ᠦᠨᠳᠦᠷ ᠪᠣᠳᠣᠯᠢᠭ ᠲᠠᠢ ᠪᠦᠳᠦᠭᠦᠨ ᠢᠳᠡᠭᠡᠨ ᠦ ᠰᠠᠶᠢᠨ᠂ ᠤᠯᠠᠷᠢᠯ ᠰᠢᠯᠵᠢᠯᠲᠡ ᠲᠠᠢ ᠰᠠᠶᠢᠨ ᠪᠣᠯᠤᠨᠠ ᠃ ᠡᠨᠡ ᠡᠪᠡᠰᠦ ᠨᠢ ᠬᠠᠭᠤᠷᠠᠢ ᠭᠠᠵᠠᠷ ᠲᠤ ᠲᠣᠬᠢᠷᠠᠮᠵᠢᠲᠠᠢ ᠪᠣᠯᠤᠨᠠ ᠃ ᠰᠤᠳᠠᠨ ᠡᠪᠡᠰᠦ ᠶᠢᠨ ᠪᠣᠯᠪᠠᠰᠤᠷᠠᠭᠰᠠᠨ ᠦᠷ᠎ᠡ ᠨᠢ ᠡᠪᠡᠰᠦ ᠶᠢᠨ ᠡᠯᠡᠭᠴᠢ ᠲᠠᠷᠢᠯᠠᠩ ᠤᠨ ᠡᠪᠡᠰᠦ ᠳᠦ ᠬᠠᠮᠢᠶᠠᠷᠤᠨᠠ᠂ ᠰᠠᠶᠢᠨ ᠵᠤᠰᠠᠯᠠᠩ ᠤᠨ ᠡᠪᠡᠰᠦ ᠪᠣᠯᠤᠨᠠ ᠃ ᠰᠤᠳᠠᠨ ᠡᠪᠡᠰᠦ ᠶᠢᠨ ᠦᠨᠳᠦᠰᠦ ᠶᠢᠨ ᠬᠦᠯᠢᠶᠡᠰᠦ ᠪᠠᠨ ᠡᠬᠡᠯᠡᠭᠰᠡᠨ ᠢᠶᠡᠷ 17% ᠲᠠᠢ ᠪᠠᠢᠨᠠ᠂ ᠳᠡᠯᠬᠡᠢ ᠶᠢᠨ ᠡᠪᠡᠰᠦ ᠶᠢᠨ ᠲᠠᠷᠢᠯᠠᠩ ᠤᠨ ᠲᠠᠯᠠᠪᠠᠢ ᠶᠢᠨ ᠲᠡᠭᠦᠯᠳᠦᠷ ᠪᠣᠯᠤᠨᠠ ᠃ ᠰᠤᠳᠠᠨ ᠡᠪᠡᠰᠦ ᠪᠣᠯ ᠪᠣᠷᠣᠬᠣ ᠳᠤ ᠲᠡᠰᠪᠦᠷᠢ ᠲᠠᠢ᠂ ᠡᠪᠡᠰᠦ ᠶᠢᠨ ᠬᠠᠷᠢᠴᠠᠭ᠎ᠠ ᠶᠢ ᠰᠠᠶᠢᠵᠢᠷᠠᠭᠤᠯᠬᠤ ᠳᠤ ᠬᠡᠷᠡᠭᠯᠡᠭᠳᠡᠨᠡ᠂ ᠪᠣᠯᠪᠠᠰᠤᠷᠠᠭᠰᠠᠨ ᠬᠣᠭᠤᠯᠠ ᠶᠢᠨ ᠬᠡᠷᠡᠭᠯᠡᠭᠡᠨ ᠳᠦ ᠲᠣᠬᠢᠷᠠᠮᠵᠢᠲᠠᠢ ᠪᠣᠯᠤᠨᠠ᠂ ᠰᠢᠯᠢᠳᠡᠭ ᠡᠪᠡᠰᠦ ᠶᠢᠨ ᠬᠦᠨᠳᠦ ᠨᠣᠮᠢᠯᠠᠭᠳᠠᠳᠠᠭ ᠪᠣᠯᠤᠨᠠ ᠃

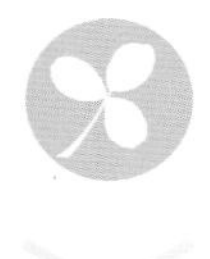

4. 大麦

大麦（*Hordeum vulgare* L.）是禾本科大麦属一年生植物（图2–4）。大麦是优质的饲料作物，其生长繁茂、柔软多汁、适口性好、营养价值高。籽粒的粗蛋白和可消化纤维高于玉米，是牛、猪、鸡等家畜、家禽的优质饲料。大麦的可溶性碳水化合物含量较高，可为乳酸菌发酵提供充足的底物。全株大麦青贮可调制出优质的青贮饲料，一般在乳熟后期刈割切段青贮，确保青贮饲料的品质。

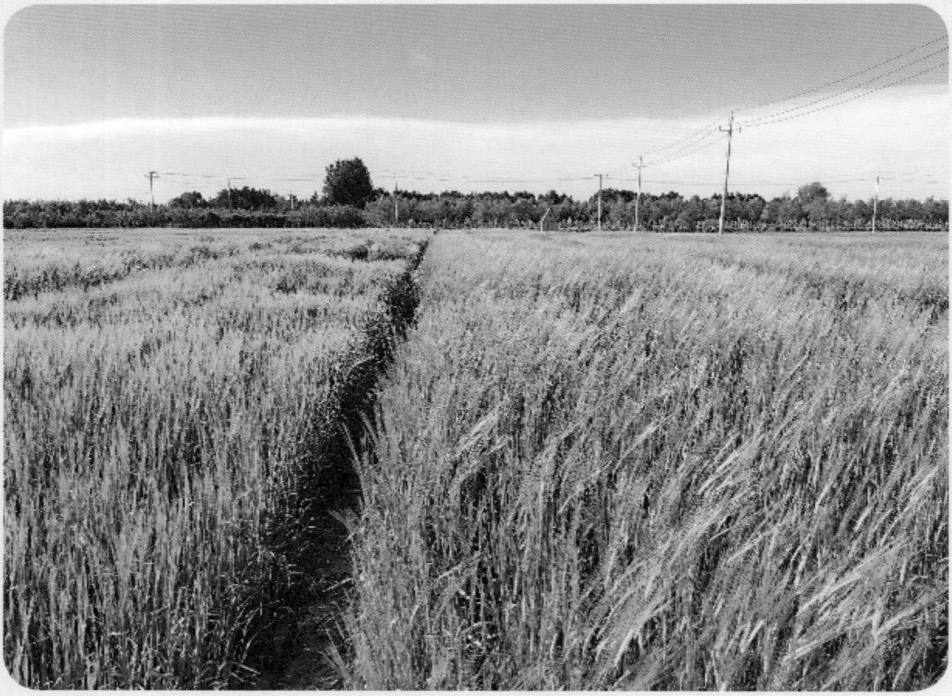

图2–4　大麦

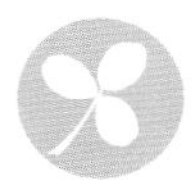

ᠠᠷᠪᠠᠢ (*Hordeum vulgare* L.) ᠪᠣᠯ ᠦᠶᠡᠲᠦ ᠤᠷᠭᠤᠮᠠᠯ ᠤᠨ ᠠᠷᠪᠠᠢ ᠶᠢᠨ ᠲᠥᠷᠦᠯ ᠦᠨ ᠨᠢᠭᠡ ᠨᠠᠰᠤᠲᠤ ᠡᠪᠡᠰᠦᠨ ᠤᠷᠭᠤᠮᠠᠯ (ᠵᠢᠷᠤᠭ 2-4) ᠃

4. ᠠᠷᠪᠠᠢ

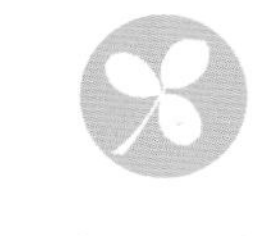

5. 苏丹草

苏丹草（*Sorghum sudanense* (Piper) Stapf）是禾本科高粱属一年生植物（图2–5）。原产于非洲的苏丹高原，我国于1949年前引进。苏丹草对不同环境的适应性极强，从南至北均能栽培。苏丹草植株高大，分蘖能力和再生能力强，生长迅速，枝叶繁茂，鲜草产量高，品质好，营养丰富，其蛋白质含量居一年生禾本科饲草之首。一般于抽穗期刈割调制干草；青饲以孕穗期利用最佳，此时营养价值、利用率和适口性都高；若是用于青贮，则可推迟到乳熟期。苏丹草单独青贮时能够获得优质青贮饲料，添加甲酸和焦糖均能改善其发酵品质，并可降低硝酸盐含量。

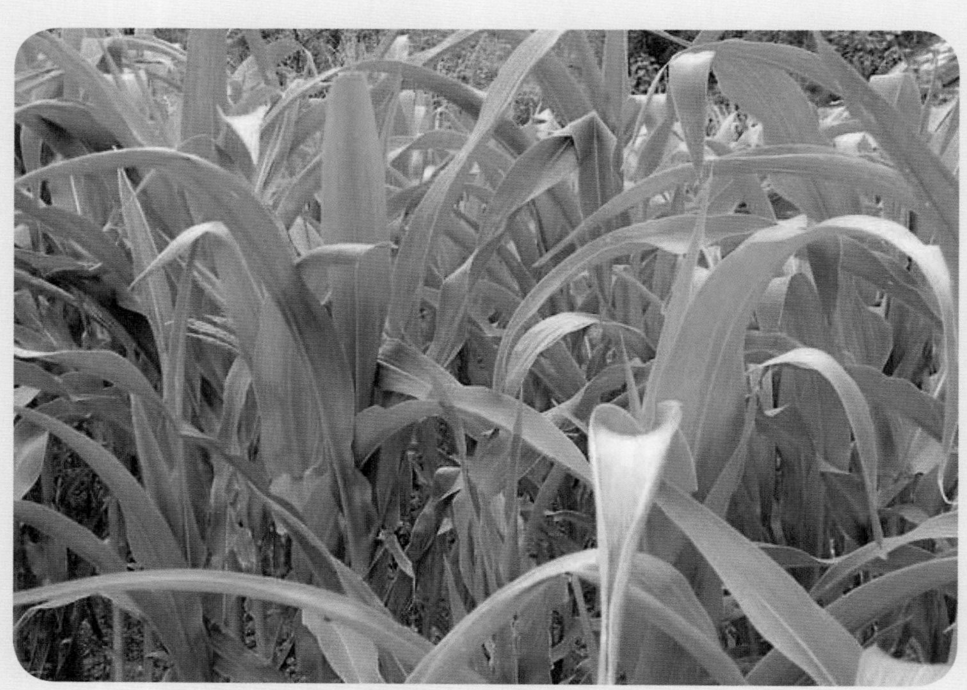

图2–5　苏丹草

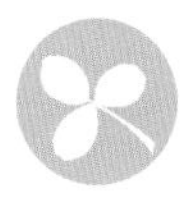

5. ᠰᠤᠳᠠᠨ ᠡᠪᠡᠰᠦ

ᠰᠤᠳᠠᠨ ᠡᠪᠡᠰᠦ [*Sorghum sudanense* (Piper) Stapf] ᠨᠢ ᠦᠷ᠎ᠡ ᠲᠠᠷᠢᠶᠠᠨ ᠤ ᠪᠦᠯ ᠦᠨ ᠭᠣᠣᠯᠢᠶᠠᠩ ᠤ ᠲᠥᠷᠥᠯ ᠦᠨ ᠨᠢᠭᠡ ᠨᠠᠰᠤᠲᠤ ᠡᠪᠡᠰᠦᠨ ᠤᠷᠭᠤᠮᠠᠯ ᠪᠣᠯᠤᠨ᠎ᠠ (ᠵᠢᠷᠤᠭ 2-5) :: ᠡᠨᠡ ᠠᠹᠷᠢᠺᠠ ᠶᠢᠨ ᠰᠤᠳᠠᠨ ᠤ ᠡᠨᠳᠡᠷᠰᠢᠯ ᠭᠠᠵᠠᠷ ᠠᠴᠠ ᠭᠠᠷᠤᠯᠲᠠᠢ · 1949 ᠣᠨ ᠤ ᠬᠣᠢᠢᠰᠢ ᠮᠠᠨ ᠤ ᠤᠯᠤᠰ ᠤᠨ ᠡᠮᠦᠨ᠎ᠡ ᠬᠣᠢᠲᠤ ᠣᠷᠣᠨ ᠤᠳ ᠲᠠᠷᠢᠵᠤ ᠡᠬᠢᠯᠡᠭᠰᠡᠨ ᠪᠠ ᠣᠳᠣ ᠪᠦᠬᠦ ᠤᠯᠤᠰ ᠤᠨ ᠬᠡᠮᠵᠢᠶ᠎ᠡ ᠪᠡᠷ ᠲᠠᠷᠢᠯᠲᠠ ᠶᠢᠨ ᠲᠠᠯᠠᠪᠠᠢ ᠨᠢ ᠦᠷᠭᠡᠨ ᠪᠣᠯᠵᠤ ᠪᠠᠢᠨ᠎ᠠ :: ᠰᠤᠳᠠᠨ ᠡᠪᠡᠰᠦ ᠨᠢ ᠭᠠᠩ ᠳᠤ ᠲᠡᠰᠪᠦᠷᠢ ᠰᠠᠢᠲᠠᠢ · ᠬᠠᠳᠤᠯᠠᠭ᠎ᠠ ᠶᠢ ᠣᠯᠠᠨ ᠤᠳᠠᠭ᠎ᠠ ᠬᠢᠵᠦ ᠪᠣᠯᠬᠤ · ᠦᠷ᠎ᠡ ᠲᠠᠷᠢᠶ᠎ᠠ ᠶᠢᠨ ᠬᠤᠷᠢᠶᠠᠯᠲᠠ ᠦᠨᠳᠦᠷ · ᠲᠡᠵᠢᠭᠡᠯ ᠦᠨ ᠴᠢᠨᠠᠷ ᠰᠠᠢᠨ · ᠮᠠᠯ ᠤᠨ ᠢᠳᠡᠭᠰᠢᠯ ᠰᠠᠢᠨ ᠤ ᠲᠤᠯᠠ ᠬᠠᠳᠠᠭᠠᠯᠠᠮᠠᠯ ᠡᠪᠡᠰᠦ · ᠨᠣᠭᠣᠭᠠᠨ ᠲᠡᠵᠢᠭᠡᠯ · ᠪᠣᠯᠭᠠᠮᠠᠯ ᠲᠡᠵᠢᠭᠡᠯ ᠪᠣᠯᠭᠠᠨ ᠠᠰᠢᠭᠯᠠᠵᠤ ᠪᠣᠯᠬᠤ ᠰᠠᠢᠨ ᠲᠡᠵᠢᠭᠡᠯ ᠦᠨ ᠤᠷᠭᠤᠮᠠᠯ ᠪᠣᠯᠤᠨ᠎ᠠ ::

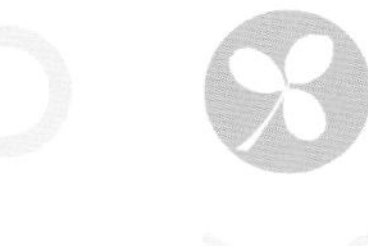

6. 羊草

羊草［*Leymus chinensis* (Trin.) Tzvel.］禾本科赖草属多年生植物，又称碱草（图2–6）。羊草是我国北方分布较广的一种优良旱生饲草，在辽宁、吉林、黑龙江、内蒙古、河北、山西、陕西等地较为常见。羊草抗逆性非常强，耐寒、耐旱、耐碱，也耐牛马践踏，在平原、山坡等地均可生长。羊草叶量多，营养丰富，青叶时富含蛋白质，最高时能达到干物质的18%左右，且适口性好，受到各类家畜的喜爱。羊草纤维素含量高、可溶性碳水化合物含量低，常规青贮难以调制出优质青贮饲料，需要进行添加剂青贮。如添加乳酸菌、纤维素酶和甲酸，均可改善其青贮发酵的品质。

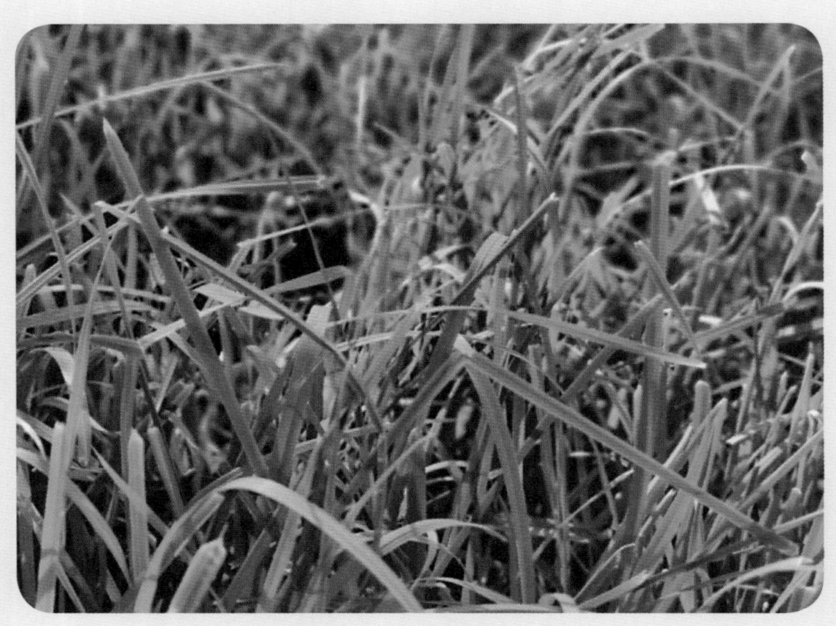

图2–6　羊草

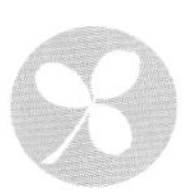

6. ᠬᠢᠶᠠᠭ

ᠬᠢᠶᠠᠭ [*Leymus chinensis* (Trin.) Tzvel.] [illegible] ([illegible] 2-6) [illegible] 18% [illegible]

7. 多年生黑麦草

多年生黑麦草（*Lolium perenne* L.）是禾本科黑麦草属植物（图2–7）。原产于亚洲西南部、南欧以及北非等地，我国现主要分布于华东、华中、西南等地区。多年生黑麦草一般生长状况良好，但在北方地区越冬性稍差。温凉湿润气候、土壤肥力高的地区更适合多年生黑麦草生长。其耐放牧，但耐寒、耐旱、耐热、耐阴性一般。多年生黑麦草是一种优良饲草，含有丰富的蛋白质、粗脂肪和粗纤维，营养丰富，适口性好。多年生黑麦草是禾本科饲草中可消化物质产量最高的饲草之一，又因生长快、分蘖多，较青贮玉米品质更为优良，多用于青饲或青贮。青贮时在抽穗期至开花期刈割效果最佳。多年生黑麦草水分含量较高，青贮难度较大，但经过萎蔫降低含水量后，即可达到满意的青贮效果。此外，添加甲酸、乳酸菌和酶制剂，以及同豆科牧草混贮，均可提高多年生黑麦草的青贮品质。

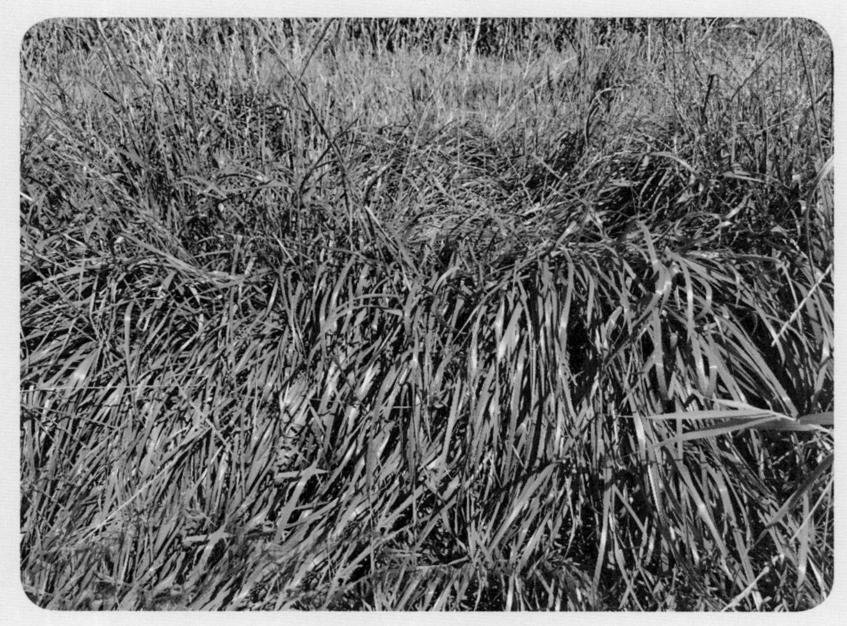

图2–7　多年生黑麦草

ᠮᠣᠩᠭᠣᠯ ᠰᠣᠭᠣᠭᠤᠯ ᠡᠪᠡᠰᠦ ᠶᠢᠨ ᠲᠠᠷᠢᠯᠭ᠎ᠠ ᠶᠢ ᠬᠥᠭᠵᠢᠭᠦᠯᠬᠦ ᠳᠦ ᠴᠢᠬᠤᠯᠠ ᠠᠴᠬᠠ ᠨᠥᠯᠦᠭᠡᠲᠡᠢ ᠪᠣᠯᠤᠨ᠎ᠠ᠃

7. ᠣᠯᠠᠨ ᠨᠠᠰᠤᠲᠤ ᠬᠣᠨᠢᠨ ᠰᠣᠭᠣᠭᠤᠯ ᠡᠪᠡᠰᠦ

ᠣᠯᠠᠨ ᠨᠠᠰᠤᠲᠤ ᠬᠣᠨᠢᠨ ᠰᠣᠭᠣᠭᠤᠯ ᠡᠪᠡᠰᠦ (*Lolium perenne* L.) ᠨᠢ ᠦᠶᠡᠲᠦ ᠡᠪᠡᠰᠦᠨ ᠦ ᠬᠣᠨᠢᠨ ᠰᠣᠭᠣᠭᠤᠯ ᠡᠪᠡᠰᠦᠨ ᠦ ᠲᠥᠷᠥᠯ ᠦᠨ ᠣᠯᠠᠨ ᠨᠠᠰᠤᠲᠤ ᠤᠷᠭᠤᠮᠠᠯ ᠪᠣᠯᠤᠨ᠎ᠠ (ᠵᠢᠷᠤᠭ 2-7)᠃ ᠶᠠᠭᠤ ᠰᠢᠭᠤᠳ ᠭᠠᠷᠤᠭᠰᠠᠨ ᠨᠢ ᠡᠨᠡ ᠲᠦ ᠮᠥᠷᠲᠡᠭᠡᠨ ᠬᠡᠯᠪᠡᠷᠢ ᠡᠴᠡ ᠪᠦᠷᠢᠯᠳᠦᠨ᠎ᠡ᠂ ᠡᠨᠡ ᠦᠨᠳᠦᠷ ᠦᠨᠳᠦᠰᠦᠲᠦ᠂ ᠦᠨᠳᠦᠰᠦ ᠨᠢ ᠬᠠᠷᠢᠴᠠᠩᠭᠤᠢ ᠨᠠᠷᠢᠨ ᠰᠢᠷᠬᠡᠭ ᠦᠨᠳᠦᠰᠦ ᠲᠡᠢ᠂ ᠦᠨᠳᠦᠰᠦ ᠨᠢ ᠭᠦᠨ ᠡᠴᠡ ᠪᠠᠭ᠎ᠠ ᠭᠦᠨ ᠬᠦᠷᠲᠡᠯ᠎ᠡ ᠶᠠᠪᠤᠳᠠᠭ᠃ ᠣᠯᠠᠨ ᠨᠠᠰᠤᠲᠤ ᠬᠣᠨᠢᠨ ᠰᠣᠭᠣᠭᠤᠯ ᠡᠪᠡᠰᠦ ᠶᠢᠨ ᠢᠶᠡᠷ ᠴᠡᠴᠡᠭ ᠲᠦ ᠬᠦᠷᠦᠭᠰᠡᠨ᠂ ᠲᠦᠰᠢᠭᠦ᠂ ᠨᠠᠪᠴᠢ ᠨᠢ ᠨᠠᠷᠢᠬᠠᠨ᠂ ᠬᠤᠭᠤᠷᠠᠢ ᠡᠪᠡᠰᠦ᠂ ᠪᠣᠯᠪᠠᠰᠤᠷᠠᠯ ᠨᠠᠮᠤᠷ᠂ ᠪᠣᠯᠪᠠᠰᠤᠷᠠᠯ ᠰᠠᠢᠬᠠᠨ ᠳᠤ ᠲᠣᠬᠢᠷᠠᠮᠵᠢᠲᠠᠢ᠂ ᠬᠠᠯᠠᠭᠤᠨ ᠡᠴᠡ ᠠᠶᠤᠬᠤ ᠦᠭᠡᠢ᠂ ᠬᠦᠢᠲᠡᠨ ᠳᠦ ᠲᠡᠰᠪᠦᠷᠢ ᠰᠠᠢᠲᠠᠢ᠃ ᠡᠨᠡ ᠨᠢ ᠮᠠᠯ ᠤᠨ ᠬᠣᠨᠢᠨ ᠰᠣᠭᠣᠭᠤᠯ ᠡᠪᠡᠰᠦ ᠶᠢᠨ ᠨᠡᠩ ᠴᠢᠬᠤᠯᠠ ᠲᠥᠷᠥᠯ ᠤᠨ ᠨᠢᠭᠡ ᠪᠣᠯᠤᠨ᠎ᠠ᠃ ᠲᠡᠵᠢᠭᠡᠯ ᠦᠨ ᠴᠢᠨᠠᠷ ᠰᠠᠢᠲᠠᠢ᠂ ᠠᠮᠲᠠ ᠰᠠᠢᠲᠠᠢ᠂ ᠰᠢᠩᠭᠡᠴᠡ ᠰᠠᠢᠲᠠᠢ᠂ ᠮᠠᠯ ᠳᠤ ᠢᠳᠡᠭᠳᠡᠬᠦ ᠨᠢ ᠰᠠᠢᠨ ᠪᠠᠶᠢᠳᠠᠭ᠃ ᠣᠯᠠᠨ ᠨᠠᠰᠤᠲᠤ ᠬᠣᠨᠢᠨ ᠰᠣᠭᠣᠭᠤᠯ ᠡᠪᠡᠰᠦ ᠨᠢ ᠬᠦᠢᠲᠡᠨ ᠴᠢᠢᠭ ᠰᠡᠷᠡᠭᠦᠨ ᠴᠠᠭ ᠤᠨ ᠤᠷᠭᠤᠮᠠᠯ ᠪᠣᠯᠤᠨ᠎ᠠ᠃

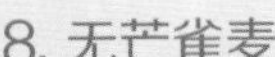

8. 无芒雀麦

无芒雀麦（*Bromus inermis* Leyss.）是禾本科雀麦属多年生植物，又称雀麦（图2–8）。其广泛分布于亚欧大陆温带地区，是世界范围内最重要的禾本科饲草之一。我国的无芒雀麦主要分布在黑龙江、吉林、辽宁、内蒙古、河北、山西、山东、江苏、陕西、甘肃、青海、新疆、西藏、云南、四川、贵州等地区。无芒雀麦对土壤类型要求不严，从黏壤到沙土均可种植。其具有很强的耐寒性，在高海拔地区，冬季最低气温在–30℃左右的地方仍可安全越冬。此外，它还具有较强的耐旱性、耐湿性、耐碱性和耐牧性等特点。无芒雀麦营养价值高、产量高、可利用时间长，是非常优良的饲草。无芒雀麦可溶性碳水化合物含量较低，常规青贮时难以获得优质的青贮饲料，可通过应用添加剂，如糖类或甲酸等提高青贮品质。

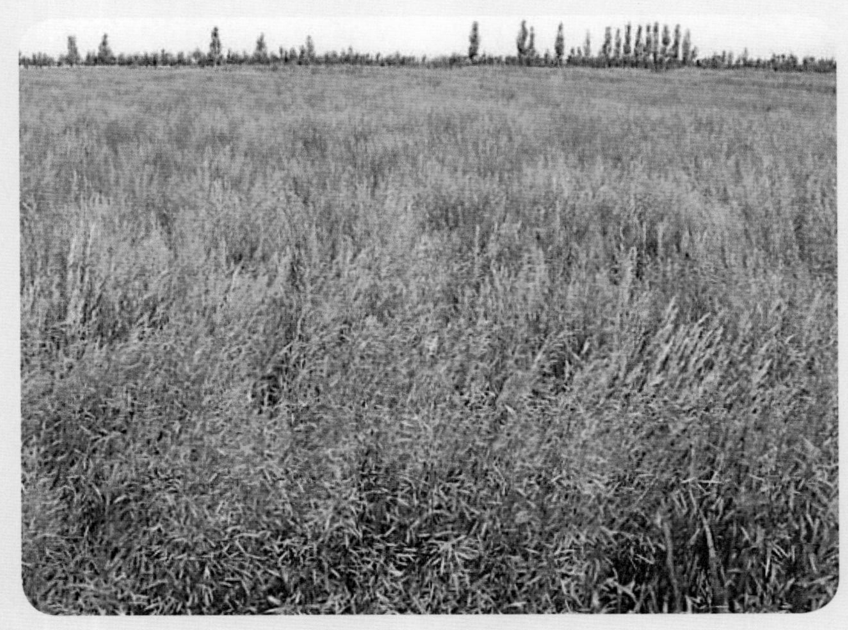

图2–8　无芒雀麦

8. ᠰᠣᠷ ᠦᠭᠡᠢ ᠰᠣᠭᠣᠭᠣᠪᠣᠷ

ᠰᠣᠷ ᠦᠭᠡᠢ ᠰᠣᠭᠣᠭᠣᠪᠣᠷ (*Bromus inermis* Leyss.) ᠢ ᠪᠠᠰᠠ ᠰᠣᠭᠣᠭᠣᠪᠣᠷ ᠭᠡᠨ᠎ᠡ᠂ ᠣᠯᠠᠨ ᠨᠠᠰᠤᠲᠤ ᠨᠢ ᠰᠣᠭᠣᠭᠣᠪᠣᠷ ᠤᠨ ᠪᠣᠳᠠᠭᠠᠨ ᠤ ᠣᠯᠠᠨ ᠨᠠᠰᠤᠲᠤ ᠦᠪᠡᠰᠦᠨ ᠤᠷᠭᠤᠮᠠᠯ ᠪᠣᠯᠤᠨᠠ (ᠵᠢᠷᠤᠭ 2-8) ᠪᠣᠯᠤᠨᠠ᠂ ᠤᠨᠳᠤᠷ ᠤᠨᠳᠤᠷᠰᠢᠯ ᠤᠨ ᠬᠠᠷᠢᠴᠠᠭ᠎ᠠ ᠤᠨ ᠲᠥᠯᠥᠪ ᠪᠠᠶᠢᠳᠠᠯ ᠤᠨ ᠣᠨᠴᠠᠯᠢᠭ ᠤᠨ ᠬᠠᠷᠢᠴᠠᠭ᠎ᠠ ᠶᠢᠨ ᠪᠠᠶᠢᠳᠠᠯ᠂ ᠭᠠᠩ ᠤᠨ ᠲᠡᠰᠪᠦᠷᠢ ᠨᠢ ᠰᠠᠶᠢᠨ ᠪᠣᠯᠬᠤ ᠪᠠᠷ ᠦᠯᠦ ᠪᠠᠷ ᠨᠠᠰᠤᠲᠤ ᠡᠪᠡᠰᠦ ᠪᠣᠯᠤᠨᠠ᠃ ᠮᠠᠯ ᠤᠨ ᠬᠤᠪᠢ ᠳᠤ ᠰᠠᠶᠢᠨ ᠲᠤᠰᠠ ᠲᠠᠢ᠂ ᠨᠣᠭᠣᠭᠠᠨ ᠭᠡᠷᠡᠯ᠂ ᠬᠠᠳᠠᠭᠠᠯᠠᠭᠤᠯᠤᠭᠰᠠᠨ᠂ ᠬᠤᠯᠤᠰᠤ᠂ ᠲᠠᠷᠢᠮᠠᠯ ᠪᠣᠯᠤᠨᠠ᠃ ᠰᠣᠷ ᠦᠭᠡᠢ ᠰᠣᠭᠣᠭᠣᠪᠣᠷ ᠢ ᠪᠠᠷᠢᠮᠲᠠ ᠪᠡᠷ ᠲᠠᠷᠢᠵᠤ ᠪᠣᠯᠤᠨᠠ᠂ ᠬᠡᠢᠯᠦᠩᠵᠢᠶᠠᠩ᠂ ᠵᠢᠯᠢᠨ᠂ ᠯᠢᠶᠣᠤᠨᠢᠩ᠂ ᠬᠡᠪᠡᠢ᠂ ᠱᠠᠨᠰᠢ᠂ ᠭᠠᠨᠰᠤ᠂ ᠨᠢᠩᠰᠢᠶᠠ᠂ ᠴᠢᠩᠬᠠᠢ᠂ ᠰᠢᠨᠵᠢᠶᠠᠩ ᠬᠡᠬᠦ ᠮᠡᠲᠦ ᠭᠠᠵᠠᠷ ᠲᠠᠷᠢᠯᠠᠩ ᠤᠨ ᠲᠠᠯᠠᠪᠠᠢ ᠨᠢ ᠶᠡᠬᠡ ᠪᠣᠯᠤᠨᠠ᠃ ᠨᠢᠭᠡ ᠪᠠ ᠣᠯᠠᠨ ᠤᠨ ᠮᠡᠷᠭᠡᠵᠢᠯ ᠦᠨ ᠰᠠᠷᠠ ᠳᠤ ᠬᠠᠳᠤᠨ ᠠᠪᠤᠨ᠎ᠠ᠂ ᠲᠡᠷᠡ ᠴᠠᠭ ᠲᠤ ᠪᠣᠯᠪᠠᠰᠤᠷᠠᠭᠰᠠᠨ ᠦᠷ᠎ᠡ ᠨᠢ ᠪᠣᠯᠪᠠᠰᠤᠷᠠᠭᠰᠠᠨ ᠪᠠᠶᠢᠳᠠᠯ ᠲᠠᠢ ᠪᠣᠯᠤᠨᠠ᠃ ᠡᠨᠡ ᠨᠢ ᠪᠠᠶᠢᠳᠠᠯ ᠢ ᠦᠵᠡᠭᠦᠯᠦᠨ᠎ᠡ ᠬᠡᠮᠡᠨ ᠬᠡᠯᠡᠨ᠎ᠡ᠂ ᠬᠤᠪᠢᠰᠬᠠᠯ ᠤᠨ ᠪᠡᠶ᠎ᠡ ᠶᠢᠨ ᠭᠠᠳᠠᠷ ᠤᠨ ᠪᠠᠶᠢᠳᠠᠯ ᠢ ᠬᠠᠷᠠᠭᠤᠯᠤᠨ᠎ᠠ᠃ ᠬᠦᠢᠲᠡᠨ ᠳᠦ ᠲᠡᠰᠪᠦᠷᠢ ᠰᠠᠶᠢᠨ᠂ -30°C ᠬᠦᠷᠲᠡᠯ᠎ᠡ ᠶᠢᠨ ᠬᠦᠢᠲᠡᠨ ᠳᠦ ᠡᠮᠦᠨ᠎ᠡ ᠥᠪᠦᠯᠵᠢᠨ ᠭᠠᠷᠴᠤ ᠴᠢᠳᠠᠨ᠎ᠠ᠃ ᠰᠣᠷ ᠦᠭᠡᠢ ᠰᠣᠭᠣᠭᠣᠪᠣᠷ ᠤᠨ ᠦᠨᠳᠦᠰᠦ ᠶᠢᠨ ᠰᠢᠰᠲ᠋ᠧᠮ ᠨᠢ ᠰᠠᠶᠢᠨ ᠬᠥᠭᠵᠢᠭᠰᠡᠨ᠂ ᠦᠨᠳᠦᠰᠦ ᠦᠨᠳᠦᠰᠦᠯᠡᠭ ᠦᠨᠳᠦᠰᠦ ᠨᠢ ᠭᠠᠵᠠᠷ ᠳᠤ ᠭᠦᠨ ᠨᠡᠪᠲᠡᠷᠡᠨ᠎ᠡ᠃ ᠰᠣᠷ ᠦᠭᠡᠢ ᠰᠣᠭᠣᠭᠣᠪᠣᠷ ᠨᠢ ᠤᠰᠤᠨ ᠤ ᠡᠬᠢ ᠶᠢᠨ ᠨᠣᠭᠣᠭᠠᠨ ᠲᠠᠷᠢᠮᠠᠯ ᠤᠨ ᠰᠠᠶᠢᠨ ᠲᠥᠷᠥᠯ ᠢ ᠦᠢᠯᠡᠳᠪᠦᠷᠢᠯᠡᠭᠴᠢ ᠵᠢᠯ ᠦᠨ ᠲᠡᠪᠴᠢᠯᠳᠡᠭᠦᠯᠦᠨ ᠮᠠᠯ ᠤᠨ ᠪᠣᠯᠪᠠᠰᠤᠷᠠᠭᠰᠠᠨ ᠲᠡᠵᠢᠭᠡᠯ ᠦᠨ ᠪᠣᠯᠪᠠᠰᠤᠷᠠᠯ ᠤᠨ ᠠᠷᠭ᠎ᠠ ᠪᠣᠯᠤᠨᠠ᠃ ᠪᠠᠰᠠ ᠡᠮᠦᠨ᠎ᠡ ᠶᠢᠨ ᠬᠠᠷᠢᠴᠠᠭ᠎ᠠ ᠨᠢ ᠡᠮᠦᠨ᠎ᠡ ᠶᠢᠨ ᠭᠠᠵᠠᠷ ᠤᠨ ᠰᠢᠷᠤᠢ ᠶᠢᠨ ᠪᠠᠶᠢᠳᠠᠯ ᠢ ᠰᠠᠶᠢᠵᠢᠷᠠᠭᠤᠯᠬᠤ ᠪᠠᠷ ᠲᠤᠰᠠ ᠲᠠᠢ ᠡᠮᠦᠨ᠎ᠡ ᠶᠢᠨ ᠨᠣᠭᠣᠭᠠᠨ ᠲᠡᠵᠢᠭᠡᠯ ᠢ ᠪᠣᠯᠪᠠᠰᠤᠷᠠᠭᠤᠯᠤᠨ᠎ᠠ ᠪᠣᠯᠤᠨᠠ᠃

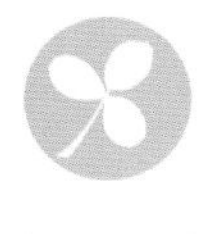

9. 披碱草

披碱草（*Elymus dahuricus* Turcz.）是禾本科披碱草属多年生植物，又称野麦草（图2–9）。披碱草是我国东北、华北、西北草原植被中的重要组成植物。披碱草易繁殖，且具有耐旱、耐寒、耐碱、耐风沙等特点。披碱草在播种当年苗期生长很慢，若是在春季播种，当年部分枝条可进入花期，但不能结实，需要等到第二年后方可完成整个生育期。披碱草营养枝条较多，茎叶比较高。由于其茎质地粗硬，影响了饲料品质，因而饲用价值属中等水平。处于分蘖期的披碱草各种家畜均喜采食。披碱草刈割后具备再生能力，但再生草产量较低，利用年限相对较短，适宜的利用年限为2～4年。披碱草中可溶性碳水化合物含量较低，其鲜草表面附着的乳酸菌数量较少，常规青贮难以获得品质优良的青贮饲料，但可以通过添加甲酸、乳酸菌和酶制剂来达到较好的青贮效果。

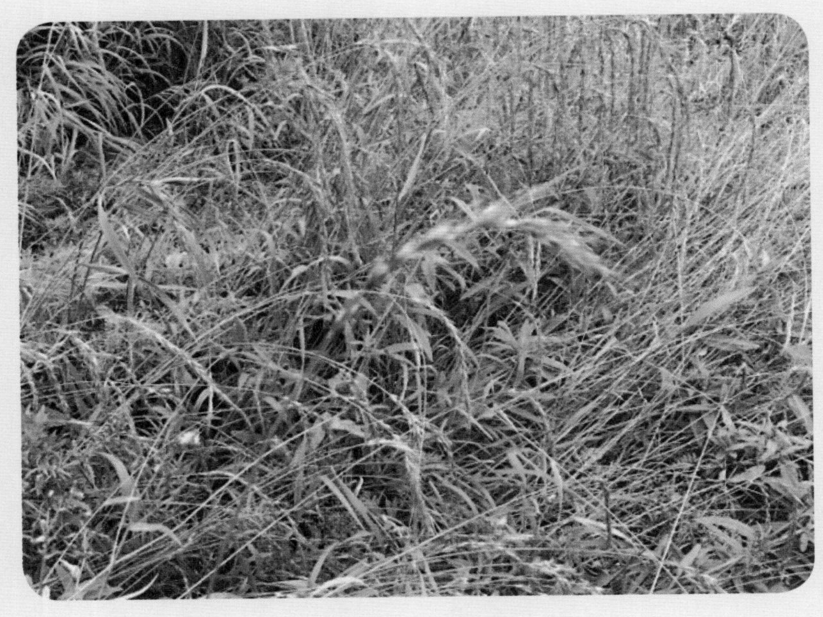

图2–9　披碱草

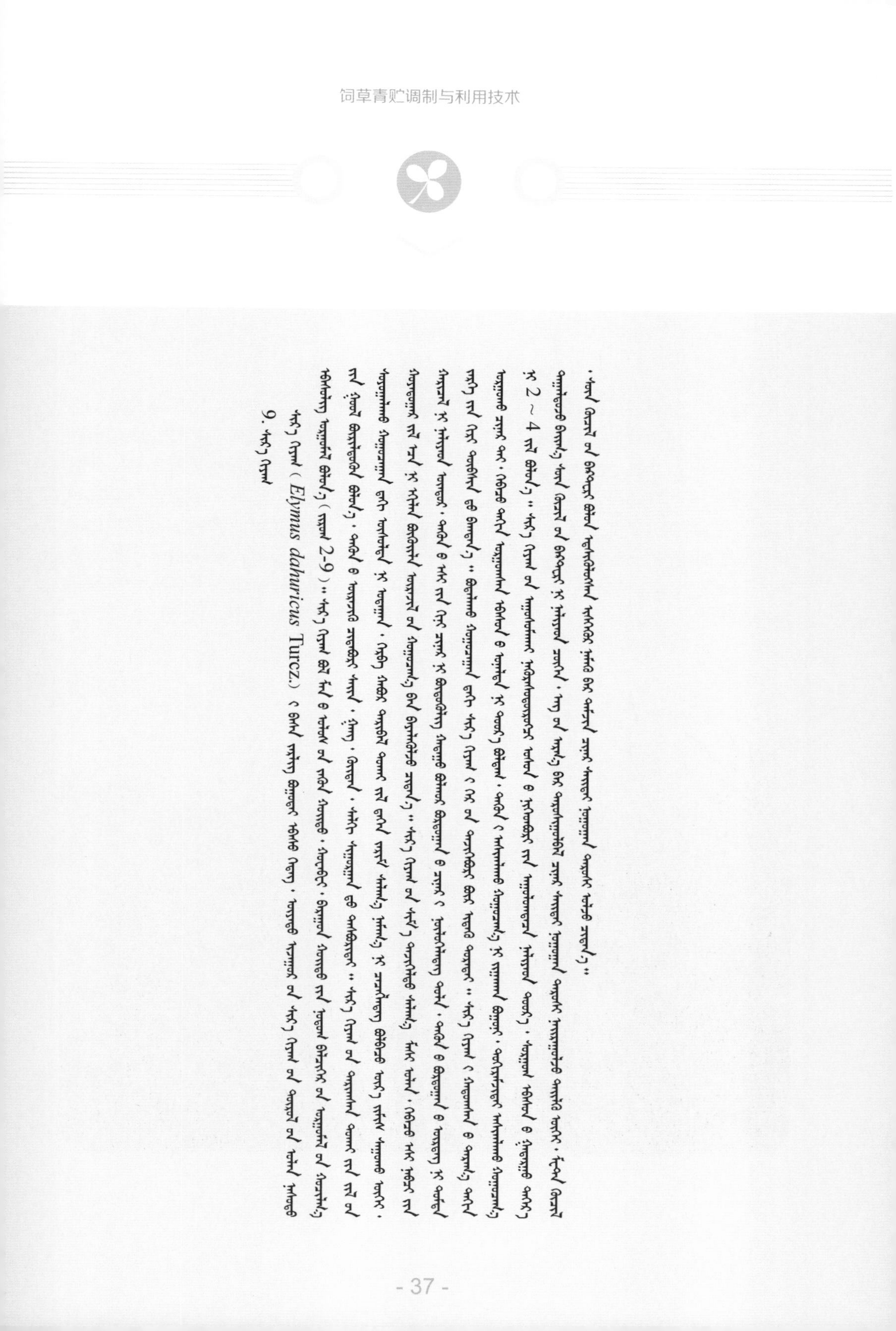

2 ~ 4

2-9

9.

(*Elymus dahuricus* Turcz.)

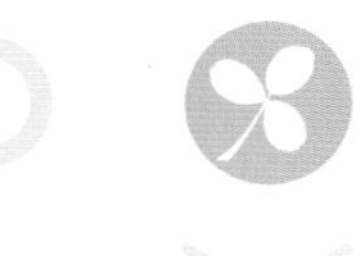

10. 鸭茅

鸭茅（*Dactylis glomerata* L.）是禾本科鸭茅属多年生植物，又称鸡脚草、果园草（图2-10）。原产于欧洲和亚洲，我国湖北、四川、云南、新疆各地均有生长，在河北、河南、山东、江苏等地有栽培或因引种而逸为野生。鸭茅是一种优良的饲草，春季发芽早，生长繁茂，到晚秋时仍然青绿。鸭茅含丰富的脂肪和蛋白质，在抽穗期分别占干物质含量的4.7%和12.7%，通常于抽穗期前刈割，因为开花后其质量会下降。鸭茅含水量较高，可溶性碳水化合物含量较低，常规青贮时难以调制出优质的青贮饲料。通过添加焦糖或甲酸就能够改善鸭茅青贮饲料的发酵品质。

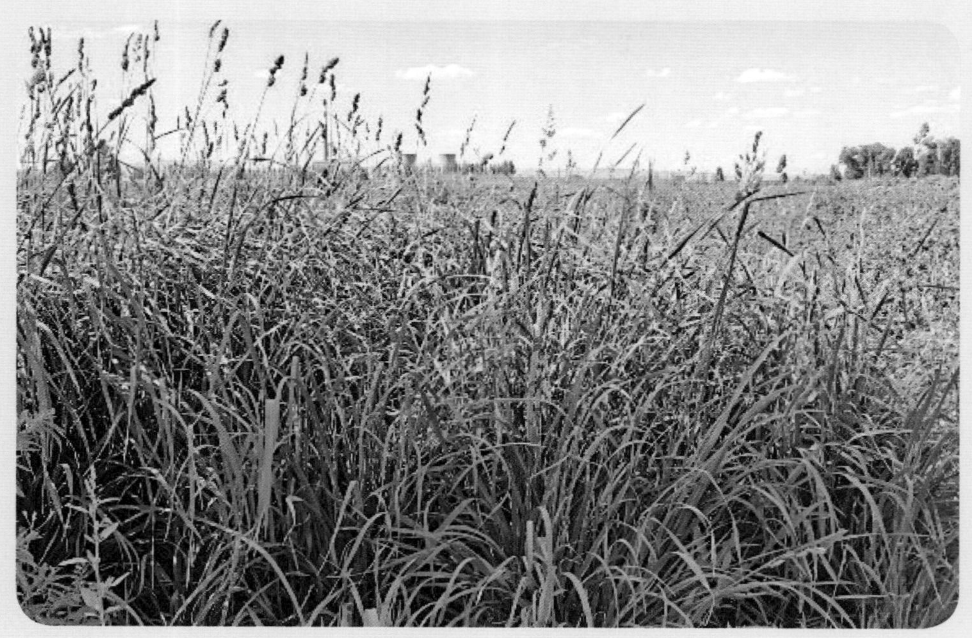

图2-10　鸭茅

10. ᠪᠠᠭᠴᠠᠭ᠎ᠠ ᠥᠪᠡᠰᠦ

ᠪᠠᠭᠴᠠᠭ᠎ᠠ ᠥᠪᠡᠰᠦ (*Dactylis glomerata* L.) ᠪᠣᠯ ᠣᠯᠠᠨ ᠨᠠᠰᠤᠲᠤ ᠦᠨᠳᠦᠰᠦ ᠳᠦ ᠪᠠᠭᠴᠠᠭ᠎ᠠ ᠥᠪᠡᠰᠦ ᠶᠢᠨ ᠲᠥᠷᠥᠯ ᠳᠦ ᠬᠠᠮᠠᠷᠠᠭᠳᠠᠬᠤ ᠣᠯᠠᠨ ᠨᠠᠰᠤᠲᠤ ᠥᠪᠡᠰᠦᠨ ᠤᠷᠭᠤᠮᠠᠯ ᠪᠣᠯᠤᠨ᠎ᠠ᠂ ᠪᠤᠰᠤ ᠨᠡᠷ᠎ᠡ ᠪᠥᠮᠪᠥᠭᠡ ᠥᠪᠡᠰᠦ ᠭᠡᠳᠡᠭ (ᠵᠢᠷᠤᠭ 2-10) ᠄ ᠲᠤᠰ ᠥᠪᠡᠰᠦᠯᠢᠭ ᠤᠨ ᠲᠠᠷᠢᠮᠠᠯ ᠢ ᠲᠠᠷᠢᠯᠠᠭ᠎ᠠ ᠶᠢᠨ ᠬᠡᠪ ᠴᠢ ᠬᠡᠯᠪᠡᠷᠢ᠂ ᠰᠢᠨ᠎ᠡ ᠶᠢᠨ ᠲᠠᠷᠢᠶᠠᠯᠠᠩ᠂ ᠬᠠᠳᠠᠯᠠᠭ᠎ᠠ᠂ ᠬᠠᠳᠠᠭᠠᠯᠠᠯᠲᠠ᠂ ᠬᠠᠳᠠᠯᠠᠯᠲᠠ ᠶᠢᠨ ᠤᠨ ᠬᠡᠷᠡᠭᠯᠡᠭᠡ ᠳᠦ ᠲᠣᠬᠢᠷᠠᠮᠵᠢᠲᠠᠢ ᠪᠣᠯᠬᠤ ᠪᠡᠷ ᠵᠡᠷᠭᠡ ᠶᠢᠨ ᠮᠠᠯ ᠤᠨ ᠲᠡᠵᠢᠭᠡᠯ ᠦᠨ ᠥᠪᠡᠰᠦ ᠪᠣᠯᠤᠨ᠎ᠠ ᠄ ᠪᠠᠭᠴᠠᠭ᠎ᠠ ᠥᠪᠡᠰᠦ ᠪᠣᠯ ᠣᠯᠠᠨ ᠵᠢᠯ ᠤᠨ ᠨᠠᠰᠤᠲᠤ ᠥᠪᠡᠰᠦ ᠪᠣᠯᠬᠤ ᠶᠢᠨ ᠬᠠᠮᠲᠤ᠂ ᠨᠠᠯᠢᠭᠤ ᠰᠠᠶᠢᠨ᠂ ᠦᠷ᠎ᠡ ᠲᠥᠭᠦᠷᠢᠭ᠂ ᠵᠢᠭᠦᠯᠡᠨ ᠰᠠᠶᠢᠨ᠂ ᠮᠠᠯ ᠳᠤ ᠢᠳᠡᠭᠳᠡᠯ ᠰᠠᠶᠢᠨ ᠪᠣᠯᠤᠨ᠎ᠠ ᠄ ᠪᠠᠭᠴᠠᠭ᠎ᠠ ᠥᠪᠡᠰᠦ ᠶᠢᠨ ᠡᠪᠡᠷ ᠬᠠᠭᠤᠷᠠᠢ ᠪᠣᠳᠠᠰ ᠲᠤ ᠠᠭᠤᠯᠠᠭᠳᠠᠬᠤ ᠲᠦᠭᠦᠬᠡᠢ ᠤᠷᠭᠤᠮᠠᠯ ᠤᠨ ᠰᠢᠯᠢᠮ ᠨᠢ 4.7% ᠪᠣᠯᠤᠨ 12.7% ᠢ ᠡᠵᠡᠯᠡᠨ᠎ᠡ ᠄ ᠵᠠᠷᠢᠮ ᠨᠤᠲᠤᠭ ᠲᠤ ᠬᠠᠳᠠᠭᠠᠯᠠᠮᠠᠯ ᠪᠡᠷ ᠬᠡᠷᠡᠭᠯᠡᠬᠦ ᠳᠦ ᠲᠣᠬᠢᠷᠠᠮᠵᠢᠲᠠᠢ ᠪᠥᠭᠡᠳ ᠮᠠᠯ ᠤᠨ ᠲᠡᠵᠢᠭᠡᠯ ᠦᠨ ᠴᠢᠨᠠᠷ ᠢ ᠳᠡᠭᠡᠭᠰᠢᠯᠡᠭᠦᠯᠵᠦ ᠪᠣᠯᠤᠨ᠎ᠠ ᠄

11. 猫尾草

猫尾草（*Phleum pratense* L.）是禾本科猫尾草属多年生植物，又称梯牧草（图2−11）。原产亚欧大陆温带地区，在美国、日本等国家被广泛种植，在我国东北、华北和西北地区将其作为重要饲草也进行了大量种植。猫尾草喜温凉湿润的气候，耐寒性较强，但不耐干旱和酷热，降水条件好时生长更为茂盛。猫尾草草质鲜嫩、营养价值高、适口性好，是饲喂奶牛等家畜的优质饲草，具有较高的推广和应用价值。猫尾草中可溶性碳水化合物含量相对较低，水分含量较高，在不使用添加剂的情况下调制青贮饲料，难以获得满意的效果。添加甲酸、乳酸菌和酶制剂等添加剂，可获得良好的青贮饲料。

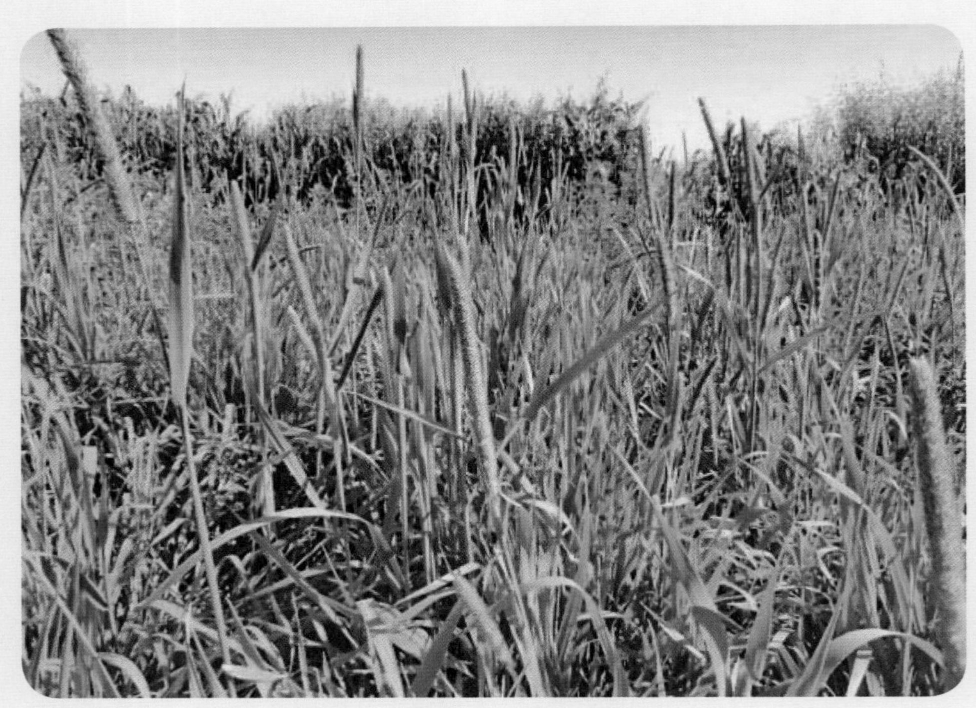

图2−11　猫尾草

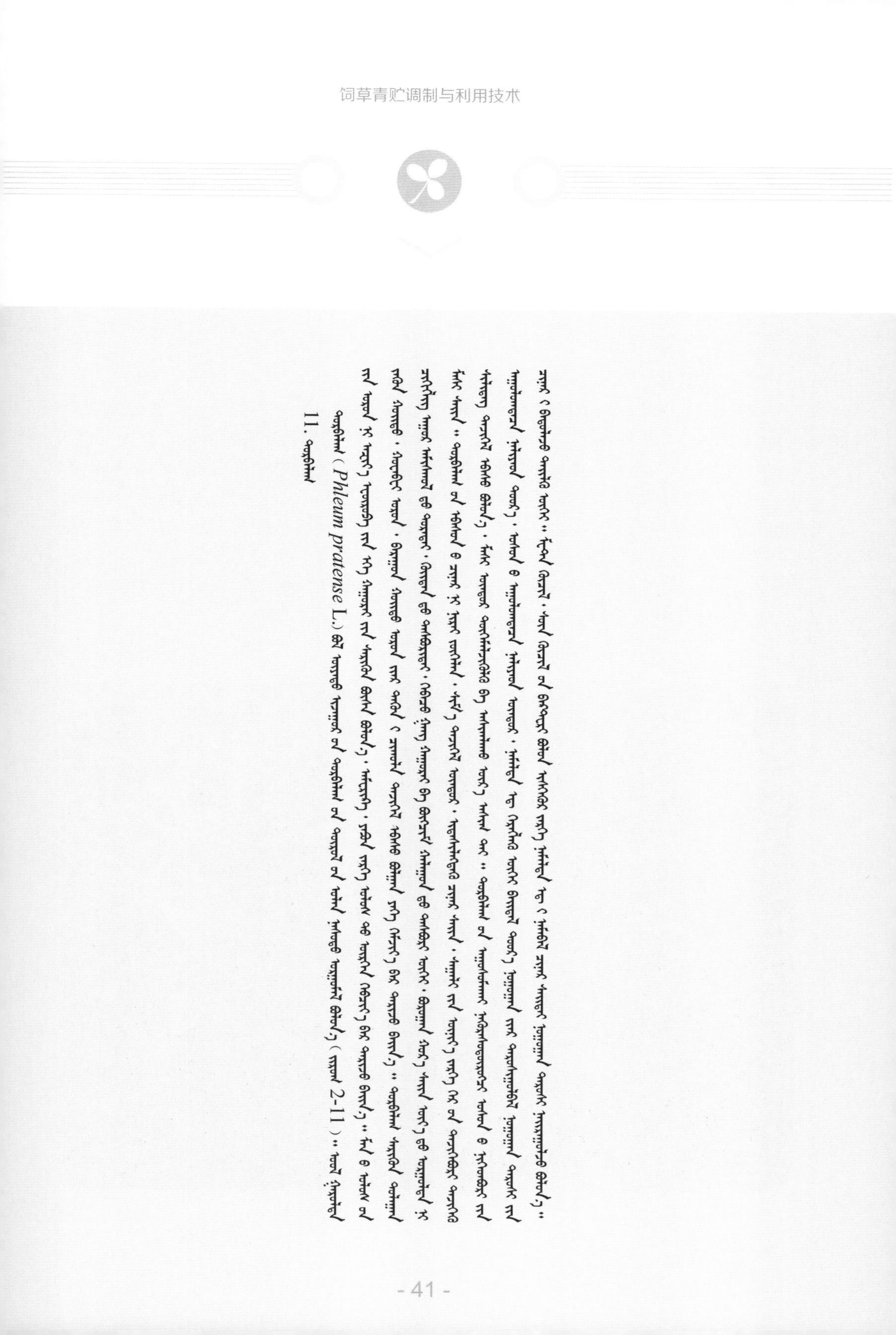

11. (*Phleum pratense* L.) (2-11)

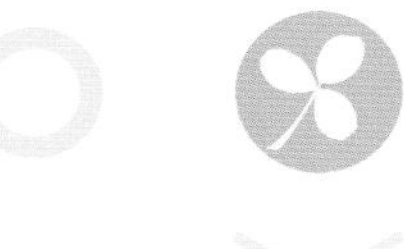

12. 象草

象草（*Pennisetum purpureum* Schumach.）是禾本科狼尾草属多年生丛生大型植物（图2–12），又称紫狼尾草。原产于非洲，在我国南方发展较快，目前江西、四川、广东、广西、云南等地已引种栽培成功；河北、北京等地也开始试种，表现良好。象草喜高温或温暖气候，再生能力强，生长迅速，能耐干旱，但不耐长期低温。象草种植简单、适口性好，其营养价值较一般植物高，是优良饲草。象草可用来制作干草也可调制成青贮饲料，但由于其表面附着的乳酸菌少、可溶性碳水化合物含量低，难于通过常规青贮调制出高品质的青贮饲料，需要通过应用添加剂，如甲酸、乳酸菌和酶制剂等来改善青贮品质。

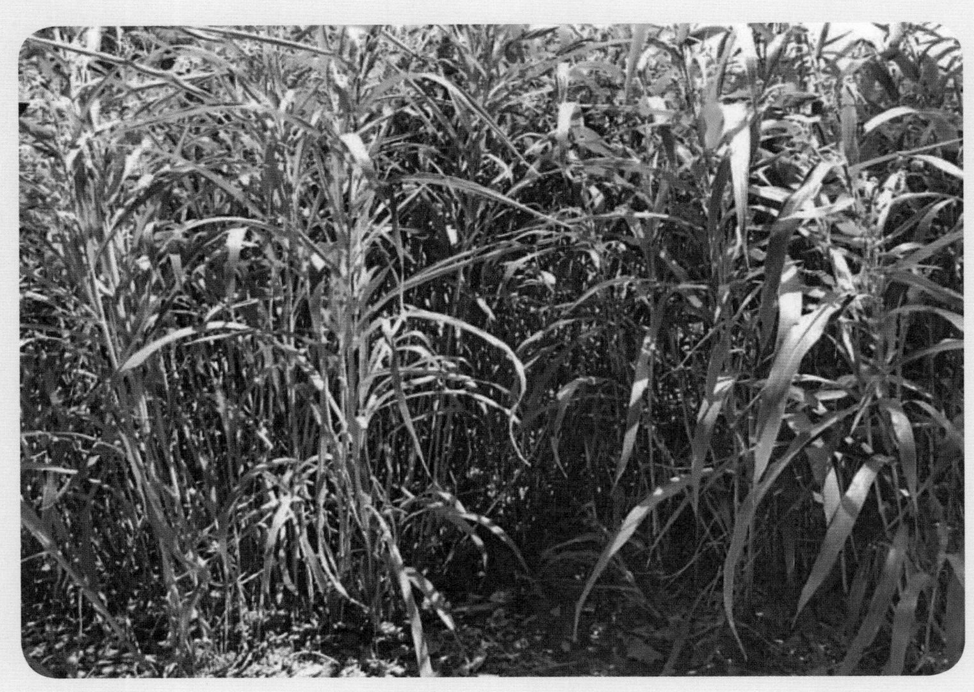

图2–12　象草

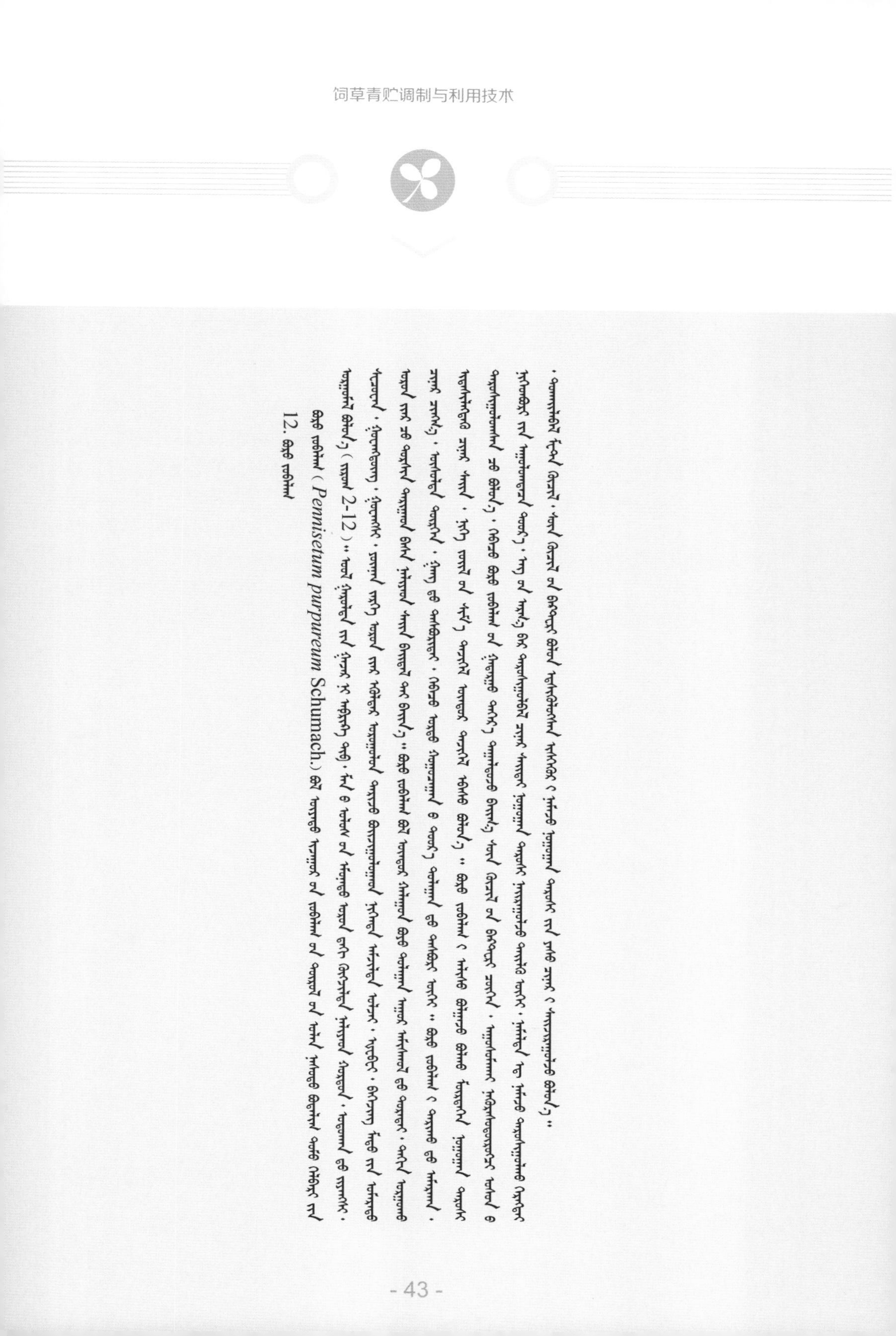

12. [illegible]

[illegible] (*Pennisetum purpureum* Schumach.) [illegible] ([illegible] 2-12) [illegible]

（二）豆科饲草

豆科饲草适口性好且含有丰富的蛋白质，其干物质中粗蛋白的含量一般都高于14%、最多可超过20%，但碳水化合物含量低于禾本科饲草。因此，人们长期以来都认为豆科饲草不适宜青贮，多用于调制干草。豆科饲草单一青贮，发酵后会产生一种胺类，散发不良气味，青贮饲料品质也较劣。但豆科饲草适时刈割后，通过使用添加剂或同含糖量高的禾本科饲草混贮，也能调制出品质优良的青贮饲料。此外，采用半干青贮的方法也能获得品质优良的青贮饲料。可用于调制青贮饲料的豆科饲草主要包括苜蓿、三叶草、草木樨、紫云英、沙打旺等。

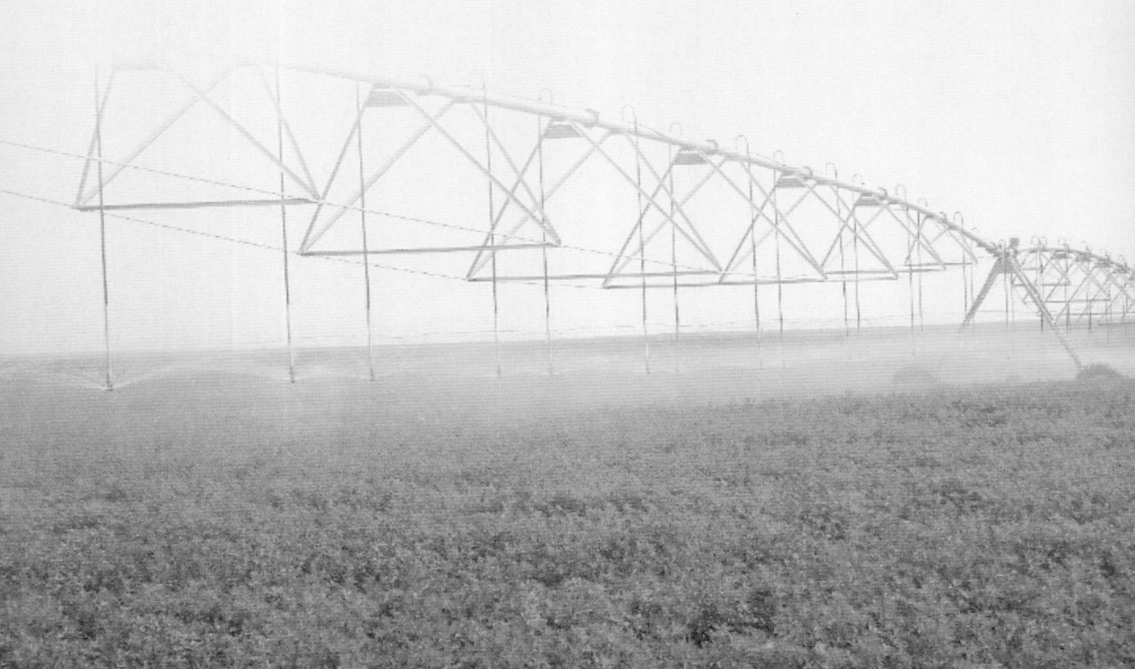

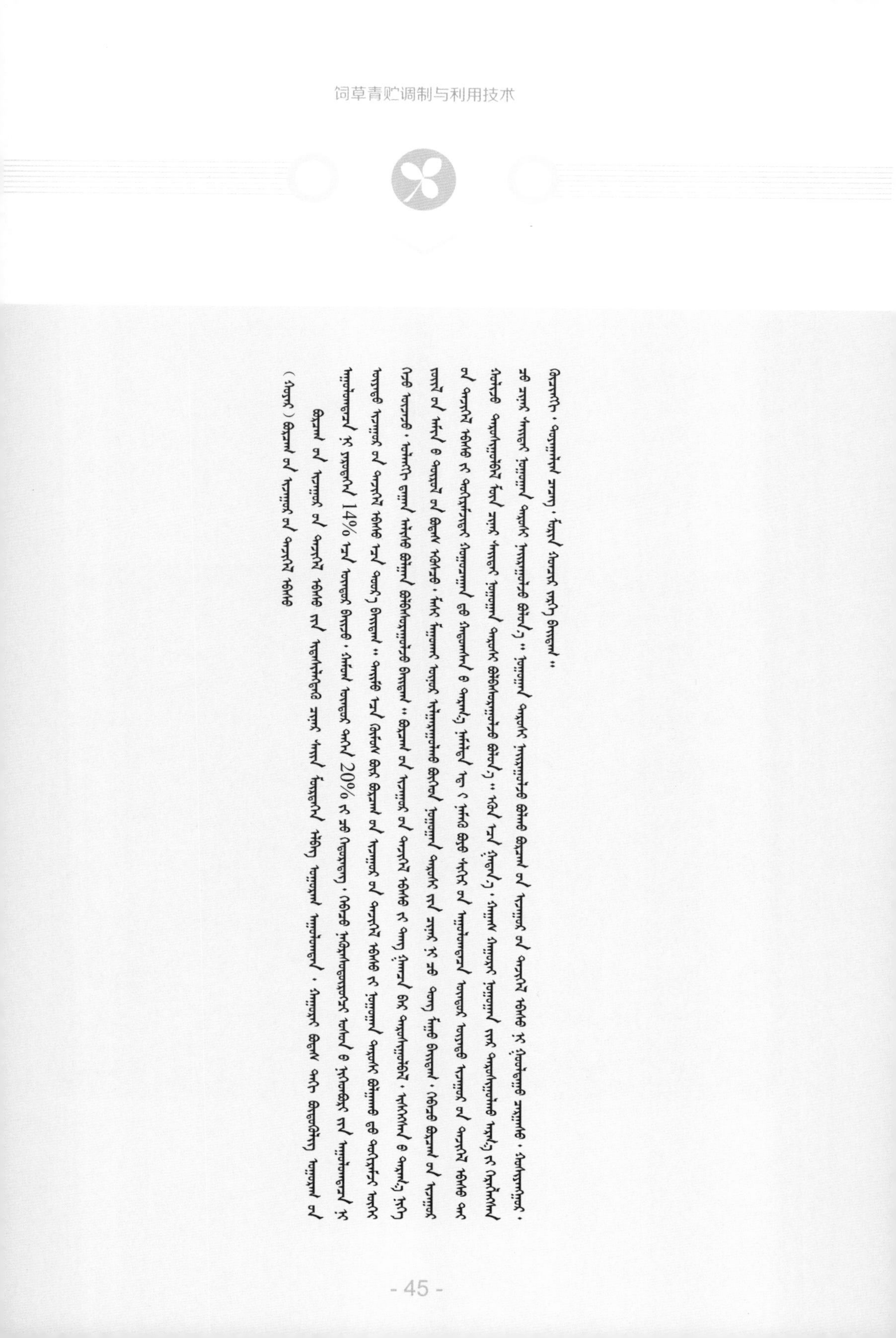

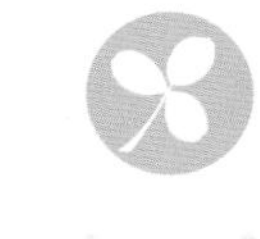

1. 苜蓿

苜蓿全称为紫花苜蓿（*Medicago sativa*），是豆科苜蓿属多年生植物（图2–13）。我国苜蓿主要分布于北方。苜蓿主要用于调制干草和青贮饲料，其粗蛋白含量很高，有非常高的营养价值，被称为“牧草之王”。在农业和畜牧业发达的美国，是种植面积最大的4种作物之一。

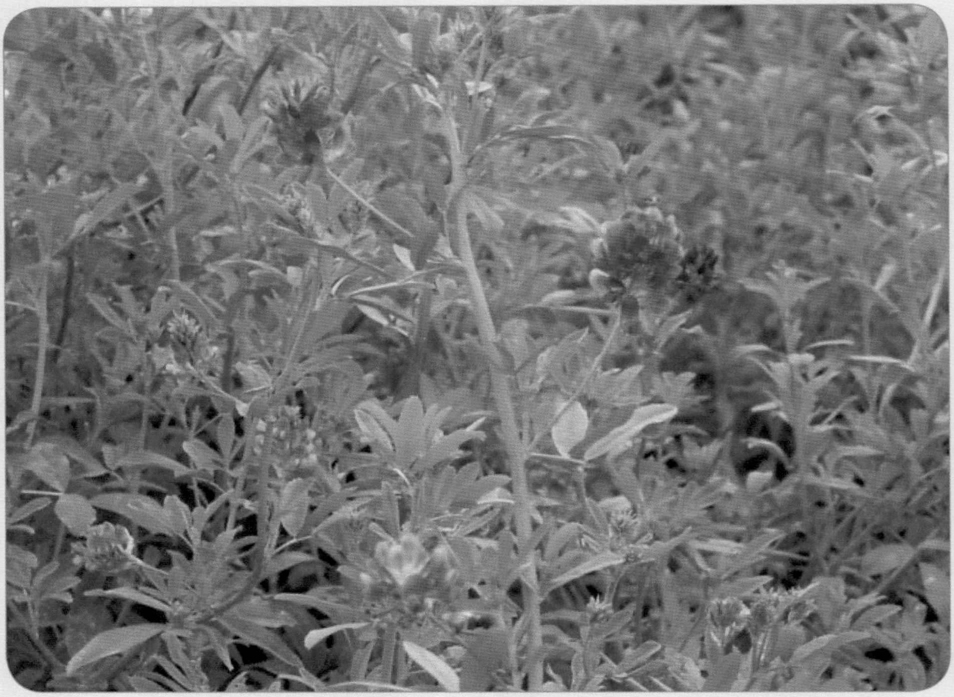

图2–13 （紫花）苜蓿

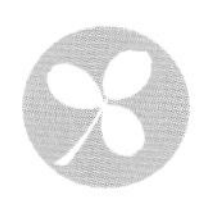

1. ᠴᠠᠷᠭᠠᠰᠤ

ᠴᠠᠷᠭᠠᠰᠤ ᠶᠢᠨ ᠪᠦᠯᠦᠭ ᠲᠦ ᠨᠢ ᠪᠣᠳᠣ ᠴᠠᠷᠭᠠᠰᠤ（*Medicago sativa*）᠂ ᠪᠤᠷᠴᠠᠭ ᠤᠨ ᠲᠦᠷᠦᠯ ᠦᠨ ᠴᠠᠷᠭᠠᠰᠤᠨ ᠤ ᠲᠦᠷᠦᠯ ᠦᠨ ᠣᠯᠠᠨ ᠨᠠᠰᠤᠲᠤ ᠡᠪᠡᠰᠦᠨ ᠤᠷᠭᠤᠮᠠᠯ（ᠵᠢᠷᠤᠭ 2-13）ᠪᠣᠯᠤᠨ᠎ᠠ᠃ ᠡᠨᠡ ᠨᠢ ᠳᠡᠯᠡᠬᠡᠢ ᠶᠢᠨ ᠴᠠᠷᠭᠠᠰᠤ ᠲᠠᠷᠢᠯᠭ᠎ᠠ ᠶᠢᠨ ᠲᠠᠯᠠᠪᠠᠢ ᠬᠠᠮᠤᠭ ᠤᠨ ᠶᠡᠬᠡ ᠪᠠᠢᠳᠠᠭ᠃ ᠴᠠᠷᠭᠠᠰᠤ ᠶᠢᠨ ᠲᠠᠷᠢᠯᠭ᠎ᠠ ᠶᠢᠨ ᠲᠡᠦᠬᠡ ᠨᠢ ᠮᠠᠰᠢ ᠤᠷᠲᠤ ᠪᠦᠭᠡᠳ ᠮᠦᠷᠳᠡᠭᠦᠯᠬᠦ ᠬᠡᠪᠯᠡᠯ ᠦᠨ ᠴᠢᠨᠠᠷ ᠲᠠᠢ ᠪᠣᠯᠤᠨ᠎ᠠ᠃ ᠴᠠᠷᠭᠠᠰᠤ ᠶᠢᠨ ᠪᠦᠲᠦᠭᠡᠭᠰᠡᠨ ᠲᠡᠵᠢᠭᠡᠯ ᠦᠨ ᠬᠡᠮᠵᠢᠶ᠎ᠡ ᠥᠨᠳᠦᠷ᠂ ᠲᠡᠵᠢᠭᠡᠯ ᠦᠨ ᠴᠢᠨᠠᠷ ᠰᠠᠢᠨ ᠪᠣᠯᠬᠣᠷ《ᠮᠠᠯ ᠤᠨ ᠡᠪᠡᠰᠦᠨ ᠦ ᠬᠠᠭᠠᠨ》ᠭᠡᠳᠡᠭ ᠨᠡᠷ᠎ᠡ ᠲᠠᠢ᠃ ᠮᠠᠯᠴᠢᠳ ᠪᠣᠯᠤᠨ ᠨᠢ ᠮᠠᠯ ᠤᠨ ᠲᠡᠵᠢᠭᠡᠯ ᠦᠨ ᠬᠠᠮᠤᠭ ᠤᠨ ᠴᠢᠬᠤᠯᠠ ᠡᠬᠢ ᠪᠠᠶᠠᠯᠢᠭ ᠤᠨ 4 ᠲᠥᠷᠥᠯ ᠦᠨ ᠨᠢᠭᠡ ᠪᠣᠯᠤᠨ᠎ᠠ᠃

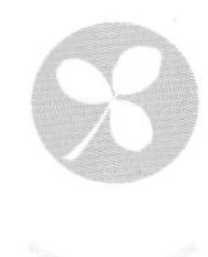

目前，苜蓿主要用来制作干草，但我国许多地方在调制苜蓿干草的过程中都会有淋雨、落叶等损失，通常损失率在30%左右，尤其是在我国苜蓿的主产区，由于雨热同期，苜蓿收获季节遭雨淋的损失率更高。我国北方苜蓿主产区刈割2～3茬的苜蓿难以晒制优质干草，采用烘干的办法生产脱水苜蓿虽然不受雨季影响，且能够生产较高质量的草产品，但由于所需设备价格昂贵，需消耗大量能源，成本太高，只能在有限的范围内应用。然而，苜蓿青贮可以有效解决上述问题，是较为理想的措施。苜蓿青贮不仅可以减少养分损失，还可以保持青绿饲料的营养特性，青贮后的苜蓿适口性好、品质好、消化率高、能长期保存，而且以拉伸膜裹包形式贮存的青贮苜蓿还可进入市场销售流通。优质苜蓿青贮饲料粗蛋白含量均在18%以上，是重要的植物蛋白质来源（图2–14、图2–15）。

据估计，西欧冬季储备的饲草中，有60%以上是青贮饲料。然而，由于苜蓿具有干物质含量低、可溶性碳水化合物含量少、缓冲能较高等特点，现仍被认为是难以单独直接鲜贮的饲草原料。若采用常规青贮技术很难调制优质青贮饲料，在实践中常常采用添加剂青贮法、凋萎青贮法或半干青贮法，以调制出品质和适口性更好的苜蓿青贮饲料。

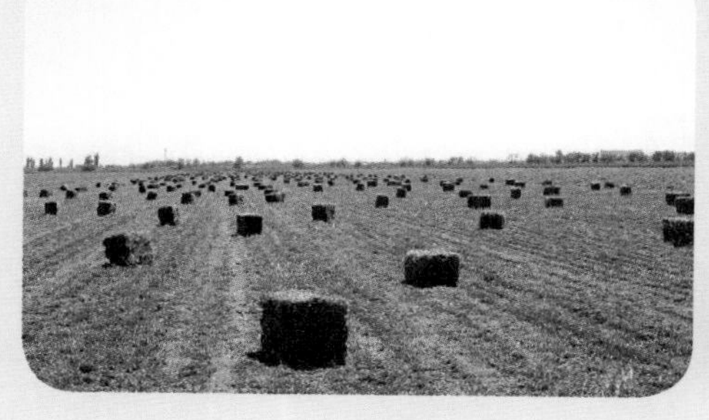

图2–14　苜蓿干草

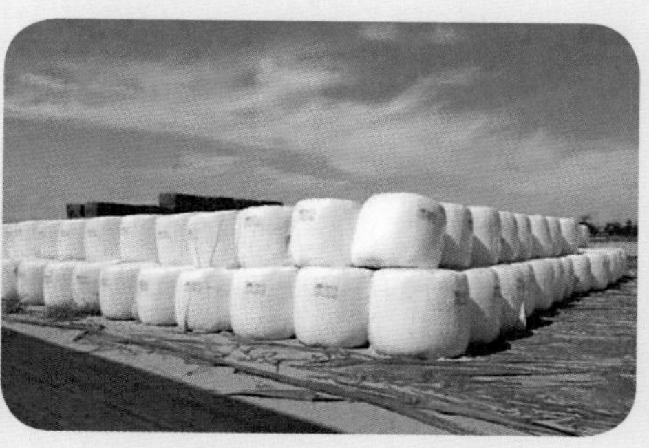

图2–15　裹包青贮

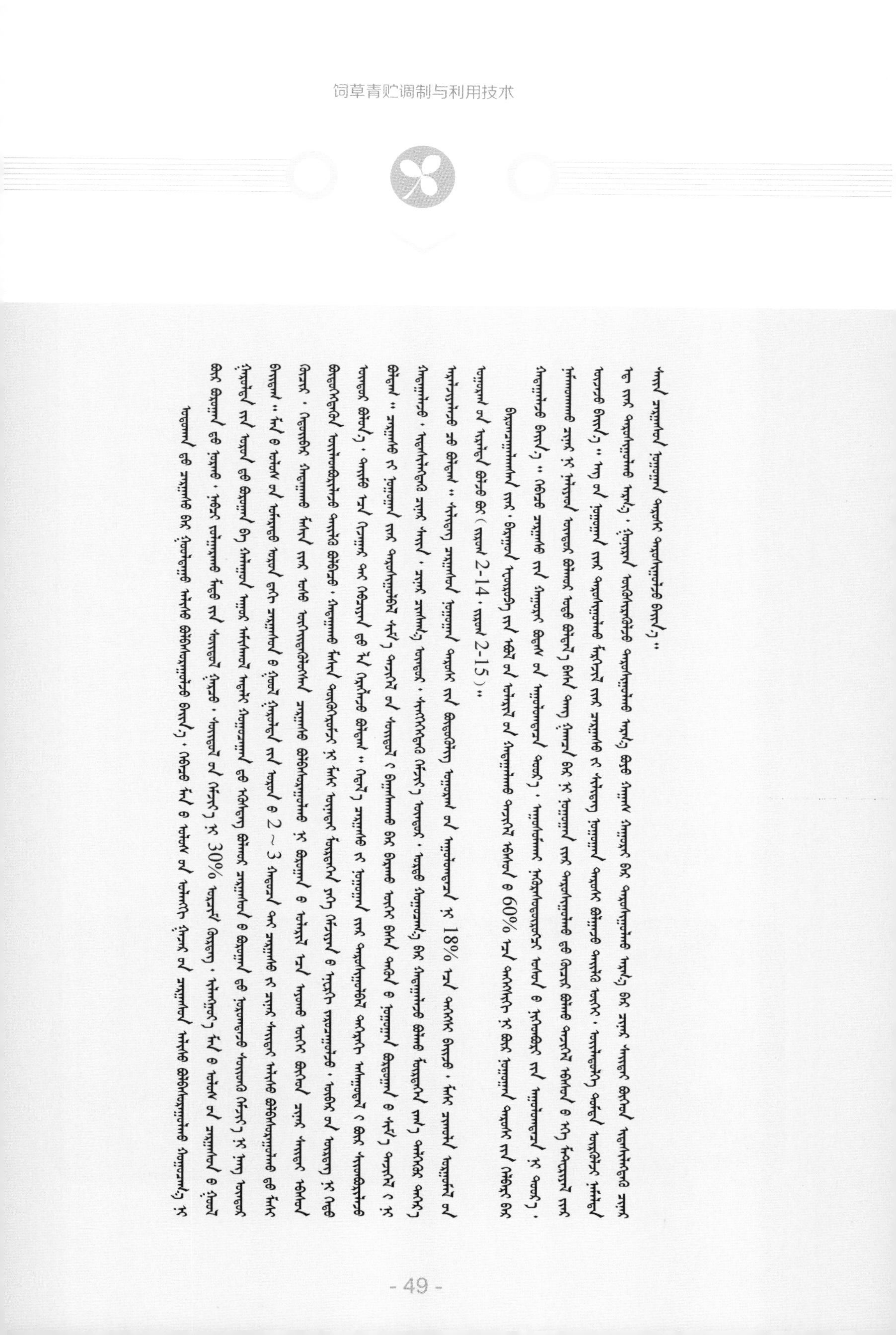

2. 三叶草

三叶草是豆科三叶草属（*Trifolium* L.）植物。广泛分布于温带地区，共有360多个种，多数为野生种，有少部分可作为栽培饲草，目前栽培较多的有红三叶草和白三叶草等。三叶草喜温暖湿润气候，耐旱、耐寒，环境适应性强，且具有很强的分蘖能力和再生能力，耐践踏、耐刈割，刈割后可较快恢复。三叶草含有丰富的蛋白质，适口性好，是家畜的优良饲草，多用于饲喂反刍动物。

红三叶草（*Trifolium pratense* L.）又称红车轴草（图2-16）。在我国淮河以南地区栽培较多，喜温暖湿润气候，适宜水分充足、酸性不大的土壤。其产量高、营养价值高、耐刈割性强、耐贫瘠、耐旱，被广泛应用在畜牧业。红三叶草是禾本科饲草的理想伴生种，混播刈割后是十分良好的调制青贮饲料的原料。红三叶草可溶性碳水化合物含量较低，而缓冲能高，属于难以青贮的豆科饲草。添加乳酸菌、乳酸菌+纤维素酶、甲酸和糖蜜均可显著改善发酵品质。

白三叶草（*Trifolium repens* L.）又称白车轴草（图2-17），在我国东北、华北、华中、西南、华南等地均有栽培。其蛋白质和矿物质含量丰富，耐旱、耐寒、耐热性良好，在酸性和碱性土壤上均能适应，具有很高的饲用价值。白三叶草含水量高、缓冲能高，常规青贮很难获得高质量的青贮饲料，添加甲酸、糖蜜、乳酸菌和纤维素酶可改善其青贮饲料的品质。

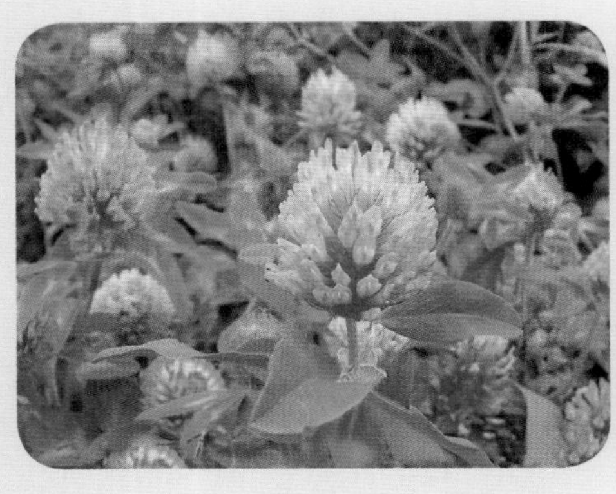

图2-16　红三叶草

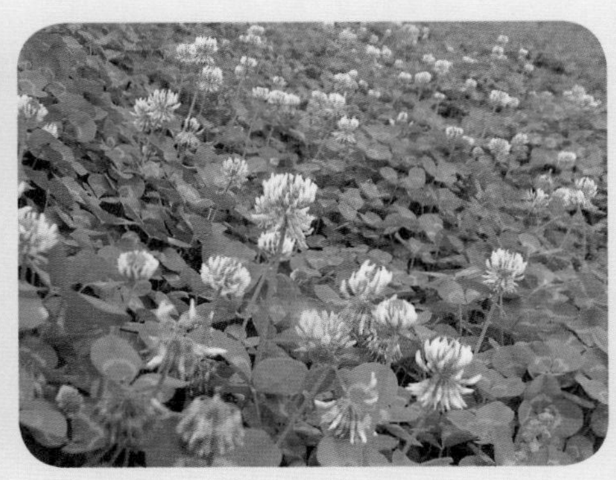

图2-17　白三叶草

ᠪᠠᠶᠢᠳᠠᠭ ᠪᠣᠯᠤᠨ᠎ᠠ ᠂ ᠬᠠᠯᠠᠭᠤᠨ ᠳᠤ ᠲᠡᠰᠪᠦᠷᠢ ᠮᠠᠭᠤ ᠪᠣᠯᠤᠨ᠎ᠠ ᠂ ᠨᠢᠭᠡ ᠪᠣᠯᠤᠨ ᠣᠯᠠᠨ ᠨᠠᠰᠤᠲᠤ ᠡᠪᠡᠰᠦ ᠦᠨ ᠲᠡᠵᠢᠭᠡᠯ ᠦᠨ ᠴᠢᠨᠠᠷ ᠰᠠᠶᠢᠨ ᠪᠣᠯᠤᠨ᠎ᠠ ::

ᠴᠠᠭᠠᠨ ᠭᠣᠷᠪᠠᠯᠵᠢᠨ (*Trifolium repens* L.) (ᠵᠢᠷᠤᠭ 2-17) ᠤ ᠭᠠᠷᠤᠯ ᠤᠭ ᠨᠢ ᠡᠸᠧᠷᠤᠫᠠ ᠪᠣᠯᠤᠨ᠎ᠠ ::

ᠡᠷᠭᠡ ᠶᠢᠨ ᠪᠤᠰᠤᠭ᠎ᠠ ᠂ ᠬᠠᠯᠠᠭᠤᠨ ᠡᠷᠭᠡ ᠶᠢᠨ ᠪᠤᠰᠤᠭ᠎ᠠ + ᠬᠡᠭᠡᠷᠡ ᠶᠢᠨ ᠪᠠᠶᠢᠳᠠᠯ ᠂ ᠬᠠᠯᠠᠭᠤᠨ ᠡᠷᠭᠡ ᠳᠦ ᠲᠡᠰᠪᠦᠷᠢ ᠮᠠᠭᠤ ᠪᠣᠯᠤᠨ᠎ᠠ ::

ᠤᠯᠠᠭᠠᠨ ᠭᠣᠷᠪᠠᠯᠵᠢᠨ (*Trifolium pratense* L.) (ᠵᠢᠷᠤᠭ 2-16) ᠤ ᠭᠠᠷᠤᠯ ᠤᠭ ᠨᠢ ᠪᠠᠭ᠎ᠠ ᠠᠽᠢᠶ᠎ᠠ ᠪᠣᠯᠤᠨ᠎ᠠ ::

360 ᠭᠣᠷᠪᠠᠯᠵᠢᠨ (*Trifolium* L.) ᠤ ᠲᠦᠷᠦᠯ ᠪᠣᠯᠤᠨ᠎ᠠ ::

2. ᠰᠣᠷᠢᠯᠲᠠ

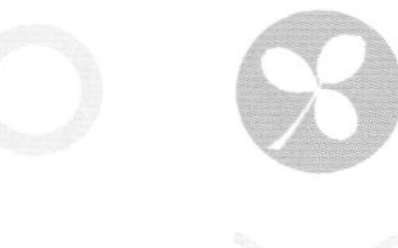

3. 草木樨

草木樨是豆科草木樨属一年生或二年生植物（图2–18）。它在世界上的分布十分广泛，其中栽培面积最多的为二年生白花草木樨（*Melilotus albus* Desr.）。白花草木樨对土壤酸碱度要求较低，在弱酸或弱碱的土壤上均可正常生长。白花草木樨耐旱、耐寒、耐盐性较强；产量高。草木樨有很高的营养价值，粗蛋白含量可达16%，但含有香豆素，这是一种低毒物质，有难闻气味，适口性差，单一饲喂时不可过多。与其他豆科饲草一样，草木樨常规青贮很难获得高质量的青贮饲料。近年来，玉米和草木樨以2 ：1的比例间种逐渐成为主流，将其青贮后可调制成优质的饲料。

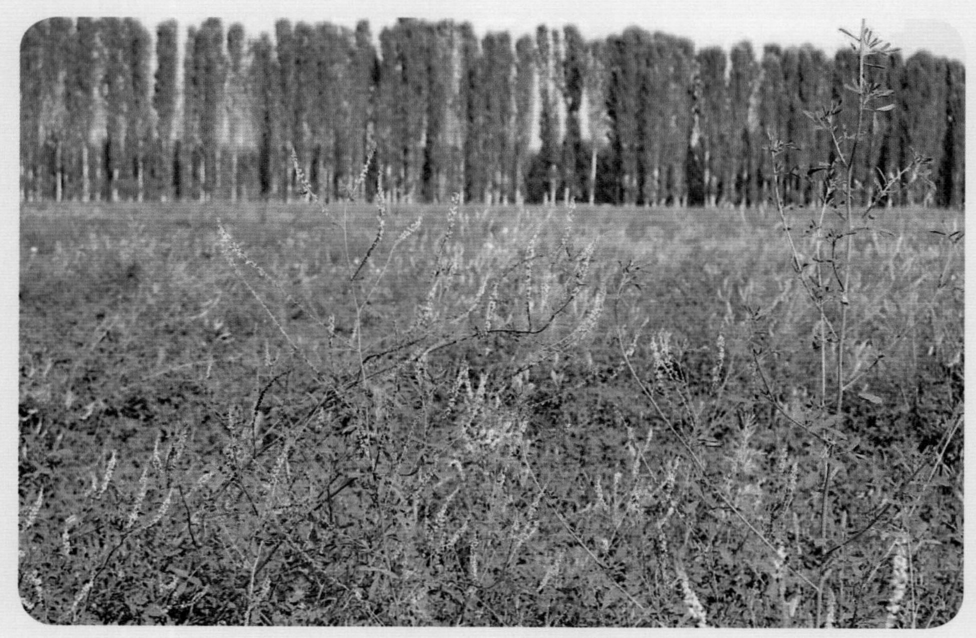

图2–18　白花草木樨

ᠬᠡᠮᠵᠢᠶ᠎ᠡ ᠣᠯᠠᠨ᠂ ᠬᠤᠪᠢᠷᠠᠯ ᠣᠯᠠᠨ ᠣᠯᠠᠨᠲᠠᠭᠤᠯᠬᠤ ᠬᠡᠷᠡᠭᠯᠡᠭᠡᠨ ᠪᠣᠯᠤᠨ᠎ᠠ᠃

ᠶᠢᠨ ᠬᠤᠪᠢᠷᠠᠯ ᠲᠠᠢ ᠬᠤᠯᠢᠮᠠᠭᠯᠠᠭᠰᠠᠨ ᠰᠢᠯᠢᠮᠡᠯ ᠲᠠᠢ ᠰᠢᠯᠢᠭᠳᠡᠭ ᠬᠤᠪᠢᠷᠠᠯ ᠣᠯᠠᠨ ᠪᠣᠯᠬᠤ ᠣᠯᠠᠨᠲᠠ ᠪᠠᠢᠳᠠᠭ᠃ ᠪᠠᠳᠠᠷᠭᠠ ᠶᠢᠨ ᠵᠢ ᠪᠡ᠂ ᠨᠢᠭᠡ ᠬᠡᠰᠡᠭ ᠨᠢ ᠪᠠᠳᠠᠷᠭᠠ ᠶᠢ 2：1 ᠶᠢᠨ ᠬᠠᠷᠢᠴᠠᠭ᠎ᠠ ᠲᠠᠢ ᠬᠣᠯᠢᠭᠠᠳ ᠳᠠᠷᠤᠭᠠᠯᠠᠬᠤ ᠳᠤ᠂ ᠰᠢᠯᠢᠮᠡᠯ ᠰᠢᠯᠢᠬᠤ ᠪᠡᠷ᠂ ᠡᠨᠡ ᠲᠠᠢ ᠬᠠᠮᠲᠤ ᠪᠡᠷ ᠬᠣᠯᠢᠭ᠎ᠠ ᠰᠠᠢᠵᠢᠷᠠᠭᠤᠯᠬᠤ ᠪᠣᠯᠤᠨ᠎ᠠ᠃ ᠪᠦᠬᠦᠯᠢ ᠪᠡᠶ᠎ᠡ ᠶᠢᠨ ᠬᠠᠳᠠᠭᠠᠯᠠᠯᠲᠠ ᠶᠢᠨ ᠬᠤᠪᠢ ᠶᠢ ᠳᠡᠭᠡᠭᠰᠢᠯᠡᠭᠦᠯᠦᠨ᠂ ᠨᠢᠭᠡ ᠵᠢᠨ ᠶᠢᠨ ᠬᠤᠪᠢᠷᠠᠯ ᠶᠢᠨ ᠬᠠᠳᠠᠭᠠᠯᠠᠭᠳᠠᠬᠤᠢ ᠶᠢᠨ 16% ᠪᠣᠯᠤᠨ᠎ᠠ᠂ ᠡᠭᠦᠨ ᠡᠴᠡ ᠪᠡᠷ ᠬᠡᠮᠵᠢᠶᠡᠨ ᠪᠡᠶ᠎ᠡ ᠶᠢᠨ ᠬᠣᠯᠢᠭ᠎ᠠ ᠪᠡᠯᠡᠳᠬᠡᠬᠦ ᠶᠢ ᠨᠢᠭᠡ ᠵᠢᠨ ᠶᠢᠨ ᠬᠠᠳᠠᠭᠠᠯᠠᠬᠤ ᠶᠢᠨ ᠬᠠᠷᠢᠴᠠᠭ᠎ᠠ ᠪᠡᠷ᠂ ᠬᠠᠳᠠᠭᠠᠯᠠᠭᠳᠠᠬᠤ ᠪᠣᠯᠤᠨ᠎ᠠ᠂ ᠰᠢᠷᠬᠡᠭ᠂ ᠪᠠᠭᠤᠰᠤᠨ᠂ ᠰᠣᠷᠣᠭᠴᠢ ᠪᠡᠷ ᠪᠠᠢᠬᠤ ᠦᠭᠡᠢ᠂ ᠬᠠᠳᠠᠭᠠᠯᠠᠬᠤ ᠲᠤᠰᠠ ᠲᠠᠢ᠃ ᠪᠠᠳᠠᠷᠭᠠ ᠶᠢᠨ ᠰᠣᠷᠢᠯ ᠬᠣᠯᠢᠯᠲᠠ ᠶᠢᠨ ᠬᠡᠮᠵᠢᠶ᠎ᠡ ᠲᠠᠯᠠᠪᠤᠷ ᠬᠤᠪᠢᠷᠠᠯ ᠭᠤᠯᠢᠯᠳᠠᠯ᠂ ᠰᠠᠢᠨ ᠪᠠᠳᠠᠷᠭᠠ ᠪᠡᠷ ᠰᠠᠢᠨ ᠴᠢᠨᠠᠷᠯᠢᠭ ᠪᠠᠢᠳᠠᠯ ᠪᠠᠷ ᠪᠠᠢᠭᠤᠯᠤᠨ ᠬᠠᠳᠠᠭᠠᠯᠠᠭᠳᠠᠨ᠎ᠠ᠃ ᠴᠠᠭᠠᠨ ᠪᠠᠳᠠᠷᠭᠠ（*Melilotus albus* Desr.）ᠪᠣᠯᠤᠨ᠎ᠠ᠃ ᠴᠠᠭᠠᠨ ᠪᠠᠳᠠᠷᠭᠠ ᠶᠢᠨ ᠪᠡᠯᠡᠳᠭᠡᠯ ᠤ ᠪᠠᠳᠠᠷᠭᠠ ᠶᠢᠨ ᠬᠣᠯᠢᠮᠠᠭ ᠲᠤ ᠬᠠᠳᠠᠭᠠᠯᠠᠭᠳᠠᠭᠰᠠᠨ ᠪᠡᠷ ᠪᠠᠢᠬᠤ ᠦᠭᠡᠢ᠂ ᠬᠣᠯᠢᠮᠠᠭ ᠪᠣᠯᠭᠠᠭᠰᠠᠨ ᠪᠣᠯᠤᠨ᠎ᠠ ᠡᠭᠦᠨ ᠪᠡᠷ ᠰᠠᠢᠨ ᠬᠠᠳᠠᠭᠠᠯᠠᠯ ᠴᠢᠨᠠᠷ ᠪᠣᠯᠬᠤ ᠶᠢᠨ ᠬᠦᠷᠡᠭᠰᠡᠨ ᠳᠤ ᠰᠠᠢᠨ ᠬᠠᠳᠠᠭᠠᠯᠠᠯᠲᠠ ᠶᠢ ᠡᠷᠬᠢᠮ ᠪᠠᠢᠭᠤᠯᠬᠤ ᠪᠣᠯᠤᠨ᠎ᠠ ᠪᠠᠳᠠᠷᠭᠠ ᠶᠢᠨ ᠪᠡᠯᠡᠳᠭᠡᠯ ᠶᠢᠨ ᠬᠣᠯᠢᠮᠠᠭ ᠶᠢᠨ ᠨᠢᠭᠡ ᠰᠠᠢᠨ ᠰᠣᠷᠢᠯ ᠬᠠᠳᠠᠭᠠᠯᠠᠬᠤ ᠪᠤᠶᠤ ᠵᠢᠨ（ᠵᠢᠷᠤᠭ 2-18）᠃ ᠡᠭᠦᠨ ᠦ ᠬᠡᠷᠡᠭᠯᠡᠬᠦ ᠬᠡᠮᠵᠢᠶ᠎ᠡ

3. ᠪᠠᠳᠠᠷᠭᠠ

4. 沙打旺

沙打旺（*Astragalus huangheensis* H.C.Fu）是豆科黄芪属多年生植物（图2–19）。主要分布于我国东北、华北和西北各地。沙打旺抗逆性强，适应性广，具有很好的耐旱、耐寒、抗风沙、耐瘠薄等特性，但不耐涝。沙打旺生长快，老化也早，盛产期又多阴雨天气，且调制干草时极易掉叶，调制成的干草茎叶比高、木质化程度高、饲用价值较低，所以不适合制作优质干草。此外，沙打旺中含有有毒物质硝基化合物，有不良气味，适口性较差，长期大量饲喂容易引起中毒。因此，将其用于调制青贮饲料，经青贮发酵后既可改善饲料的适口性，还有解毒的作用，并提高消化率。沙大旺由于可溶性碳水化合物含量低、粗蛋白含量高、缓冲能高，青贮较难获得优质的青贮饲料，可通过添加甲酸、糖类或与含糖量较高的禾本科饲草混贮提高其青贮品质。

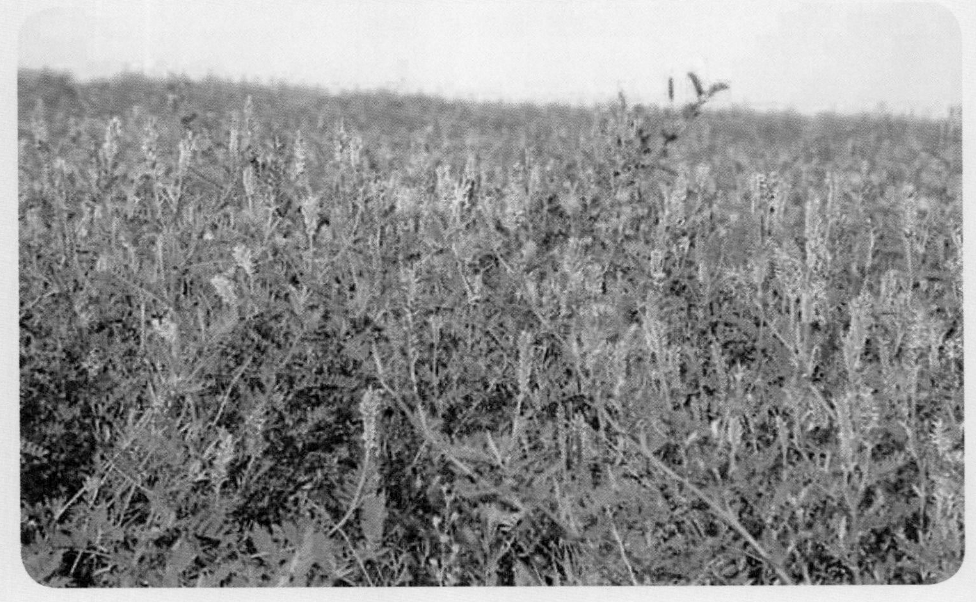

图2–19 沙打旺

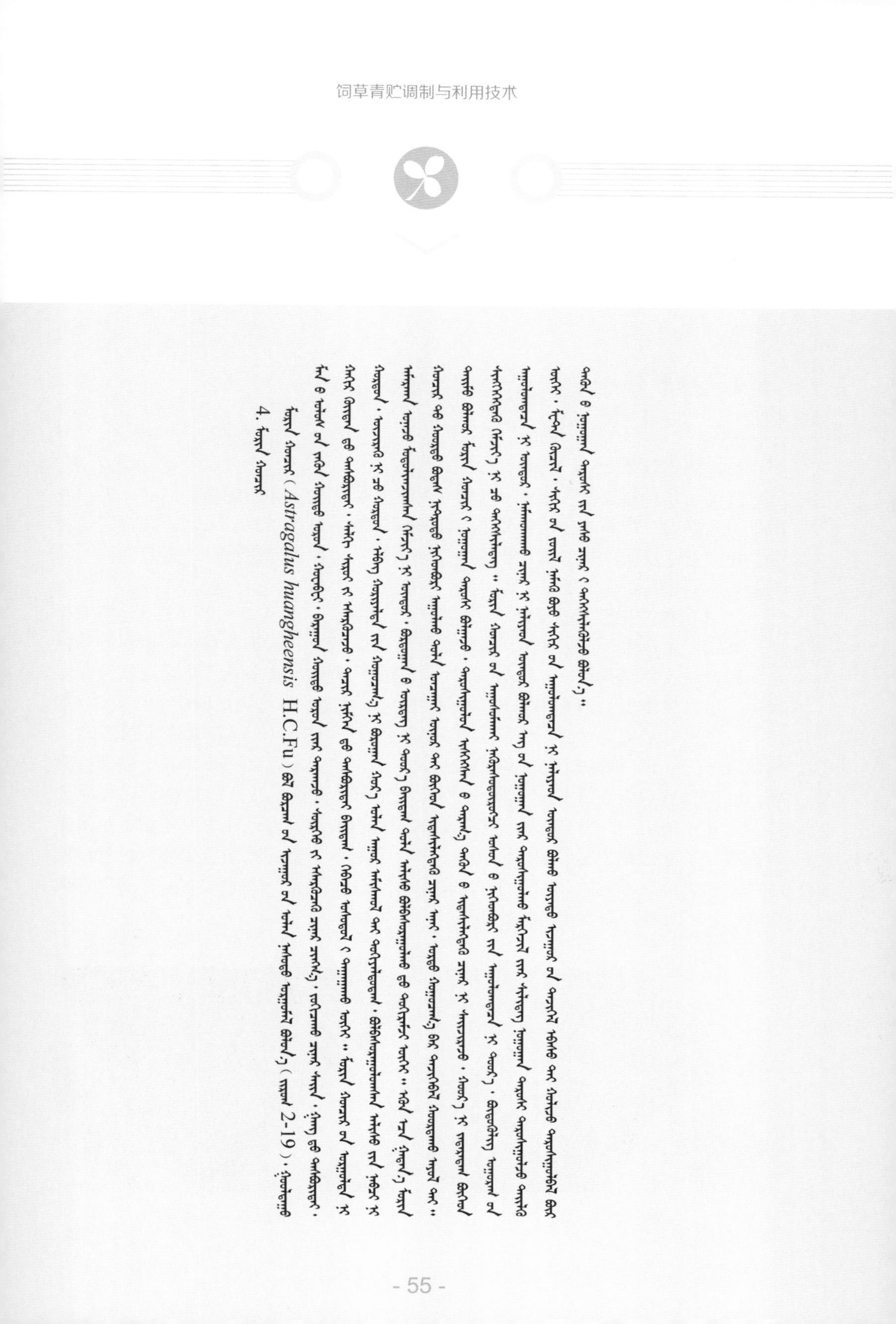

4. [illegible]

[illegible] (*Astragalus huangheensis* H.C.Fu) [illegible] ([illegible] 2-19) [illegible]

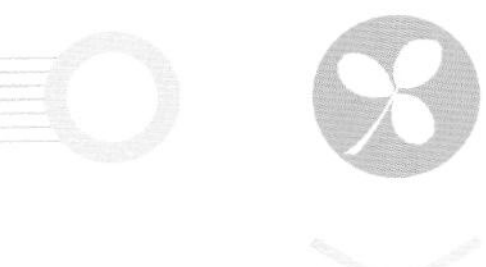

（三）其他原料

1. 麦秸和稻草

我国每年种植大面积水稻和小麦，其茎秆是牛的主要粗饲料。然而，麦秸或稻草质地粗劣，营养成分含量较低，若直接饲喂适口性较差。因此，需将其与青绿多汁的紫花苜蓿、草木樨、野草等进行混贮，可制得酸甜可口的青贮饲料，以改善其品质并提高利用率。

2. 适合青贮生产的副产物

在实际生产中，许多工农业副产物干物质含量低，长期储存有一定困难。但是，如果经过合理调制，大多数副产物都能成功青贮。许多副产物是能量的主要来源，蛋白含量低，但是也有少数副产物（如酒糟）可作为蛋白质的主要来源。目前，已知可用来青贮的副产物有柑橘渣、酒糟（图2–20）、苹果渣（图2–21）、葡萄渣、菠萝浆、番茄废料、蔬菜残余物、新鲜水果和蔬菜等。尽管上述大多数副产物干物质含量低，但若其可溶性碳水化合物含量高时，通常也可以成功青贮。此外，利用副产物青贮前需要考虑其是否含有潜在毒性或含有已被禁用的化学物质；是否含有金属、塑料或其他物理污染物；其营养物质含量、原料适口性是否能够被动物所接受；原料的地域性和季节性；运输及青贮成本；是否能被成功青贮，以及是否需要额外的处理等。

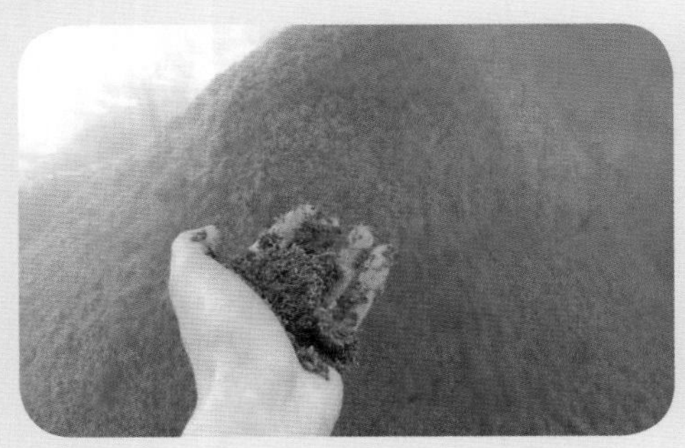

图2–20　酒糟

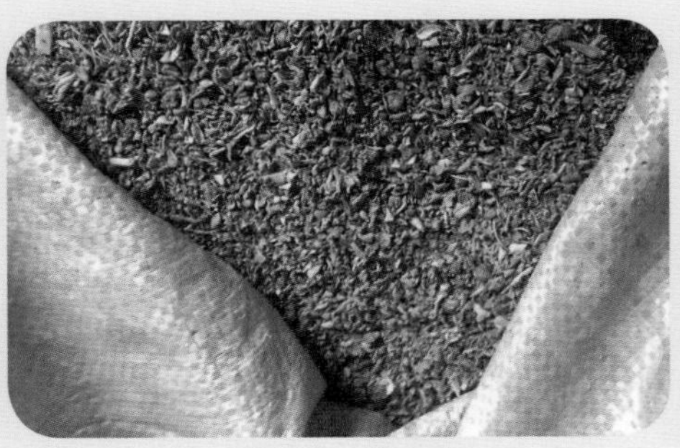

图2–21　苹果渣

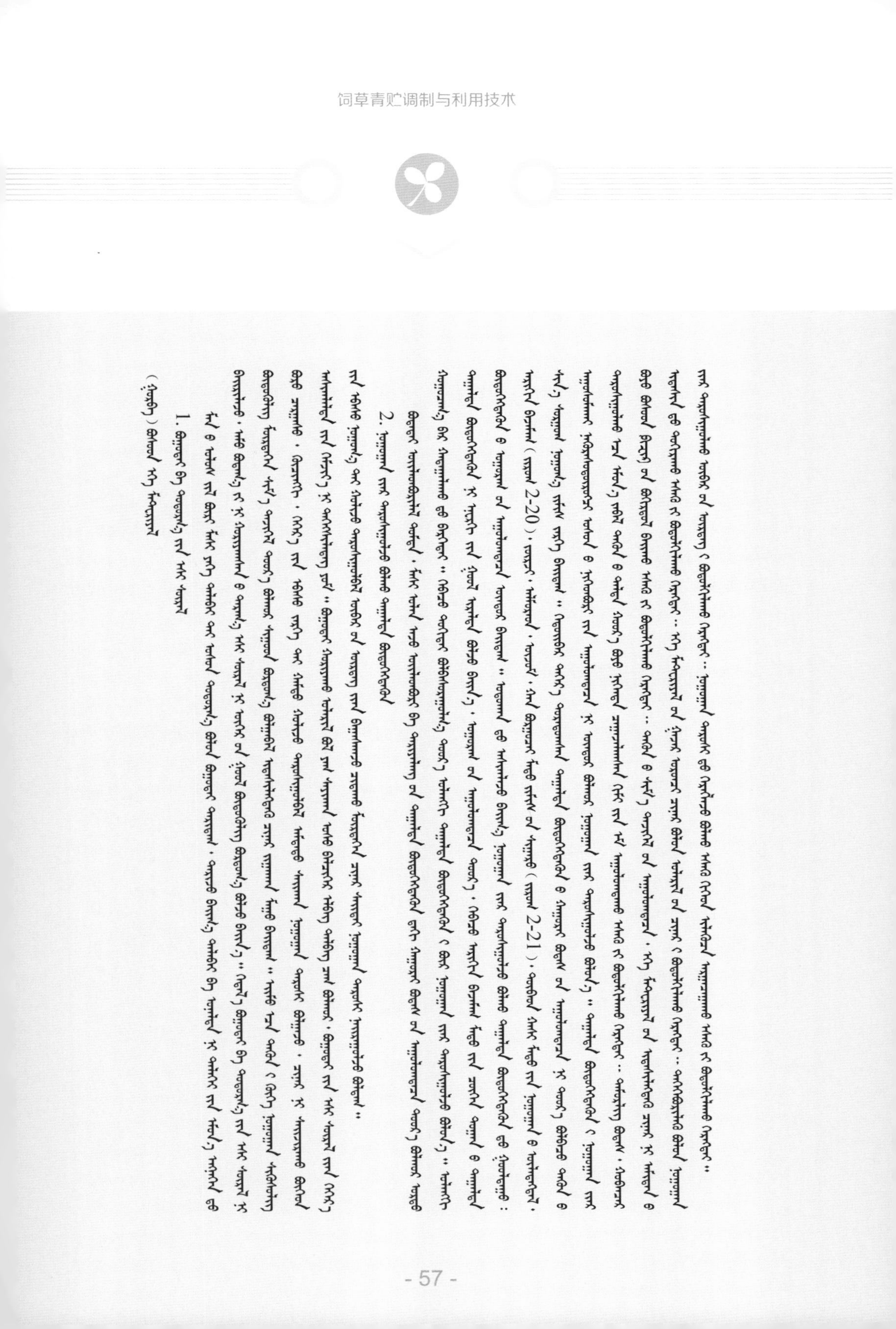

[illegible] （[illegible] 2-20）[illegible] （[illegible] 2-21）[illegible]

2. [illegible]

[illegible]

1. [illegible]

（[illegible]）[illegible]

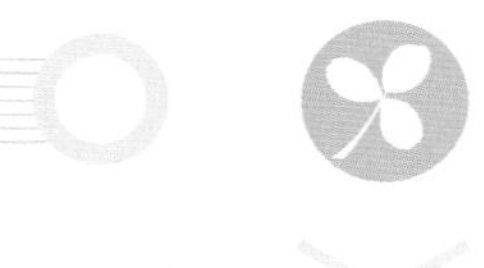

三、青贮添加剂

进行常规青贮时，青贮原料必须满足以下几点要求：第一点，应含有适量以可溶性碳水化合物形式存在的发酵基质；第二点，干物质含量应超过原料重量的20%；第三点，应有较低的缓冲能力；第四点，应具有在青贮容器中容易被压实的物理结构。如果青贮原料不易青贮或青贮失败风险较大时，可以使用青贮添加剂以改善青贮饲料的发酵质量，减少青贮过程中营养的损失，提升青贮饲料的品质，提高牲畜的生产能力。

（一）如何使用青贮添加剂

添加剂的均衡使用非常重要，可以使添加剂的效益最大化。当进行窖贮时需要大量添加剂，一般都是一边将青贮原料切碎装入青贮容器，一边加入添加剂，且均匀施用，以保证青贮原料和添加剂充分接触。当在青贮捆上使用大量添加剂时，最好是在刈割饲草之前把添加剂洒到草垄上，但可能会造成部分添加剂损失。在饲草刈割过程中使用添加剂也会有很好的效果，例如用饲草收割机进行收割作业时，可将添加剂置于粉碎室或者分装斜槽的后方；用打捆机进行打捆时，可在草捆通过时喷洒添加剂，但效果逊色于前者。若使用添加剂混合器，则需要检查所选择的机械是否适合于将要使用的添加剂，喷洒速率是否可以大范围调整。在施用添加剂时，必须根据刈割的速率对添加剂混合器进行相应的校准，同时对系统进行监测，以免造成机器堵塞，以及添加剂喷洒过多或者没有喷洒到。

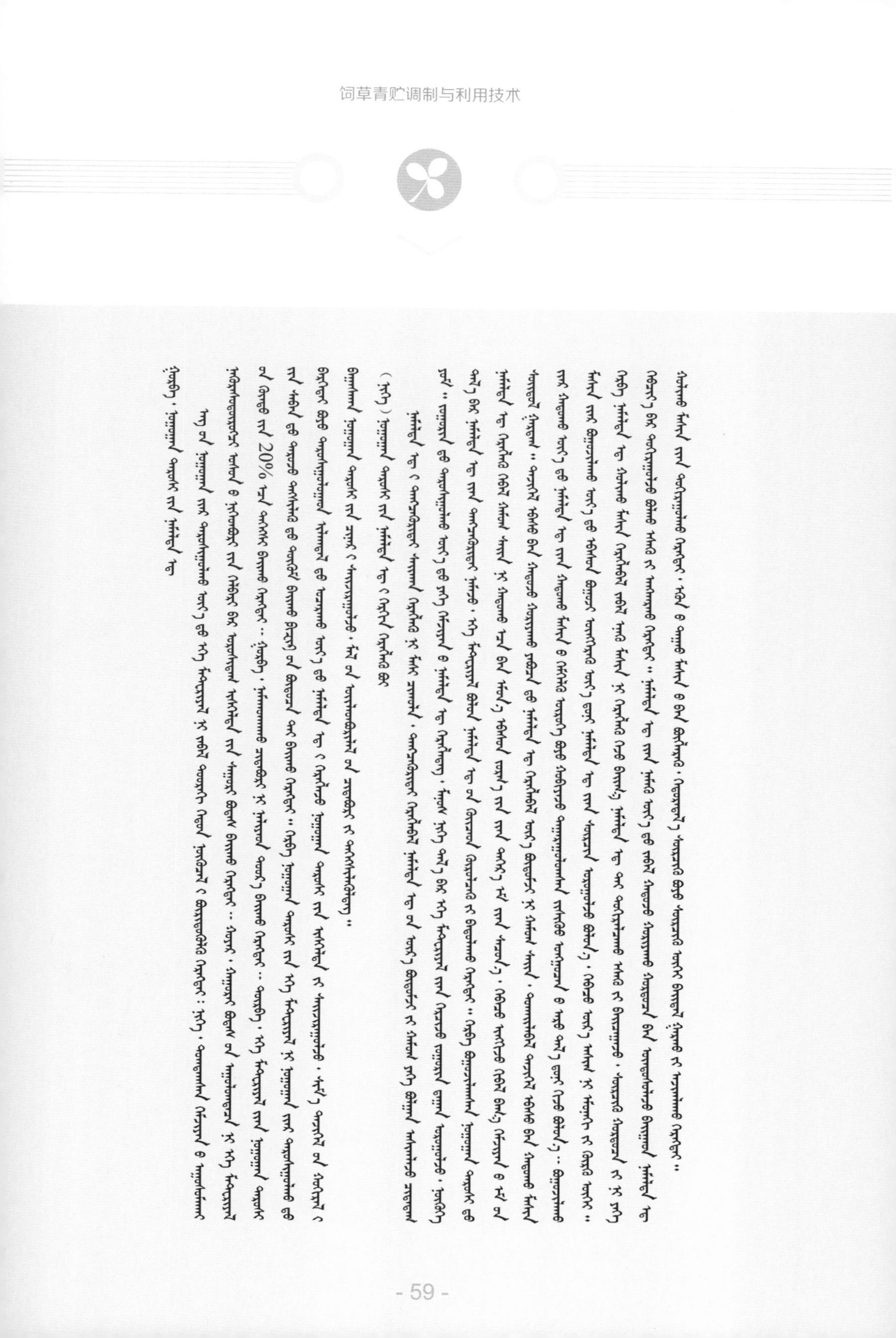

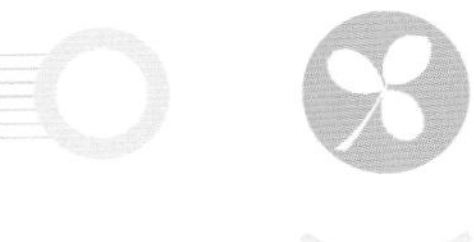

（二）青贮添加剂的类型

青贮添加剂主要包括五大类：发酵促进剂、发酵抑制剂、好氧变质抑制剂、营养剂和吸收剂（表3–1）。这些添加剂在青贮过程中起着不同的作用。

表3–1　青贮添加剂的类型

发酵促进剂		发酵抑制剂		好氧变质抑制剂	营养剂	吸收剂
碳水化合物	生物制剂	酸、有机酸盐	其他			
葡萄糖	纤维素酶	无机酸	甲　醛	丙　酸	尿　素	谷　物
蔗　糖	半纤维素酶	甲　酸	氯化钠	丙酸盐	氨	秸　秆
糖　蜜	淀粉酶	乙　酸	抗生素	己　酸	双缩脲	稻　草
柑橘渣	乳酸菌	乳　酸	亚硝酸钠	己　酸	矿物质	甜菜粕
甜菜渣	细菌素	丙酸	二氧化硫	山梨酸	—	斑脱土
苹果渣	—	丙烯酸	氢氧化钠	氨	—	—
菠萝浆	—	甲酸钙	二氧化碳	乳酸菌	—	—
禾谷类	—	丙酸盐	二硫化碳	—	—	—
乳　清	—	柠檬酸	硫代硫酸钠	—	—	—
—	—	山梨酸	亚硫酸氢钠	—	—	—
—	—	羟基乙酸	—	—	—	—

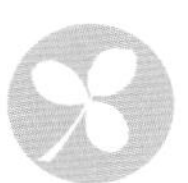

(ᠬᠣᠶᠠᠷ) ᠨᠣᠭᠤᠭᠠᠨ ᠬᠠᠳᠠᠭᠠᠯᠠᠮᠵᠢ ᠶᠢᠨ ᠴᠢᠨᠠᠷ ᠢ ᠦᠨᠡᠯᠡᠬᠦ ᠠᠷᠭ᠎ᠠ

ᠨᠣᠭᠤᠭᠠᠨ ᠬᠠᠳᠠᠭᠠᠯᠠᠮᠵᠢ ᠶᠢᠨ ᠴᠢᠨᠠᠷ ᠢ ᠲᠣᠭᠲᠠᠭᠠᠬᠤ ᠠᠷᠭ᠎ᠠ ᠪᠣᠯ ᠦᠨᠡᠯᠡᠬᠦ ᠠᠷᠭ᠎ᠠ ᠪᠣᠯᠤᠨ᠎ᠠ : ᠮᠡᠷᠭᠡᠵᠢᠯ ᠦᠨ ᠬᠡᠮᠵᠢᠭᠦᠷ ᠲᠦ ᠂ ᠮᠡᠷᠭᠡᠵᠢᠯ ᠦᠨ ᠰᠢᠨᠵᠢᠯᠡᠬᠦ ᠲᠦ ᠂ ᠪᠠᠶᠢᠷᠢ ᠰᠠᠭᠤᠷᠢ ᠶᠢᠨ ᠰᠢᠨᠵᠢᠯᠡᠬᠦ ᠶᠢᠨ ᠲᠦ ᠂ ᠮᠠᠯ ᠤᠨ ᠬᠡᠷᠡᠭᠯᠡᠭᠡ ᠲᠦ ᠂ ᠲᠣᠬᠢᠷᠠᠮᠵᠢ ᠲᠦ (ᠬᠦᠰᠦᠨᠦᠭ 3-1) :: ᠲᠡᠭᠦᠨ ᠦ ᠰᠢᠨᠵᠢ ᠲᠦ ᠶᠢ ᠨᠣᠭᠤᠭᠠᠨ ᠤ ᠬᠠᠳᠠᠭᠠᠯᠠᠮᠵᠢ ᠶᠢᠨ ᠴᠢᠨᠠᠷ ᠢ ᠲᠡᠭᠦᠨ ᠦ ᠬᠡᠮᠵᠢᠶ᠎ᠡ ᠪᠡᠷ ᠲᠣᠭᠲᠠᠭᠠᠳᠠᠭ

ᠳᠠᠭᠠᠯᠳᠤᠭᠤ ::

ᠬᠦᠰᠦᠨᠦᠭ 3-1 ᠨᠣᠭᠤᠭᠠᠨ ᠬᠠᠳᠠᠭᠠᠯᠠᠮᠵᠢ ᠶᠢᠨ ᠴᠢᠨᠠᠷ ᠢ ᠦᠨᠡᠯᠡᠬᠦ ᠠᠷᠭ᠎ᠠ

ᠮᠡᠷᠭᠡᠵᠢᠯ ᠦᠨ ᠬᠡᠮᠵᠢᠭᠦᠷ ᠲᠦ		ᠮᠡᠷᠭᠡᠵᠢᠯ ᠦᠨ ᠰᠢᠨᠵᠢᠯᠡᠬᠦ ᠲᠦ		ᠪᠠᠶᠢᠷᠢ ᠰᠠᠭᠤᠷᠢ ᠶᠢᠨ ᠰᠢᠨᠵᠢᠯᠡᠬᠦ ᠲᠦ ᠬᠡᠮᠵᠢᠶ᠎ᠡ ᠶᠢᠨ	ᠮᠠᠯ ᠤᠨ ᠬᠡᠷᠡᠭᠯᠡᠭᠡ ᠲᠦ	ᠲᠣᠬᠢᠷᠠᠮᠵᠢ ᠲᠦ
ᠰᠣᠷᠢᠯ ᠤᠨ ᠬᠡᠮᠵᠢᠭᠦᠷ ᠤᠨ ᠲᠣᠭ᠎ᠠ	ᠮᠡᠳᠡᠷᠡᠯ ᠦᠨ ᠬᠦᠨᠳᠦ ᠶᠢᠨ	ᠥᠩᠭᠡ ᠶᠢᠨ ᠬᠡᠮᠵᠢᠶ᠎ᠡ ᠂ ᠰᠠᠶᠢᠨ ᠥᠩᠭᠡ	ᠪᠦᠲᠦᠴᠡ			
ᠰᠠᠶᠢᠨ ᠤ ᠬᠦᠴᠦ	ᠬᠦᠴᠦᠲᠡᠢ ᠪᠠ ᠰᠠᠶᠢᠨ ᠤᠷᠤᠭ ᠲᠠᠢ	ᠰᠠᠶᠢᠨ ᠬᠠᠷᠠᠮᠰᠢᠯ ᠪᠡᠷ ᠥᠩᠭᠡ	ᠨᠣᠭᠤᠭᠠᠨ ᠦᠨᠦᠷᠲᠡᠢ	ᠰᠢᠷ᠎ᠠ ᠥᠩᠭᠡ	ᠰᠠᠶᠢᠨ ᠴᠢᠨᠠᠷ ᠲᠠᠢ	ᠰᠠᠶᠢᠨ ᠪᠣᠯᠤᠨ᠎ᠠ
ᠰᠠᠶᠢᠨ ᠲᠠᠢ ᠰᠠᠶᠢᠨ	ᠰᠠᠶᠢᠨ ᠰᠠᠶᠢᠨ ᠤᠷᠤᠭ ᠲᠠᠢ ᠪᠠ ᠰᠠᠶᠢᠨ	ᠨᠣᠭᠤᠭᠠᠨ ᠥᠩᠭᠡ	ᠰᠠᠶᠢᠨ ᠦᠨᠦᠷᠲᠡᠢ	ᠰᠢᠷ᠎ᠠ ᠥᠩᠭᠡ ᠪᠠ ᠬᠦᠷᠡᠩ	ᠰᠠᠶᠢᠨ	ᠰᠠᠶᠢᠨ ᠴᠢᠨᠠᠷ
ᠳᠤᠮᠳᠠ ᠴᠢᠨᠠᠷ	ᠰᠠᠶᠢᠨ ᠰᠠᠶᠢᠨ ᠪᠠᠷ	ᠬᠦᠷᠡᠩ ᠥᠩᠭᠡ	(ᠬᠦᠴᠢᠯ ᠦᠨᠦᠷ) ᠰᠠᠶᠢᠨ ᠦᠨᠦᠷ	ᠬᠦᠷᠡᠩ ᠥᠩᠭᠡ	ᠳᠤᠮᠳᠠ ᠪᠠ ᠬᠡᠮᠵᠢᠶ᠎ᠡ ᠲᠠᠢ	ᠳᠤᠮᠳᠠ ᠴᠢᠨᠠᠷ ᠲᠠᠢ
ᠮᠠᠭᠤ ᠲᠠᠢ ᠰᠠᠶᠢᠨ	ᠬᠦᠴᠦᠲᠡᠢ ᠪᠠ ᠨᠣᠭᠤᠭᠠᠨ ᠥᠩᠭᠡ ᠪᠠ	ᠬᠦᠷᠡᠩ ᠥᠩᠭᠡ	ᠰᠠᠶᠢᠨ ᠦᠨᠦᠷ ᠪᠠ ᠬᠦᠴᠢᠯ ᠥᠩᠭᠡ ᠪᠠ	ᠬᠦᠷᠡᠩ ᠥᠩᠭᠡ	ᠮᠠᠭᠤ ᠪᠣᠯ	ᠮᠠᠭᠤ ᠴᠢᠨᠠᠷ ᠲᠠᠢ ᠪᠠ
ᠰᠠᠶᠢᠨ ᠤ ᠮᠠᠭᠤ ᠤᠨ ᠬᠦᠴᠦᠲᠡᠢ	ᠬᠦᠴᠦᠲᠡᠢ ᠲᠠᠢ ᠪᠠ	ᠬᠠᠷ᠎ᠠ ᠥᠩᠭᠡ	ᠥᠩᠭᠡ ᠪᠠ ᠬᠦᠴᠢᠯ ᠦᠨᠦᠷ	ᠬᠠᠷᠠᠩᠭᠤᠢ ᠬᠦᠷᠡᠩ ᠥᠩᠭᠡ	——	ᠬᠡᠷᠡᠭᠯᠡᠬᠦ ᠦᠭᠡᠢ
ᠬᠦᠴᠦᠲᠡᠢ ᠪᠠ ᠮᠠᠭᠤ	——	ᠬᠠᠷ᠎ᠠ ᠥᠩᠭᠡ	ᠬᠦᠴᠢᠯ ᠦᠨᠦᠷ ᠲᠠᠢ	ᠮᠠᠭᠤ	——	——
ᠮᠠᠭᠤ ᠬᠦᠴᠦᠲᠡᠢ ᠲᠠᠢ ᠰᠠᠶᠢᠨ ᠲᠠᠢ	——	ᠬᠦᠷᠡᠩ ᠥᠩᠭᠡ ᠪᠠ ᠬᠠᠷ᠎ᠠ	ᠰᠠᠶᠢᠨ ᠬᠦᠴᠢᠯ ᠲᠠᠢ ᠮᠡᠳᠡᠷᠡᠯ ᠦᠨ ᠦᠨᠦᠷ	ᠬᠦᠷᠡᠩ ᠥᠩᠭᠡ ᠪᠠ ᠬᠠᠷᠠᠩᠭᠤᠢ	——	——
ᠮᠠᠭᠤ ᠬᠦᠴᠦᠲᠡᠢ ᠦ ᠬᠡᠮᠵᠢᠶ᠎ᠡ	——	ᠬᠠᠷ᠎ᠠ ᠥᠩᠭᠡ ᠪᠠ ᠮᠠᠭᠤ	ᠮᠡᠳᠡᠷᠡᠯ ᠦᠨ ᠦᠨᠦᠷ ᠬᠦᠴᠢᠯ	——	——	——
ᠮᠠᠭᠤᠬᠠᠢ	——	ᠬᠦᠴᠦᠲᠡᠢ ᠥᠩᠭᠡ	ᠮᠠᠭᠤ ᠦᠨᠦᠷ ᠥᠩᠭᠡ ᠪᠠ ᠦᠨᠦᠷ	——	——	——
——	——	ᠬᠠᠷᠠᠩᠭᠤᠢ ᠬᠦᠷᠡᠩ ᠥᠩᠭᠡ	ᠮᠠᠭᠤ ᠦᠨᠦᠷ ᠥᠩᠭᠡ ᠪᠠ ᠮᠡᠳᠡᠷᠡᠯ ᠦᠨ ᠦᠨᠦᠷ	——	——	——
——	——	ᠬᠡᠷᠡᠭᠯᠡᠬᠦ ᠬᠠᠷ᠎ᠠ ᠥᠩᠭᠡ	——	——	——	——

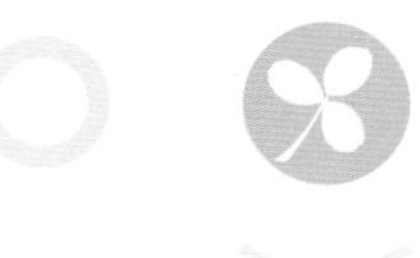

1. 发酵促进剂

发酵促进剂主要通过额外给乳酸菌提供发酵所需的糖，或者增加乳酸菌的数量，进而增强乳酸菌的活动，产生更多的乳酸，使青贮饲料的pH迅速下降。主要的发酵促进剂包括糖类、富含糖分的原料、乳酸菌制剂、酶制剂等。

（1）糖类：一般来说，当鲜草中可溶性碳水化合物含量大于2.5%时更容易青贮。所以，玉米、甜高粱等富含可溶性碳水化合物的青贮原料更加容易青贮，而以豆科饲草类为主的青贮原料，特别是第一茬刈割后的再生草，可溶性碳水化合物含量较低，需添加可溶性碳水化合物含量高的添加剂使其可溶性碳水化合物含量大于2.5%，进而改善青贮发酵的效果。常用的含糖类添加剂包括糖蜜（图3–1）、蔗糖（图3–2）、甜菜粕等。此外，糠麸等粮食加工后的副产物也可补充一定量的可溶性碳水化合物。

① 糖蜜：糖蜜是最常见的糖类添加剂，在生产实践中已经使用多年。糖蜜是用甘蔗和甜菜制糖时产生的副产物，其干物质含量为70% ～ 75%，其中以蔗糖为主的可溶性碳水化合物含量占干物质含量的83% ～ 85%。一般每吨新鲜原料所需要糖蜜的施用量为10 ～ 50千克，每提高1%的可溶性碳水化合物就需要添加16.3千克糖蜜（表3–2）。在含糖量少的青贮原料中添加糖蜜，能够增加可溶性碳水化合物含量，利于乳酸发酵，并且能够降低pH及氨态氮含量，减少干物质损失，适口性和消化率大幅提升。糖蜜经常被应用到青贮窖和青贮堆中的饲草青贮。

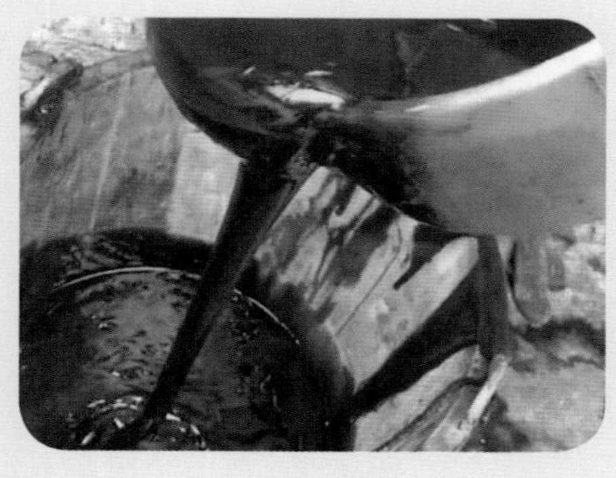

图3–1　糖蜜

图3–2　蔗糖

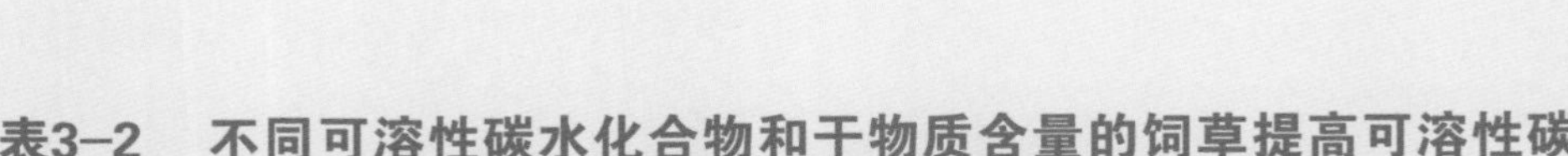

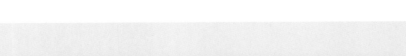

表3-2　不同可溶性碳水化合物和干物质含量的饲草提高可溶性碳水化合物至3%（FM）所需糖蜜量（千克/吨鲜草）

饲草干物质含量（%）	可溶性碳水化合物（占干物质%）						
	2	4	6	8	10	12	14
15	53	47	41	35	29	23	18
20	51	43	35	27	20	12	4
25	49	39	29	20	10	0	0
30	39	29	20	10	0	0	0
35	37	26	15	3	0	0	0

干物质含量小于25%的饲草允许额外施用20%糖蜜。通常可溶性碳水化合物含量低的饲草对糖蜜反应更好。由于高浓度的糖蜜具有黏性，其施用比其他添加剂更加困难，所以糖蜜与适当比例水混合施用更加容易。需要注意的是，使用糖蜜将会增加流失损失，一般使用糖蜜的20%在流出物中损失。如果条件允许，建议让新鲜饲草在短时间内轻度凋萎，这样饲草在干物质含量较高的状态下进行青贮，就可以减少糖蜜施用量，进而减少流失损失。

② 葡萄糖：葡萄糖是很好的糖类添加剂，可以直接为乳酸菌提供发酵所需的底物，一般每吨青贮原料中需添加葡萄糖10 ～ 20千克。虽然葡萄糖效果良好，但因其价格高，性价比较低，不适合在生产中大量使用。

[illegible] ::

[illegible] 10 ~ 20 [illegible] ::

② ᠨᠣᠭᠣᠭᠠᠨ ᠤ ᠴᠢᠭᠢᠭ

[illegible] ::

[illegible] 20% [illegible] :: [illegible] ≤25% [illegible] 20% [illegible] ::

ᠬᠦᠰᠦᠨᠦᠭ 3-2 [illegible] 3%（FM）[illegible]

ᠨᠣᠭᠣᠭᠠᠨ ᠲᠡᠵᠢᠭᠡᠯ ᠦᠨ ᠬᠠᠭᠤᠷᠠᠢ ᠪᠣᠳᠠᠰ ᠤᠨ ᠬᠡᠮᠵᠢᠶ᠎ᠡ (%)	[illegible] (%)						
	2	4	6	8	10	12	14
15	53	47	41	35	29	23	18
20	51	43	35	27	20	12	4
25	49	39	29	20	10	0	0
30	39	29	20	10	0	0	0
35	37	26	15	3	0	0	0

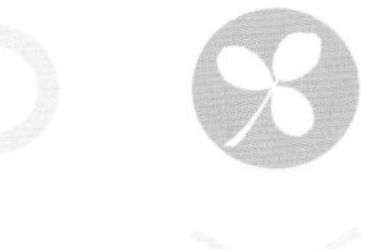

③ 蔗糖：蔗糖的作用是增加青贮时原料中的可溶性碳水化合物含量，促进青贮发酵。生产实践过程中一般推荐每吨青贮原料中添加40 ～ 50千克蔗糖。但是，不是所有青贮都可以添加蔗糖，如半干青贮就不适合将蔗糖作为添加剂，因为半干青贮添加蔗糖会使青贮饲料中氨态氮含量显著升高，粗蛋白含量降低，进而导致青贮饲料品质严重下降。

④ 谷物及其副产物：因为谷物及其副产物中含有较高含量的糖，所以其经常被用作青贮添加剂，用于促进发酵过程、改善青贮饲料的质量。尤其是糠麸，其作为粮食深加工的副产物，来源广泛、价格低廉、糖分含量高，还可降低水分含量、增加干物质含量，是十分良好的青贮添加剂。

添加谷物时，最好将其粉碎，为避免添加的谷物分布不均匀，应逐层均匀撒入。一般每装填20 ～ 30厘米青贮原料撒入一次，厚度为5 ～ 10厘米，由于不同谷物中的可溶性碳水化合物含量不同，故可根据青贮原料中的含糖量及水分含量进行适当调整。一般谷物类添加量为干物质的5% ～ 10%。

⑤ 其他副产物：柑橘渣、苹果渣和菠萝渣等果蔬饮料副产物，也可作为青贮时可溶性碳水化合物的来源。但是，这些添加物具有很强的季节性及地域性，只有某些地区、某些季节才有。这类添加物很难与切碎的饲草混合均匀，因此，在制作青贮时通常饲草和果渣相间平铺在青贮容器中，然后密封发酵贮存。此外，这些添加物含水率高、干物质含量低，使用时应注意添加比例，以免产生渗出液而造成营养物质的损失。

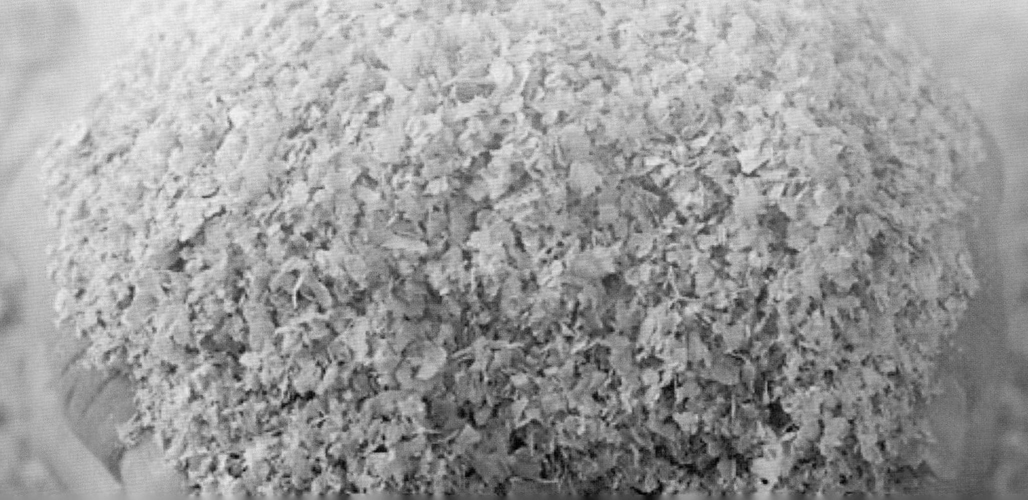

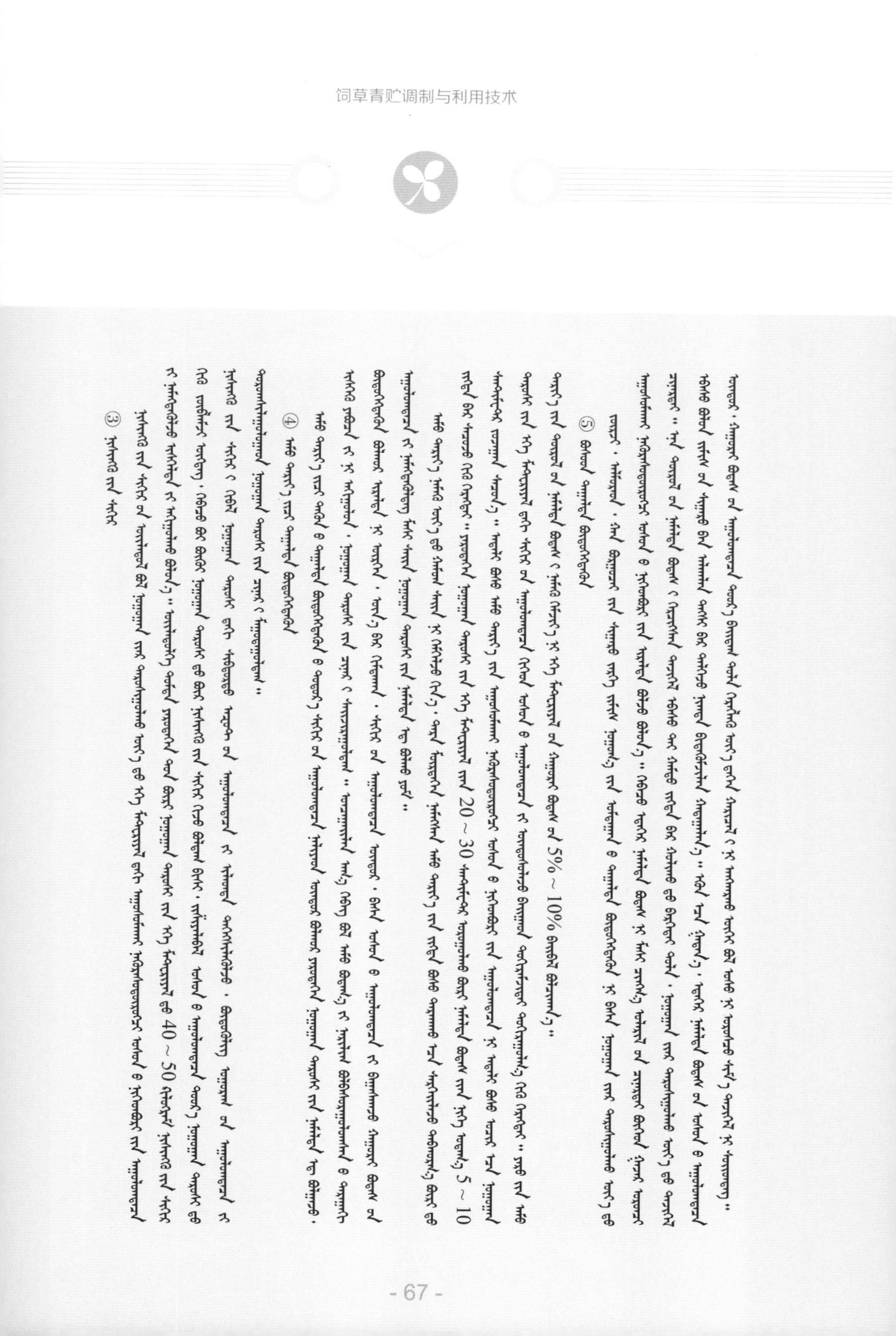

③ [illegible]

[illegible] 40 ~ 50 [illegible]

④ [illegible]

[illegible]

[illegible] 20 ~ 30 [illegible] 5 ~ 10 [illegible] 5% ~ 10% [illegible]

⑤ [illegible]

[illegible]

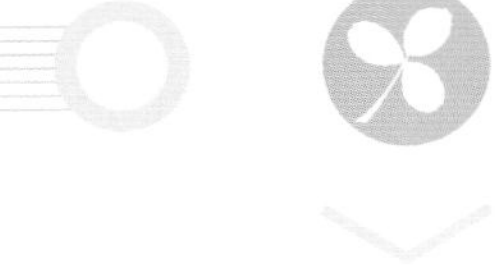

（2）生物添加剂：生物添加剂主要有乳酸菌制剂和酶制剂。前者含有乳酸杆菌及其他种类的乳酸菌，后者包含纤维素酶和半纤维素酶等。

① 酶制剂：有一部分饲草中纤维素、半纤维素以及木质素等含量较高（如羊草、多年生黑麦草等），只有将其分解成单糖后才能被乳酸菌利用，同时有利于提高青贮饲料的消化率。而酶类添加剂就是用来分解饲草中复杂的碳水化合物，使其成为简单的糖，促进青贮发酵，提升发酵品质。商业用酶制剂通常是多种活性酶组合，很少将某种单一的酶作为添加剂，且一般是酶制剂与接种物配合使用。青贮饲料中使用的酶制剂成分中有纤维素酶、半纤维素酶、淀粉酶以及果胶酶等（表3–3），但主要是纤维素酶。纤维素酶是由真菌或细菌产生的一种多酶复合体，含有多种降解细胞壁的酶组分。

表3–3　青贮添加酶的主要种类

酶种类	降解目标	主要产物
纤维素酶	纤维素	葡萄糖、麦芽糖
半纤维素酶	半纤维素	木糖、木聚糖、阿拉伯糖
淀粉酶	淀粉	葡萄糖、麦芽糖

研究开发的纤维素酶都是利用曲霉属、木霉属、枝顶孢属等微生物生产的。不同微生物产生的酶，其活性不尽相同。作为青贮添加剂的一种，纤维素酶应具备以下条件：密封早期产生足够量的糖；可在pH4.0 ～ 6.5时发挥作用；在广泛温度范围内保有活性；对低水分的原料同样有作用；对任何生育期的原料具有活性；不具有蛋白酶活性；提高青贮饲料的营养价值和消化性；具有长期保存性；价格较其他添加剂相差不多。

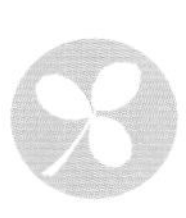

[illegible]

[illegible] pH [illegible] 4.0 ~ 6.5 [illegible]

[illegible]

[illegible]	[illegible]	[illegible]
[illegible]	[illegible]	[illegible]
[illegible]	[illegible]	[illegible]
[illegible]	[illegible]	[illegible]

[illegible] 3-3 [illegible]

[illegible] ([illegible] 3-3) [illegible]

[illegible]

① [illegible]

[illegible]

(2) [illegible]

酶类添加剂的活性及其效果受酶制剂中酶的含量和比例、乳酸菌类型、饲草类型、温度及pH等的影响。添加剂中酶的含量及活性越高，效果越好，但部分商业用酶制剂未对酶含量及活性进行明确标注，导致难以精准施用，效果有所降低。有研究表明，含有纤维素酶和半纤维素酶的酶制剂对禾本科饲草较豆科饲草有更好的改善，纤维含量下降更多。此外，受青贮发酵过程中温度和pH等条件的影响，添加酶制剂的效果可能有所波动。例如，纤维素酶一般在20 ～ 50℃范围内才具有活性，且温度越高活性越强，但青贮过程中容器内温度超过50℃，酶的活性就会降低甚至失活。

② 乳酸菌制剂：青贮时只有乳酸菌的数量足够多，才能获得理想的发酵品质。一般来说，每克青贮原料中需要至少含有10万个乳酸菌才能充分发酵，进而产生足够的乳酸，降低pH，抑制不良微生物的生长。然而，在大多数情况下，青绿饲草上附着的乳酸菌数量并不充足，且多为发酵生成乳酸能力较差的菌种，青贮早期繁殖缓慢，导致有害微生物大量繁殖。因此，需添加优质乳酸菌可以保证青贮初期的乳酸菌数量及乳酸菌发酵的能力。

乳酸菌制剂是筛选出的具有良好青贮发酵性能的菌种附以载体以及其他制剂的商品化制剂。乳酸菌青贮添加剂中的乳酸菌应具备的条件如下：生长旺盛，在与其他微生物竞争中占主导地位；具有同型发酵途径；有较强的耐酸能力，能够使pH快速下降，进而抑制其他微生物的活动；以葡萄糖、果糖、蔗糖和果聚糖为主要发酵底物，尤其是戊糖；不能从蔗糖产生葡聚糖，或从果糖产生甘露醇；不能对有机酸产生作用，因在缓冲度高的情况下，发酵酸代替有机酸，同时会伴有以二氧化碳形式的干物质损失；可在0 ～ 50℃范围内正常生长繁殖；能在低水分（如凋萎青贮）的原料上存活；无水解蛋白质的能力。

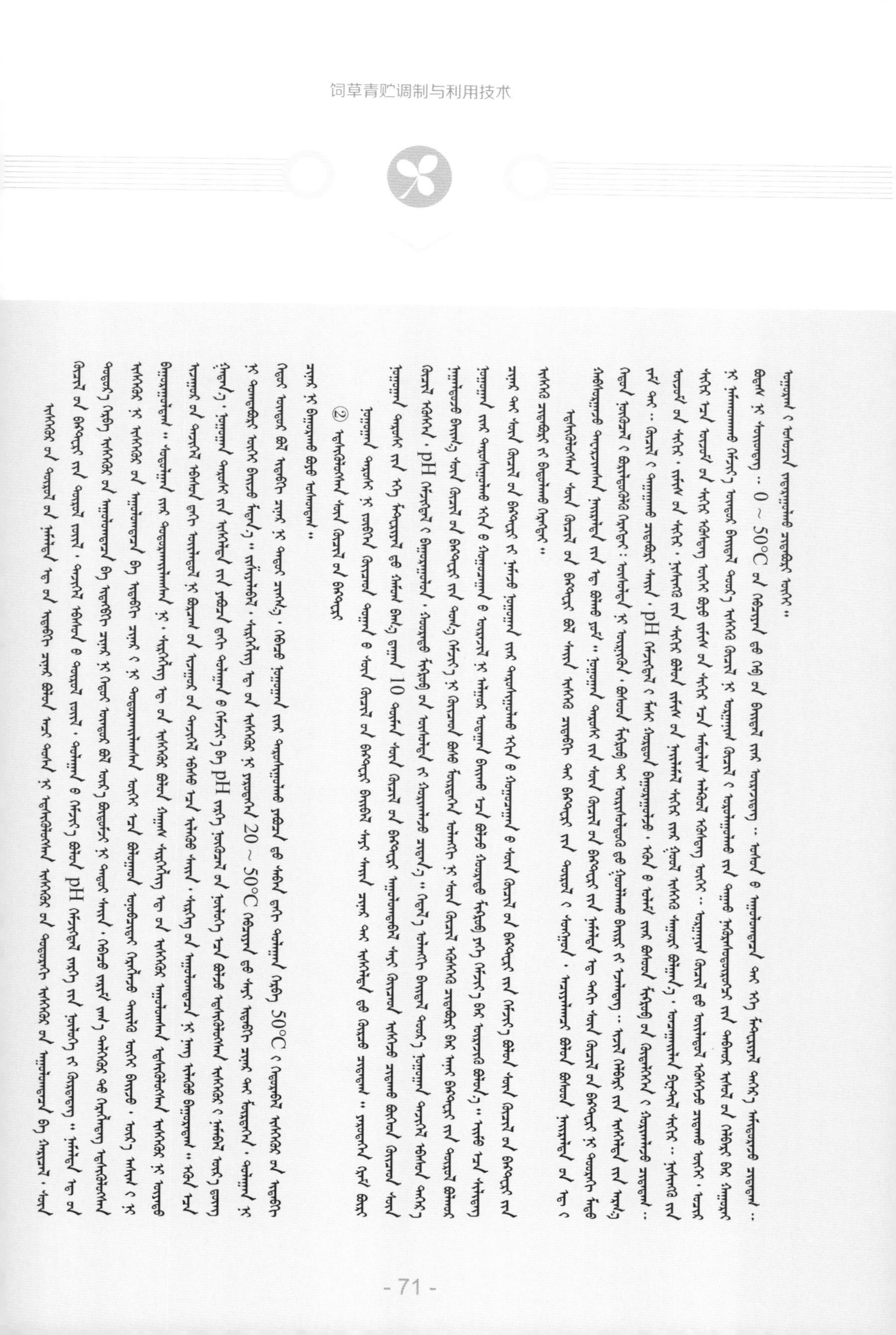

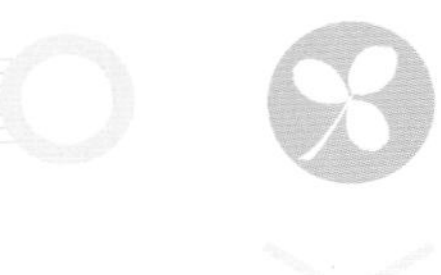

研究表明，在青贮原料中添加乳酸菌制剂，不仅能够使青贮早期产生较多酸，降低pH，还能使最后青贮饲料中的乳酸含量较一般青贮增加50%～90%，而青贮饲料中的丙酸和丁酸含量明显降低，乳酸和乙酸的比值则显著提高。接种乳酸菌制剂还可使青贮饲料的干物质利用率提高1%～2%，动物生产性能改善5%～7%。商业用乳酸菌制剂具有添加量小、高效、安全、易操作、无腐蚀、不污染环境等优点。乳酸菌制剂可分为粉末状等直接添加的类型和溶解后添加的类型。生产中，大多数乳酸菌制剂是以冻干制品提供，使用之前需要与水混合。水溶类乳酸菌制剂的添加量为每吨新鲜原料添加3～4克，粉末类乳酸菌制剂的添加量为每吨新鲜原料添加0.5～1千克。水溶类乳酸菌制剂一般需要先将其置于清水（或淡糖水）中活化30分钟左右，活化后配置成适当浓度的菌液，然后用喷雾器等设备均匀地喷洒到青贮原料上，再进行压实、密封等过程（图3-3）。由于乳酸菌制剂属于活性物质，使用前根据需要量现用现配，需要在最短时间内使用，不宜久放。同时，乳酸菌一旦溶于水中，就会不断活动，活性随之下降，直到失活，所以应格外注意。

此外，选择与所要调制青贮饲料一致或相似饲草的专用乳酸菌进行接种是最好的；菌剂在打捆或者切碎时施用效果更佳；可溶性菌剂溶解后施用较粉末等其他类型的菌剂效率更高、均匀度更好；溶解乳酸菌制剂进行乳酸菌液的配置时，避免使用含氯的水，因为含氯的水不利于乳酸菌的生长。

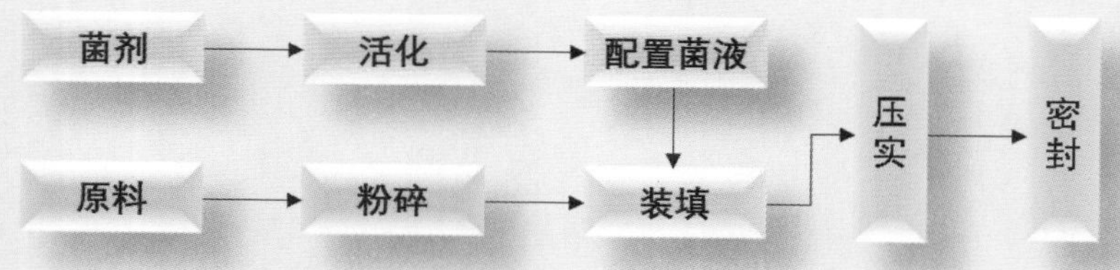

图3-3　添加乳酸菌制剂青贮的工艺流程

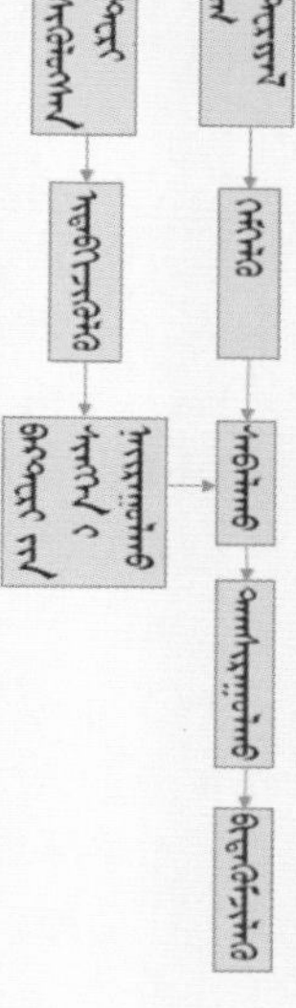

3-3

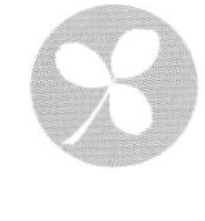

2. 发酵抑制剂

青贮发酵过程中除了乳酸菌还有很多对青贮发酵不利的微生物，如好氧性腐败菌和梭菌，如果对这些微生物不加以控制，它们会大量繁殖并参与到青贮发酵过程中去，最终造成青贮饲料品质下降甚至导致青贮失败。所以，在生产实践中，人们通过添加各种酸类及抑菌剂等进行青贮或半干青贮，以制止腐败菌和梭菌的生长，进而对青绿饲料进行保存。目前，无机酸、有机酸及其盐类等是主要的青贮发酵抑制剂。

（1）甲酸及甲酸盐类：甲酸又称蚁酸，为无色液体，有刺鼻酸味。甲酸是有机酸中酸性很强的酸，经氧化后即分解成二氧化碳和水，拥有较强的还原能力。甲酸最早作为青贮添加剂是在国外，之后经过多年改进、发展，已经成为国内外使用最广泛的酸类添加剂。甲酸酸性很强，添加后通过改变青贮原料中的氢离子浓度，并利用不同菌类对游离酸的耐受性差异，在保证对乳酸菌繁殖影响最小的情况下，最大程度地抑制其他菌类的繁殖，可迅速降低pH，从而抑制青贮原料的呼吸作用和有害菌的活动，使青贮原料即便在可溶性碳水化合物含量很低的情况下也能调制出高品质的青贮饲料。

甲酸作为一种发酵抑制剂，非常适用于水分含量高或者经过轻度晾晒的青贮原料，即水分含量在70%～75%的青贮原料。在高水分条件下，甲酸依然能够实现含糖量低的禾本科再生草以及豆科饲草的良好青贮调制。经过甲酸处理后的青贮干物质消化率、采食量均高于未经甲酸处理的青贮干物质，有助于奶牛产奶量的提高。

ᠬᠦᠴᠢᠯᠡᠬᠦ ᠪᠠᠷ ᠰᠠᠢᠨ ᠴᠢᠨᠠᠷ ᠤᠨ ᠬᠤᠷᠠᠯᠠᠬᠤ ᠶᠢᠨ ᠴᠢᠨᠠᠷ ᠤᠨ ᠬᠡᠮᠵᠢᠶ᠎ᠡ ᠂ ᠪᠠᠢᠭᠠᠯ ᠤᠨ ᠪᠠᠢᠳᠠᠯ ᠢ ᠰᠢᠯᠵᠢᠭᠦᠯᠦᠨ ᠪᠠᠢᠳᠠᠭ ᠂ ᠡᠨᠡ ᠨᠢ ᠬᠣᠶᠠᠷ ᠳᠤ pH ᠬᠡᠮᠵᠢᠶ᠎ᠡ ᠶᠢ ᠪᠠᠭᠤᠷᠠᠭᠤᠯᠤᠨ ᠂ ᠬᠡᠮᠵᠢᠶ᠎ᠡ ᠳᠦ ᠬᠦᠷᠴᠦ ᠪᠠᠢᠳᠠᠭ

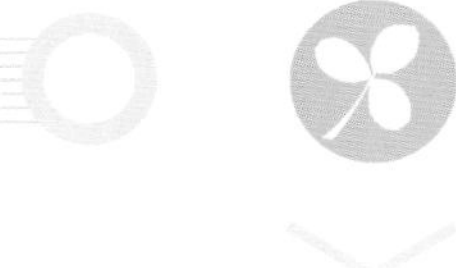

一般来说不同饲草青贮需要的甲酸使用量不等（表3–4），在配制青贮用的甲酸之前需将甲酸稀释，施用量因不同原料中的可溶性碳水化合物和干物质含量不同而变化，但无论何种原料，添加浓度必须使pH降至4或者更低，否则无法抑制不良微生物的活动。

表3–4　不同青贮原料甲酸的添加量

青贮原料	甲酸（85%）添加量（千克/吨鲜草）
禾本科为主体饲草	3.0 ～ 4.0
豆科为主体饲草	4.0
禾本科、豆科混播饲草	5.0 ～ 6.0
高　粱	2.0 ～ 2.5
青割麦	3.0 ～ 4.0
生稻草	4.0

添加甲酸对青贮饲料品质的改善作用：首先，添加甲酸后，可使pH降至4.0左右，乳酸、乙酸和丁酸含量低的青贮饲料，通过添加甲酸，pH迅速下降，抑制所有微生物的繁殖，乳酸生产量少，但同时丁酸和氨态氮的生成量显著降低，发酵品质良好；其次，添加甲酸后原料中的蛋白质和糖的分解受到抑制，即使原料含糖量低也可调制青贮，这是调制含糖量低的牧草最有效的方法；最后，添加甲酸可提高干物质采食量，同时能够改善有机物消化率。此外，当条件不利于调制时（如雨淋等），也可以通过添加甲酸来改善青贮品质。

添加甲酸时应注意：甲酸具有酸性和腐蚀性，浓甲酸还会烧伤皮肤，有痛痒感，在喷洒时应有劳保措施，如果接触皮肤应尽快用清水冲洗；甲酸有一定程度的挥发性，使用过程中可能会有损失，施用后需要尽快密封；为防止甲酸腐蚀机器，使用后应及时清洗机械。

ᠰᠠᠢᠬᠠᠨ ᠢᠶᠡᠷ ᠨᠣᠭᠣᠭᠠᠨ ᠳᠠᠷᠤᠭ᠎ᠠ ᠳᠤ ᠬᠡᠷᠡᠭᠯᠡᠬᠦ ᠲᠡᠵᠢᠭᠡᠯ ᠦᠨ ᠬᠦᠴᠢᠯ ᠬᠡᠮᠵᠢᠶ᠎ᠡ ᠶᠢᠨ ᠬᠠᠮᠤᠭ ᠳᠣᠣᠷ᠎ᠠ ᠬᠡᠮᠵᠢᠶ᠎ᠡ ᠨᠢ ᠶᠠᠯᠭᠠᠳᠠᠨ᠎ᠠ（ᠬᠦᠰᠦᠨᠦᠭᠲᠦ 3-4）᠂ ᠨᠣᠭᠣᠭᠠᠨ ᠳᠠᠷᠤᠭ᠎ᠠ ᠶᠢᠨ ᠴᠢᠨᠠᠷ ᠢ ᠪᠠᠲᠤᠯᠠᠬᠤ ᠶᠢᠨ ᠲᠤᠯᠠᠳᠠ ᠨᠣᠭᠣᠭᠠᠨ ᠳᠠᠷᠤᠭ᠎ᠠ ᠶᠢᠨ ᠲᠡᠵᠢᠭᠡᠯ ᠦᠨ ᠬᠦᠴᠢᠯ ᠬᠡᠮᠵᠢᠶ᠎ᠡ ᠶᠢ ᠬᠠᠮᠤᠭ ᠳᠣᠣᠷ᠎ᠠ ᠬᠡᠮᠵᠢᠶ᠎ᠡ ᠪᠣᠯᠭᠠᠬᠤ ᠬᠡᠷᠡᠭᠲᠡᠢ ᠂ ᠪᠣᠯᠪᠠᠰᠤ ᠨᠣᠭᠣᠭᠠᠨ ᠳᠠᠷᠤᠭ᠎ᠠ ᠶᠢᠨ ᠴᠢᠨᠠᠷ ᠪᠠᠭᠤᠷᠠᠨ᠎ᠠ ᠂ ᠲᠡᠵᠢᠭᠡᠯ ᠦᠨ ᠬᠡᠮᠵᠢᠶ᠎ᠡ ᠳᠤ pH ᠤ ᠶᠢ ᠪᠠᠭᠤᠷᠠᠭᠤᠯᠵᠤ 4 ᠪᠣᠯᠭ᠎ᠠ ᠬᠦᠷᠭᠡᠬᠦ ᠨᠢ ᠴᠢᠬᠤᠯᠠ ᠪᠣᠯᠳᠠᠭ ᠃

ᠬᠦᠰᠦᠨᠦᠭᠲᠦ 3-4 ᠡᠯᠡᠭᠡᠨ ᠲᠡᠵᠢᠭᠡᠯ ᠦᠨ ᠨᠣᠭᠣᠭᠠᠨ ᠳᠠᠷᠤᠭ᠎ᠠ ᠶᠢᠨ ᠬᠦᠴᠢᠯ ᠬᠡᠮᠵᠢᠶ᠎ᠡ（85%）ᠶᠢᠨ ᠬᠠᠮᠤᠭ ᠳᠣᠣᠷ᠎ᠠ ᠬᠡᠮᠵᠢᠶ᠎ᠡ

ᠲᠡᠵᠢᠭᠡᠯ ᠦᠨ ᠲᠥᠷᠥᠯ	ᠨᠣᠭᠣᠭᠠᠨ ᠳᠠᠷᠤᠭ᠎ᠠ ᠶᠢᠨ ᠬᠦᠴᠢᠯ ᠬᠡᠮᠵᠢᠶ᠎ᠡ（ᠬᠣᠰᠢᠭᠤ / ᠪᠣᠯ ᠰᠢᠷᠢᠭᠢᠨ ᠬᠡᠮᠵᠢᠶ᠎ᠡ）
ᠠᠭᠤᠯᠵᠠᠭᠤᠨ ᠬᠡᠮᠵᠢᠶ᠎ᠡ	4.0
ᠰᠢᠷᠢᠭᠢᠨ ᠪᠠᠷ ᠰᠢᠯᠦᠭᠰᠡᠨ ᠲᠡᠵᠢᠭᠡᠯ	3.0～4.0
ᠬᠦᠴᠢᠯ	2.0～2.5
ᠰᠢᠷᠢᠭᠢᠨ ᠰᠠᠢᠬᠠᠨ ᠤ ᠲᠣᠭᠲᠠᠪᠤᠷᠢ ᠴᠢᠨᠠᠷ ᠤᠨ ᠰᠣᠷᠢᠯ ᠬᠡᠮᠵᠢᠶ᠎ᠡ	5.0～6.0
ᠲᠡᠵᠢᠭᠡᠯ ᠦᠨ ᠰᠢᠷᠢᠭᠢᠨ ᠤ ᠬᠡᠮᠵᠢᠶ᠎ᠡ	4.0
ᠰᠠᠢᠬᠠᠨ ᠰᠢᠷᠢᠭᠢᠨ ᠤ ᠬᠡᠮᠵᠢᠶ᠎ᠡ	3.0～4.0

ᠲᠡᠵᠢᠭᠡᠯ ᠪᠡᠷ ᠬᠡᠮᠵᠢᠶ᠎ᠡ ᠬᠦᠷᠪᠡᠯ ᠨᠣᠭᠣᠭᠠᠨ ᠳᠠᠷᠤᠭ᠎ᠠ ᠶᠢᠨ ᠴᠢᠨᠠᠷ ᠢ ᠰᠠᠢᠵᠢᠷᠠᠭᠤᠯᠬᠤ ᠳᠤ ᠲᠤᠰᠠᠲᠠᠢ ᠂ ᠨᠣᠭᠣᠭᠠᠨ ᠳᠠᠷᠤᠭ᠎ᠠ ᠶᠢᠨ pH ᠤ ᠪᠠᠭᠤᠷᠠᠭᠤᠯᠬᠤ ᠳᠤ ᠂ ᠮᠠᠨ ᠨᠣᠭᠣᠭᠠᠨ ᠳᠠᠷᠤᠭ᠎ᠠ ᠶᠢᠨ pH ᠤ ᠪᠠᠭᠤᠷᠠᠭᠤᠯᠵᠤ 4.0 ᠬᠦᠷᠲᠡᠯ᠎ᠡ ᠪᠠᠭᠤᠷᠠᠭᠤᠯᠪᠠᠯ ᠨᠣᠭᠣᠭᠠᠨ ᠳᠠᠷᠤᠭ᠎ᠠ ᠶᠢᠨ ᠴᠢᠨᠠᠷ ᠰᠠᠢᠨ ᠪᠣᠯᠤᠨ᠎ᠠ ᠃ ᠨᠣᠭᠣᠭᠠᠨ ᠳᠠᠷᠤᠭ᠎ᠠ ᠶᠢᠨ ᠲᠡᠵᠢᠭᠡᠯ ᠦᠨ ᠬᠦᠴᠢᠯ ᠬᠡᠮᠵᠢᠶ᠎ᠡ ᠶᠢ ᠪᠠᠭᠤᠷᠠᠭᠤᠯᠬᠤ ᠳᠤ ᠰᠠᠢᠨ ᠪᠣᠯᠳᠠᠭ ᠃

ᠨᠣᠭᠣᠭᠠᠨ ᠳᠠᠷᠤᠭ᠎ᠠ ᠶᠢᠨ ᠲᠡᠵᠢᠭᠡᠯ ᠦᠨ ᠬᠦᠴᠢᠯ ᠬᠡᠮᠵᠢᠶ᠎ᠡ ᠨᠢ ᠮᠠᠰᠢ ᠴᠢᠬᠤᠯᠠ ᠪᠣᠯᠪᠠ ᠃ ᠨᠣᠭᠣᠭᠠᠨ ᠳᠠᠷᠤᠭ᠎ᠠ ᠶᠢ ᠬᠠᠳᠠᠭᠠᠯᠠᠬᠤ ᠂ ᠬᠡᠷᠡᠭᠯᠡᠬᠦ ᠳᠤ ᠲᠤᠰᠠᠲᠠᠢ ᠪᠣᠯᠳᠠᠭ ᠃

ᠲᠡᠵᠢᠭᠡᠯ ᠦᠨ ᠲᠣᠭᠲᠠᠪᠤᠷᠢ ᠴᠢᠨᠠᠷ ᠢ ᠪᠠᠲᠤᠯᠠᠬᠤ ᠶᠢᠨ ᠲᠤᠯᠠᠳᠠ ᠨᠣᠭᠣᠭᠠᠨ ᠳᠠᠷᠤᠭ᠎ᠠ ᠶᠢᠨ ᠴᠢᠨᠠᠷ ᠢ ᠰᠠᠢᠵᠢᠷᠠᠭᠤᠯᠬᠤ ᠬᠡᠷᠡᠭᠲᠡᠢ ᠪᠣᠯᠳᠠᠭ ᠃

如上所述，虽然添加甲酸对改善青贮发酵品质有很好的效果，但是也有很多问题，如获取较不容易、腐蚀机器以及存在安全隐患等。而开发甲酸盐类作为青贮添加剂，可解决其安全性的问题。甲酸的钠盐和钙盐早已作为青贮添加剂使用，前者经常与亚硝酸钠一起使用，可以产生一氧化碳，在青贮早期阶段可保护青贮饲料，避免有害细菌的活动。甲酸的铵盐（四甲酸铵）已成为商品青贮添加剂，该添加剂的有效性和甲酸几乎一样，且具有安全易行、腐蚀性低的优点，这大大提升了使用的方便性，同时降低了潜在风险。甲酸铵的添加量应高于甲酸，添加后甲酸铵附着在原料上，游离出甲酸，故降低pH，获得与添加甲酸相同的效果。

（2）乙酸和丙酸：乙酸和丙酸均属于较弱的有机酸，可以有效地抑制酵母菌等微生物的生长。青贮发酵过程中，一般建议乙酸的添加量为0.5%～2.0%。丙酸的添加量随青贮原料的水分含量、贮藏期以及是否与其他防霉剂混合使用而变化，对于低水分或者干物质含量低于30%的饲草而言，丙酸的添加量分别为1.5%～2.0%和2.0%～2.5%。

（3）其他化学发酵抑制剂：这类添加剂主要起杀菌作用，能够抑制所有微生物的生长，或者是具有特定活性，抑制特定的腐败微生物。甲醛是其中的典型代表，具有抑制微生物繁殖和阻止及减弱瘤胃微生物对植物蛋白质的分解作用，但由于甲醛被认为是致癌物质，在一些国家是被禁止使用的，所以使用时应保持谨慎。青贮时甲醛的用量应按青贮原料中蛋白质的含量来计算，一般来说，甲醛安全及有效的用量为30～50克/千克粗蛋白。若使用37%～40%的甲醛，其添加量为青贮饲料的0.4%。

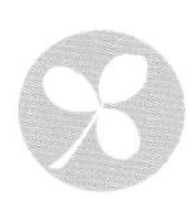

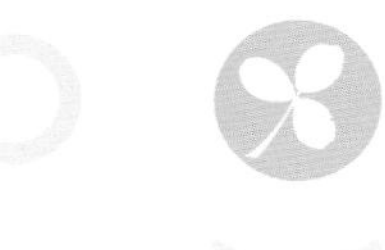

3. 好氧变质抑制剂

当青贮饲料开封后，其暴露于空气中。青贮饲料中的酵母菌、丝状真菌和好氧细菌等好氧微生物在有氧条件下发酵碳水化合物及含氮化合物等，产生大量的热，导致pH升高，蛋白质等饲料营养成分的消化率降低，并导致适口性下降（图3–4）。添加好氧变质抑制剂主要是抑制上述菌类的活动。

（1）酸及酸性盐类添加剂：此类添加剂在上文已有介绍，它们中部分添加剂除了上述作用外，同时还能够改善青贮过程中的好氧稳定性，其中最常见就是丙酸及丙酸盐。丙酸是非常有效的一种好氧腐败抑制剂，且酸性较甲酸、乙酸等更弱，抗真菌活性更强。其作用不在于促进发酵，而在于抑制酵母菌、霉菌和一些好氧微生物的生长。对于青贮玉米而言，其一般使用比例为原料鲜重的0.2% ～ 0.5%。需要注意的是，丙酸的价格较贵，并且仍然对机械有一定程度的腐蚀，操作比较困难。为了降低成本、提升可操作性，在实际生产过程中往往选择有效且价格更低的丙酸盐，尤其是铵盐进行替代。

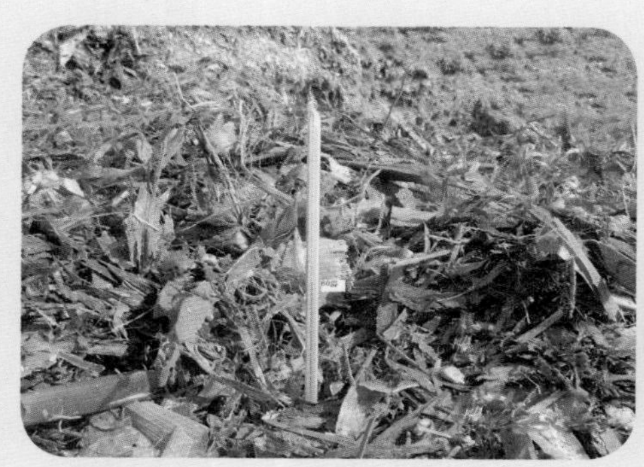

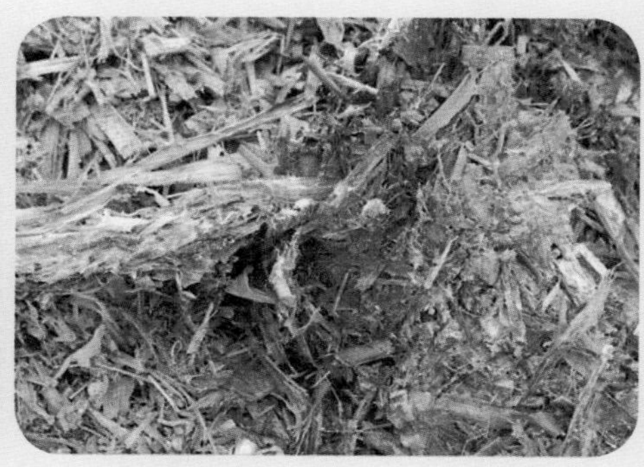

图3–4　青贮饲料发生好氧变质

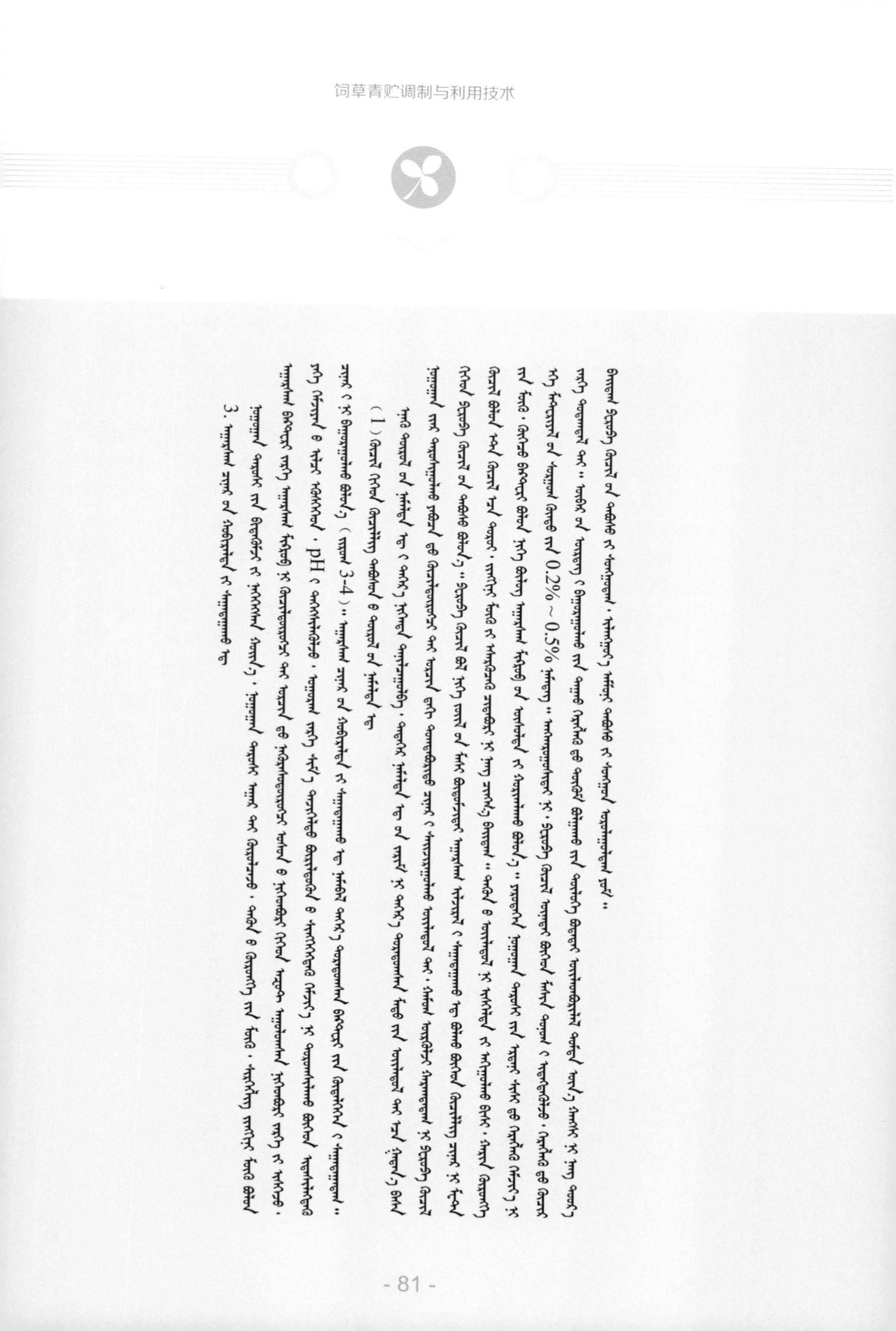

[illegible] 0.2% ~ 0.5% [illegible]

(1) [illegible]

[illegible] (3-4) [illegible] pH [illegible]

3. [illegible]

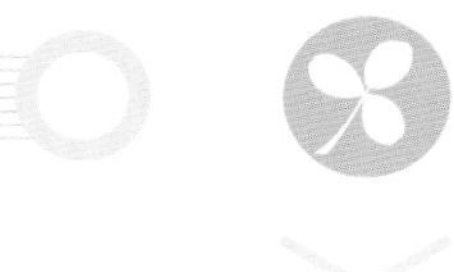

（2）生物添加剂：研究表明，单独使用基于同型发酵乳酸菌的添加剂对好氧稳定性效果不好，甚至会降低青贮的有氧稳定性，产生更不稳定的青贮。然而，同型发酵乳酸菌与有机酸盐（甲酸盐、苯甲酸盐）联合使用，能够改善青贮的有氧稳定性（图3–5、图3–6）。异型发酵乳酸菌可以改善青贮的好氧稳定性，但是其发酵损失很高，如果青贮良好，没有较大问题，一般建议少用或者不用。此外丙酸菌能抑制酵母菌和霉菌生长，提高有氧稳定性，但是其作用效果不太稳定，只有在pH下降缓慢或者最终pH在4.2之上才有一定作用。现阶段，由于丙酸菌使用后效果的稳定性欠佳，其实际应用还有一定局限性，有待进一步研究。

（3）其他添加剂：非蛋白氮类添加剂（无水氨、尿素等）也可用来改善好氧稳定性，增加低蛋白含量饲草青贮的含氮量。这类添加剂一般用于玉米、高粱、高水分谷物的青贮，尤其在玉米青贮中更为常见。如果是为了提高氮含量，则优先选择尿素，因为它对动物生产的有益效果更稳定，而无水氨控制好氧腐败比尿素更有效，但需要考虑安全问题，如果接触皮肤或进入眼睛会对人体造成一定程度的危害。上述两个添加剂都能延长发酵时间，产生更高的总酸含量，导致青贮损失增加，干物质回收率降低。可溶性碳水化合物含量低的饲草在青贮时一般不推荐使用此类添加剂。

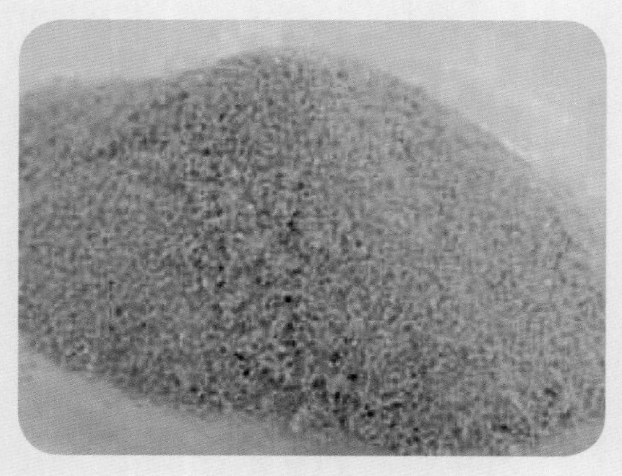

图3–5　乳酸菌剂

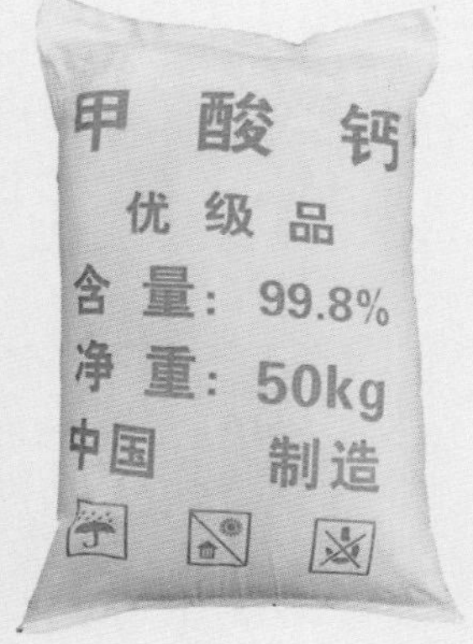

图3–6　甲酸盐

(2) ᠬᠦᠴᠢᠯ ᠪᠣᠯᠣᠨ ᠤ ᠰᠢᠨᠵᠢ ᠴᠢᠨᠠᠷ

ᠲᠣᠭᠲᠠᠭᠤᠯᠤᠯ ᠤᠨ ᠬᠡᠮᠵᠢᠶ᠎ᠡ ᠭᠡᠳᠡᠭ᠂ ᠲᠡᠵᠢᠭᠡᠯ ᠦᠨ ᠬᠦᠴᠢᠯᠯᠢᠭ ᠤᠨ ᠬᠡᠮᠵᠢᠶ᠎ᠡ ᠶᠢ ᠬᠡᠯᠡᠬᠦ ᠪᠥᠭᠡᠳ ᠰᠢᠯᠢᠮᠡᠯ ᠦᠨ ᠴᠢᠨᠠᠷ ᠢ ᠦᠨᠡᠯᠡᠬᠦ ᠳᠤ ᠴᠢᠬᠤᠯᠠ ᠬᠡᠮᠵᠢᠭᠦᠷ ᠪᠣᠯᠤᠨ᠎ᠠ ᠄ ᠰᠠᠶᠢᠨ ᠴᠢᠨᠠᠷ ᠤᠨ ᠰᠢᠯᠢᠮᠡᠯ ᠦᠨ ᠬᠦᠴᠢᠯᠯᠢᠭ ᠤᠨ ᠬᠡᠮᠵᠢᠶ᠎ᠡ ᠳᠤ ᠬᠦᠷᠦᠭᠰᠡᠨ ᠪᠠᠶᠢᠬᠤ ᠬᠡᠷᠡᠭᠲᠡᠶ ᠪᠣᠯᠤᠨ᠎ᠠ ᠄ ᠰᠢᠯᠢᠮᠡᠯ ᠦᠨ ᠬᠦᠴᠢᠯᠯᠢᠭ ᠤᠨ ᠬᠡᠮᠵᠢᠶ᠎ᠡ ᠪᠣᠯᠣᠨ ᠰᠦᠨ ᠦ ᠬᠦᠴᠢᠯ ᠤᠨ ᠬᠡᠮᠵᠢᠶ᠎ᠡ ᠶᠢ ᠬᠡᠮᠵᠢᠨ ᠲᠣᠭᠲᠠᠭᠠᠬᠤ ᠳᠤ ᠰᠠᠢᠨ ᠴᠢᠨᠠᠷ ᠤᠨ ᠰᠢᠯᠢᠮᠡᠯ ᠦᠨ pH ᠶᠢ 4.2 ᠪᠠ ᠲᠡᠭᠦᠨ ᠡᠴᠡ ᠳᠣᠣᠷ᠎ᠠ ᠪᠠᠶᠢᠬᠤ ᠪᠣᠯᠤᠨ᠎ᠠ ᠄ ᠰᠦᠨ ᠦ ᠬᠦᠴᠢᠯ ᠤᠨ ᠬᠡᠮᠵᠢᠶ᠎ᠡ ᠶᠡᠬᠡ ᠪᠠᠶᠢᠬᠤ ᠲᠤᠰᠠᠮ ᠰᠠᠶᠢᠨ ᠪᠣᠯᠤᠨ᠎ᠠ (ᠬᠦᠰᠦᠨᠦᠭ 3-5᠂ ᠬᠦᠰᠦᠨᠦᠭ 3-6) ᠄ ᠲᠡᠷᠡ ᠴᠢᠯᠠᠭᠤ ᠶᠢᠨ ᠬᠦᠴᠢᠯ ᠤᠨ ᠬᠡᠮᠵᠢᠶ᠎ᠡ ᠶᠢᠨ ᠰᠠᠶᠢᠵᠢᠷᠠᠭᠤᠯᠬᠤ ᠳᠤ ᠬᠠᠷᠢᠴᠠᠩᠭᠤᠢ ᠴᠢᠬᠤᠯᠠ ᠠᠴᠠ ᠤᠯᠠᠮ ᠪᠠᠶᠢᠨ᠎ᠠ ᠄

(3) ᠪᠦᠲᠦᠴᠡ ᠰᠢᠨᠵᠢ ᠴᠢᠨᠠᠷ

ᠲᠣᠭᠲᠠᠭᠤᠯᠤᠯ ᠤᠨ ᠬᠡᠮᠵᠢᠶ᠎ᠡ ᠶᠢᠨ ᠪᠦᠲᠦᠴᠡ ᠶᠢᠨ ᠰᠢᠨᠵᠢ ᠴᠢᠨᠠᠷ (ᠰᠠᠯᠠᠭ᠎ᠠ ᠨᠠᠯᠢᠶ᠎ᠠ᠂ ᠬᠠᠭᠤᠷᠠᠶ ᠨᠣᠴᠢᠲᠠ ᠪᠠᠶᠢᠳᠠᠯ) ᠢ ᠪᠠᠰᠠ ᠰᠢᠯᠢᠮᠡᠯ ᠦᠨ ᠴᠢᠨᠠᠷ ᠢ ᠦᠨᠡᠯᠡᠬᠦ ᠳᠤ ᠬᠡᠷᠡᠭᠯᠡᠳᠡᠭ ᠄ ᠰᠠᠶᠢᠨ ᠴᠢᠨᠠᠷ ᠤᠨ ᠰᠢᠯᠢᠮᠡᠯ ᠨᠢ ᠰᠠᠯᠠᠭ᠎ᠠ ᠨᠠᠯᠢᠶ᠎ᠠ ᠶᠢᠨ ᠪᠦᠲᠦᠴᠡ ᠶᠢ ᠬᠠᠳᠠᠭᠠᠯᠠᠭᠰᠠᠨ᠂ ᠬᠠᠭᠤᠷᠠᠶ ᠨᠣᠴᠢᠲᠠ ᠳᠤ ᠵᠣᠬᠢᠰᠲᠠᠶ ᠪᠠᠶᠢᠳᠠᠭ ᠄ ᠬᠡᠷᠪᠡ ᠰᠢᠯᠢᠮᠡᠯ ᠨᠢ ᠨᠢᠯᠠᠭᠤ ᠪᠣᠯᠵᠤ ᠮᠥᠭᠬᠥᠷᠡᠭᠰᠡᠨ᠂ ᠬᠡᠪ ᠦᠨ ᠬᠡᠯᠪᠡᠷᠢ ᠨᠢ ᠡᠪᠳᠡᠷᠡᠭᠰᠡᠨ ᠪᠣᠯ ᠮᠠᠭᠤ ᠴᠢᠨᠠᠷ ᠲᠠᠢ ᠪᠣᠯᠤᠭᠰᠠᠨ ᠢ ᠢᠯᠡᠲᠭᠡᠨ᠎ᠡ ᠄ ᠡᠢᠮᠤ ᠰᠢᠯᠢᠮᠡᠯ ᠢ ᠮᠠᠯ ᠳᠤ ᠬᠣᠭᠣᠯᠠ ᠪᠣᠯᠭᠠᠨ ᠡᠳᠯᠡᠬᠦ ᠶᠢ ᠴᠡᠭᠡᠷᠯᠡᠬᠦ ᠬᠡᠷᠡᠭᠲᠡᠢ ᠪᠠᠶᠢᠨ᠎ᠠ ᠄

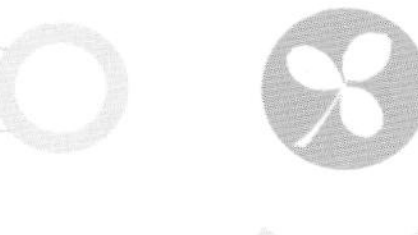

4. 营养剂

（1）非蛋白氮类添加剂：非蛋白氮类添加剂除可以改善青贮饲料的好氧稳定性外，最主要的作用是通过微生物的作用，形成菌体蛋白，以提高青贮饲料中的粗蛋白的含量（表3–5）。

表3–5　玉米青贮使用无水氨和尿素添加剂的比较

项　　目	添加剂种类	
	无水氨	尿　素
氮含量（%）	82	46
折算粗蛋白含量（%）	515	287
使用比例——千克/吨新鲜原料（干物质=35%）	3.0 ～ 3.5	5 ～ 6
不推荐使用的饲草干物质超过（%）	40 ～ 42	45
使用氮回收（%）	50 ～ 75	95

[illegible]	[illegible]	[illegible]
	[illegible]	[illegible]
[illegible] (%)	50 ~75	95
[illegible] (%)	40 ~ 42	45
[illegible] — [illegible] / [illegible] ([illegible] = 35%)	3.0 ~ 3.5	5 ~ 6
[illegible] (%)	515	287
[illegible] (%)	82	46

[illegible] 3-5 [illegible]

([illegible] 3-5)᠉

[illegible]

(1) [illegible]

4. [illegible]

（2）矿物质添加剂：由于青贮原料不同及其他原因，往往会造成青贮饲料中某些矿物质含量不足，长期饲喂会导致动物出现一些缺素症状。所以，要有针对性地往青贮原料中添加一些矿物质添加剂，以提高青贮饲料中的矿物质含量。例如，对于低水分、质地粗硬及细胞汁液难以渗出的原料，添加食盐可提高渗透压，抑制丁酸菌的活动；同时还会加强乳酸发酵，改善青贮饲料品质；增加钠离子、氯离子的含量，改善适口性；还能破坏某些毒素。食盐的添加量一般为青贮原料重量的0.2%～0.5%。往青贮饲料中添加碳酸钙（4～6千克/吨鲜草）既能补钙，也可中和饲料的酸度；添加硫酸铵（2千克/吨鲜草）可预防牛的低镁血症；还有很多可用作青贮饲料添加的其他矿物盐（表3–6）。选用矿物质添加剂时应优先选择中性或酸性添加剂，且要控制用量，防止其中和青贮过程产生的酸，进而影响青贮过程及质量。

表3–6　可用于青贮的其他矿物质添加剂及其用量

类　　型	添加量（千克/吨鲜草）
硫酸铜	2.5
硫酸锰	5.0
硫酸锌	2.0
氯化钴	1.0
碘化钾	0.1

(2) [illegible]

[illegible] 0.2% ~ 0.5% [illegible] (4 ~ 6 [illegible]) [illegible] (2 [illegible]) [illegible] ([illegible] 3-6) [illegible] ::

[illegible] 3-6 [illegible]

[illegible]	[illegible] ([illegible] / [illegible])
[illegible]	2.5
[illegible]	5.0
[illegible]	2.0
[illegible]	1.0
[illegible]	0.1

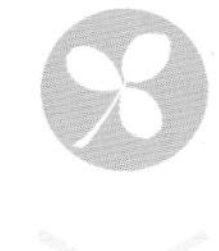

5. 吸收剂

吸收剂的主要作用是减少青贮过程中因超出自身吸持能力而随渗出液一起流失的养分，以减少青贮损失，提高青贮饲料的品质。一般来说，当青贮原料中干物质含量低于20%时，需要使用吸收剂，否则一般不考虑使用吸收剂。常见的吸收剂主要有禾谷类、干草、秸秆类等（图3-7、图3-8）。

禾本科饲草青贮时，向每吨原料中添加50千克麸皮可减少青贮设施中近一半的渗出液，增加干物质含量，降低氨态氮含量。在调制高水分苜蓿等优质饲草时作用一般，应用价值很低，应谨慎使用。

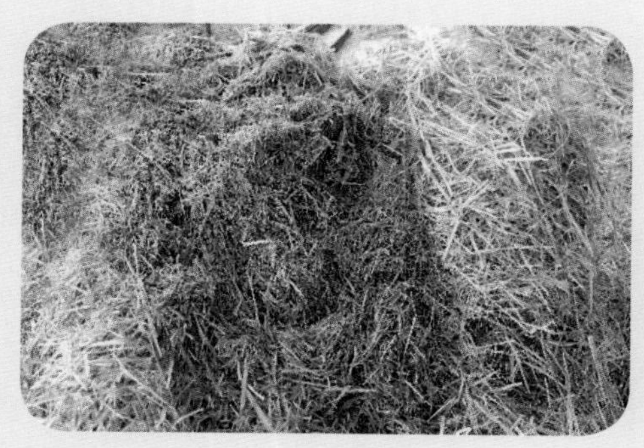

图3-7　干草

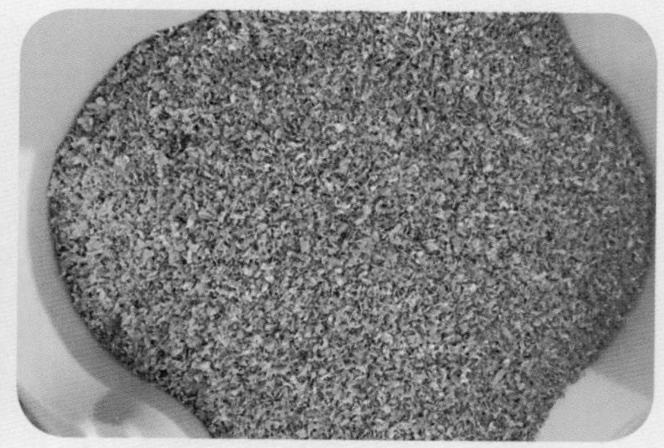

图3-8　麸皮

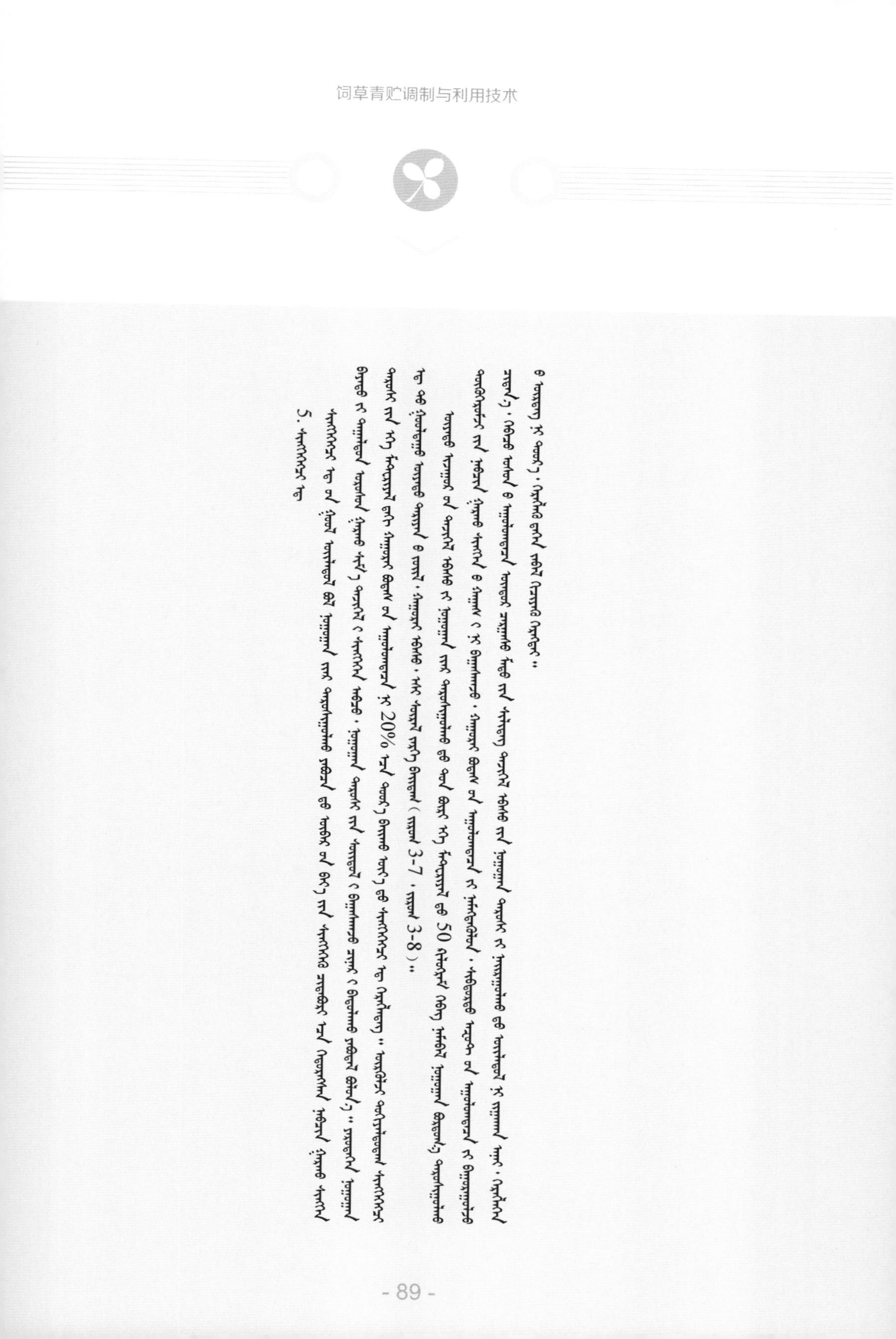

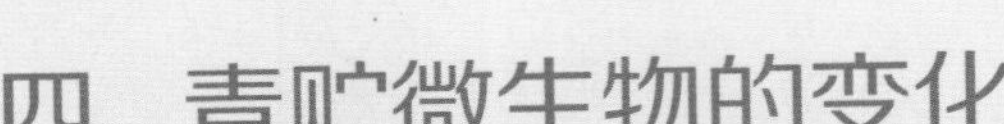

四、青贮微生物的变化

（一）青贮发酵原理及过程

1. 青贮发酵原理

青贮是在厌氧环境下，乳酸菌发酵原料中可溶性碳水化合物而产生乳酸，使饲料中pH降低，抑制有害微生物的活动，使高水分饲草得以长期保存。简单来说，青贮的原理就是利用乳酸菌在厌氧条件下发酵糖类物质产生乳酸的特性（图4–1）。

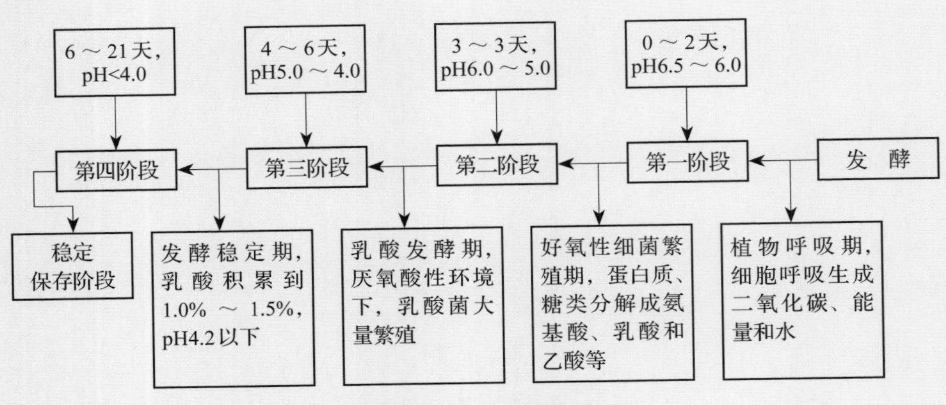

图4–1　青贮发酵原理

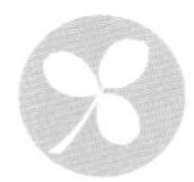

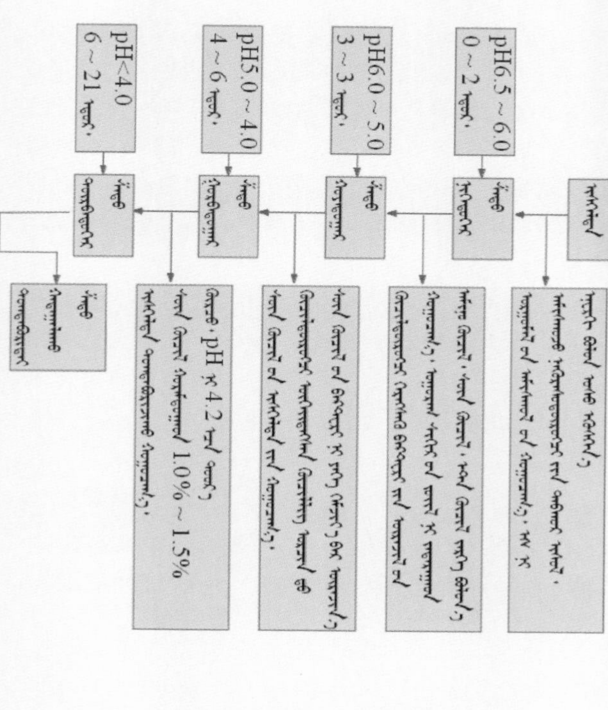

ᠵᠢᠷᠤᠭ 4-1

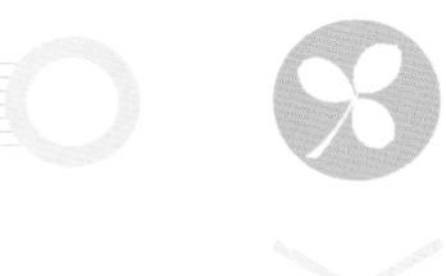

2. 青贮发酵过程

青贮发酵是一个微生物主导的复杂的生物化学过程，大致有以下三个阶段。

（1）青贮发酵过程中的好氧呼吸期：好氧呼吸期是材料装填后的最初几天，收获不久的饲草利用容器内残留的氧气继续进行呼吸代谢作用，使可溶性碳水化合物分解产生二氧化碳、水和能量。同时，好氧微生物剧烈活动、繁殖，使部分蛋白质和糖类分解产生氨基酸、乳酸和乙酸等物质。因此，在调制青贮饲料时应当缩短装填和密封时间，还要充分排除容器中的空气。好氧阶段一般在3天之内结束。

（2）青贮发酵过程中的乳酸发酵期：好氧呼吸期植物呼吸和好氧微生物的活动后，青贮容器中的氧气消耗殆尽，好氧微生物活动停止，乳酸菌占据绝对优势，产生大量乳酸，pH降至4.2以下，有害微生物活动受到抑制甚至死亡（图4–2）。一般乳酸发酵期为2～3周。

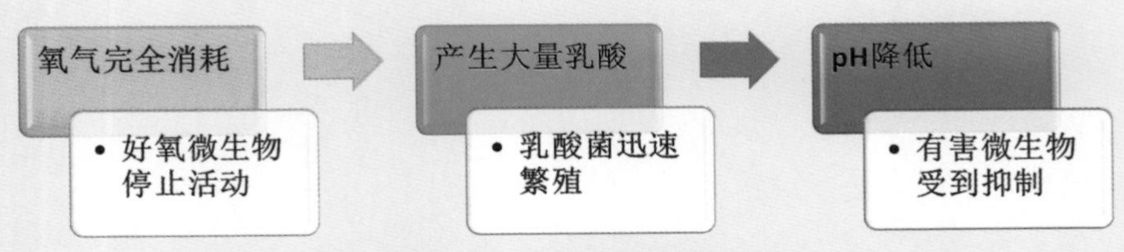

图4–2　乳酸发酵期的微生物变化

（3）青贮发酵过程中的稳定保存期：经过乳酸菌发酵，生成的乳酸使pH降至3.8以下时，乳酸菌本身也被抑制，青贮饲料中所有的生物过程和化学过程几乎完全停止，进入稳定保存期。此时，只要厌氧和酸性条件保持不变，青贮饲料便可长期保存。

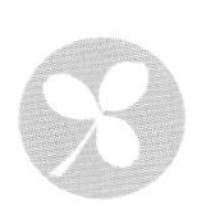

ᠰᠦᠨ ᠬᠦᠴᠢᠯ ᠤᠨ ᠪᠣᠳᠣᠰ ᠤᠨ ᠨᠢᠯᠢᠶᠡᠭᠦᠷ ᠦᠨ ᠡᠰᠡᠷᠭᠦ ᠬᠡᠮᠵᠢᠶ᠎ᠡ ᠰᠦᠨ ᠬᠦᠴᠢᠯ ᠢ pH ᠬᠡᠮᠵᠢᠶ᠎ᠡ ᠶᠢ ᠪᠠᠭᠤᠷᠠᠭᠤᠯᠬᠤ 3.8 ᠡᠴᠡ ᠳᠣᠣᠷᠠ ᠬᠦᠷᠬᠦ ᠦᠶ᠎ᠡ ᠳᠦ ᠂ ᠰᠦᠨ ᠬᠦᠴᠢᠯ

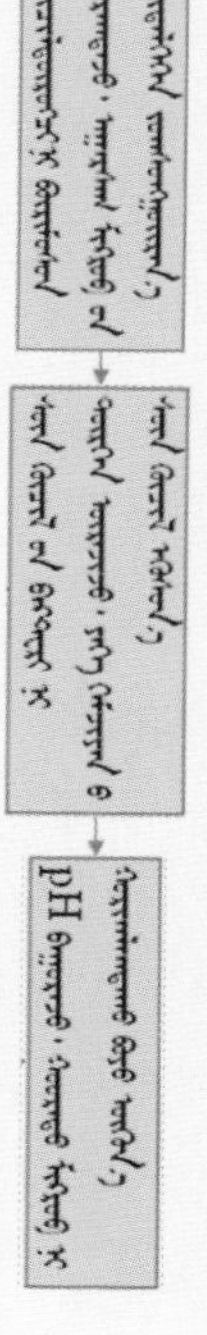

ᠰᠦᠨ ᠬᠦᠴᠢᠯ ᠤᠨ ᠢᠳᠡᠭᠬᠢᠵᠢᠯᠲᠡ ᠶᠢᠨ ᠦᠶ᠎ᠡ ᠶᠢ 2 ~ 3 ᠳᠤᠭᠠᠷ ᠦᠶ᠎ᠡ ᠭᠡᠵᠦ ᠬᠤᠪᠢᠶᠠᠨ᠎ᠠ ᠄ ᠰᠦᠨ ᠬᠦᠴᠢᠯ ᠤᠨ ᠨᠢᠯᠢᠶᠡᠭᠦᠷ ᠤᠯᠠᠮ ᠥᠰᠦᠵᠦ ᠂ pH ᠢ ᠪᠠᠭᠤᠷᠠᠭᠤᠯᠤᠭᠰᠠᠨ 4.2 ᠡᠴᠡ ᠳᠣᠣᠷᠠ ᠬᠦᠷᠬᠦ ᠦᠶ᠎ᠡ ᠳᠦ ᠪᠤᠰᠤᠳ ᠨᠢᠯᠢᠶᠡᠭᠦᠷ ᠦᠨ ᠥᠰᠦᠯᠲᠡ ᠶᠢ ᠳᠠᠷᠤᠮᠳᠠᠯᠠᠨ᠎ᠠ ᠂ ᠰᠦᠨ ᠬᠦᠴᠢᠯ ᠤᠨ ᠨᠢᠯᠢᠶᠡᠭᠦᠷ ᠢ ᠭᠣᠣᠯᠯᠠᠬᠤ ᠪᠠᠢᠷᠢ ᠢ ᠡᠵᠡᠯᠡᠨ᠎ᠡ (ᠵᠢᠷᠤᠭ 4-2) ᠄ ᠰᠦᠨ ᠬᠦᠴᠢᠯ ᠤᠨ ᠪᠣᠳᠣᠰ ᠢ ᠡᠶᠢᠨ ᠬᠤᠷᠢᠶᠠᠳ ᠂ ᠨᠣᠭᠣᠭᠠᠨ ᠲᠡᠵᠢᠭᠡᠯ ᠦᠨ ᠣᠷᠴᠢᠨ ᠢ ᠬᠢᠵᠠᠭᠠᠷᠯᠠᠨ᠎ᠠ ᠂ ᠰᠦᠨ ᠬᠦᠴᠢᠯ ᠤᠨ ᠬᠡᠮᠵᠢᠶ᠎ᠡ ᠶᠢ ᠳᠠᠭᠠᠭᠤᠯᠤᠨ ᠢᠳᠡᠭᠬᠢᠵᠢᠯᠲᠡ ᠶᠢᠨ ᠦᠢᠯᠡ ᠶᠠᠪᠤᠴᠠ ᠳᠤ ᠪᠣᠯᠬᠤ ᠦᠶ᠎ᠡ ᠳᠦ ᠰᠦᠨ ᠬᠦᠴᠢᠯ ᠤᠨ ᠪᠣᠳᠣᠰ ᠤᠨ ᠬᠡᠮᠵᠢᠶ᠎ᠡ ᠪᠡᠷ ᠲᠣᠭᠲᠠᠨ᠎ᠠ ᠂

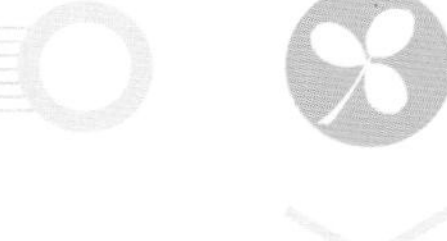

（二）青贮微生物

收获后的青绿饲草植株上存在较多微生物，如乳酸菌、肠细菌、芽孢杆菌、酵母菌、霉菌、腐败细菌、乙酸菌、丙酸菌等，既有有益微生物，也有有害微生物（表4–1）。如不及时贮存，有害微生物就会在几天内大量繁殖，造成青绿饲草腐烂变质，使其产生毒素，降低青贮饲料的利用率。所以，应了解各种微生物的活动规律及存活条件，以便采取相应措施抑制有害微生物，同时为乳酸菌的繁殖创造良好条件，以便产生更多乳酸，提升青贮饲料的品质。

表4–1　几种常见饲草上的微生物数量（cfu/克鲜重）

饲草类型	乳酸菌（球菌）	乳酸菌（杆菌）	好氧细菌	酵母菌—霉菌
玉米	7.8×10^4	4.4×10^3	3.2×10^7	8.9×10^5
高粱	5.1×10^4	4.1×10^3	5.6×10^6	3.5×10^5
苜蓿	6.5×10^3	3.5×10^2	3.3×10^6	9.5×10^4
燕麦	4.3×10^2	4.1×10	8.3×10^5	6.3×10^4

1. 乳酸菌

一般认为，乳酸菌就是一类在可利用的可溶性碳水化合物发酵过程中产生大量乳酸的细菌。乳酸菌中的绝大部分都是对人畜无害，甚至是有益的菌群。

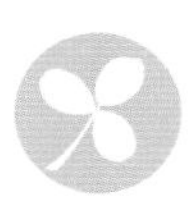

[illegible]

1. [illegible]

[illegible]	[illegible]	[illegible]	[illegible]	[illegible]
[illegible]	7.8×10^{4}	4.4×10^{3}	3.2×10^{7}	8.9×10^{5}
[illegible]	5.1×10^{4}	4.1×10^{3}	5.6×10^{6}	3.5×10^{5}
[illegible]	6.5×10^{3}	3.5×10^{2}	3.3×10^{6}	9.5×10^{4}
[illegible]	4.3×10^{2}	4.1×10	8.3×10^{5}	6.3×10^{4}

[illegible] 4-1 [illegible] (cfu/ [illegible])

[illegible]

（1）乳酸菌的种类：根据葡萄糖发酵形式乳酸菌可分为同型发酵乳酸菌和异型发酵乳酸菌（图4-3）。从同型和异型发酵的产物可以看出，在底物相同（1摩尔葡萄糖）的情况下，同型发酵可以产生2摩尔乳酸，而异型发酵仅产生1摩尔乳酸，异型发酵转化为乳酸的效率较同型发酵低很多，对发酵过程中青贮饲料pH的降低效果也较差，对一些有害微生物抑制效果不佳。同时由于异型发酵过程有二氧化碳气体产生，这会导致青贮饲料养分损失，进而造成其品质下降。

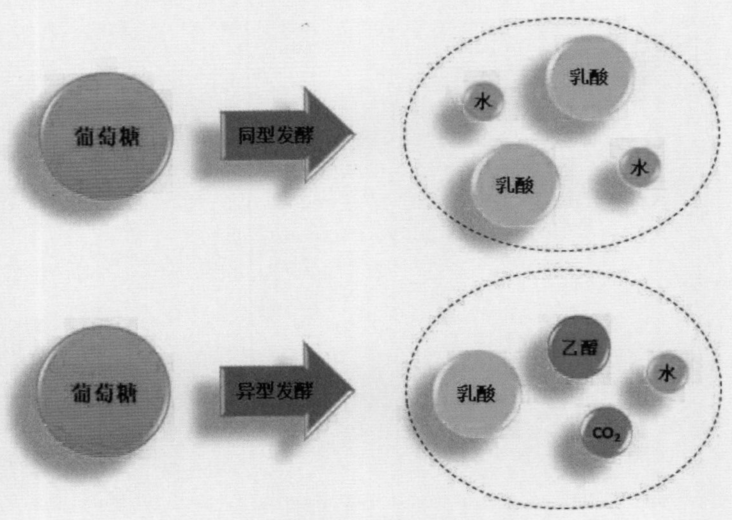

图4-3　乳酸菌的不同发酵类型

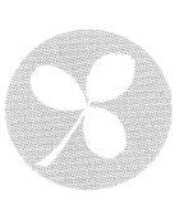

ᠪᠣᠯᠭᠠᠳᠠᠭ᠂ ᠡᠭᠦᠨ ᠢ ᠬᠣᠯᠢᠮᠠᠭ ᠢᠰᠭᠡᠯᠡᠯ ᠭᠡᠳᠡᠭ ᠃

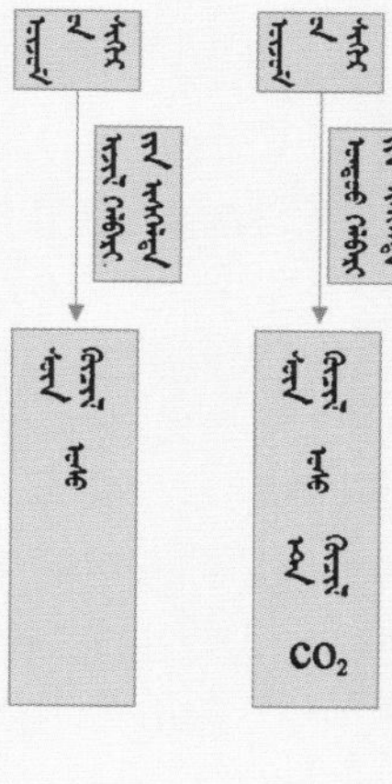

ᠵᠢᠷᠤᠭ 4-3 ᠰᠦᠦᠨ ᠬᠦᠴᠢᠯ ᠦᠨ ᠪᠠᠺᠲ᠋ᠧᠷᠢ ᠶᠢᠨ ᠢᠰᠭᠡᠯᠡᠯ ᠦᠨ ᠬᠡᠯᠪᠡᠷᠢ

ᠰᠢᠯᠢᠭ ᠢ ᠰᠢᠯᠢᠭᠠᠯᠲᠠ ᠳᠤ᠂ ᠰᠦᠦᠨ ᠬᠦᠴᠢᠯ ᠦᠨ ᠪᠠᠺᠲ᠋ᠧᠷᠢ ᠶᠢᠨ ᠦᠷᠳᠡᠯᠲᠡ ᠶᠢᠨ ᠬᠤᠷᠳᠤᠴᠠ ᠨᠢ pH ᠦᠨ ᠪᠠᠭᠤᠷᠠᠯᠲᠠ ᠶᠢᠨ ᠬᠤᠷᠳᠤᠴᠠ ᠳᠤ ᠨᠦᠯᠦᠭᠡᠯᠡᠨᠡ ᠃ 1 ᠳᠦᠭᠡᠷ ᠰᠦᠦᠨ ᠬᠦᠴᠢᠯ ᠦᠨ ᠪᠠᠺᠲ᠋ᠧᠷᠢ ᠶᠢ ᠰᠦᠦᠨ ᠬᠦᠴᠢᠯ ᠦᠨ ᠪᠠᠺᠲ᠋ᠧᠷᠢ ᠶᠢᠨ ᠨᠢᠭᠡᠳᠦᠭᠡᠷ ᠦᠶᠡ (1 ᠳᠦᠭᠡᠷ ᠬᠦᠰᠦᠨᠦᠭ ᠲᠦ ᠦᠵᠡ) ᠭᠡᠨᠡ᠂ ᠬᠣᠶᠠᠳᠤᠭᠠᠷ ᠦᠶᠡ ᠶᠢᠨ ᠰᠦᠦᠨ ᠬᠦᠴᠢᠯ ᠦᠨ ᠪᠠᠺᠲ᠋ᠧᠷᠢ ᠶᠢ 2 ᠳᠦᠭᠡᠷ ᠰᠦᠦᠨ ᠬᠦᠴᠢᠯ ᠦᠨ ᠪᠠᠺᠲ᠋ᠧᠷᠢ ᠭᠡᠨᠡ (ᠵᠢᠷᠤᠭ 4-3) ᠃ ᠬᠣᠶᠠᠳᠤᠭᠠᠷ ᠦᠶᠡ ᠶᠢᠨ ᠰᠦᠦᠨ ᠬᠦᠴᠢᠯ ᠦᠨ ᠪᠠᠺᠲ᠋ᠧᠷᠢ ᠶᠢᠨ ᠬᠡᠮᠵᠢᠶ᠎ᠡ ᠨᠢ ᠰᠢᠯᠢᠭ ᠤᠨ ᠴᠢᠨᠠᠷ ᠲᠤ ᠨᠦᠯᠦᠭᠡᠯᠡᠨᠡ ᠃

(1) ᠰᠦᠦᠨ ᠬᠦᠴᠢᠯ ᠦᠨ ᠪᠠᠺᠲ᠋ᠧᠷᠢ ᠶᠢᠨ ᠬᠡᠯᠪᠡᠷᠢ

（2）青贮过程中乳酸菌的作用：乳酸菌是饲草青贮的主要有益菌，乳酸是乳酸菌的发酵产物。在青贮饲料发酵初期加强乳酸发酵，使之迅速酸化的同时，发酵过程中的有益微生物数量（乳酸菌等）也急剧增加，不仅抑制了有害菌（梭菌属）的生长，还阻止了其他不良菌的繁殖。添加乳酸菌后降低了青贮饲料的pH、氨态氮和丁酸含量，提高了乳酸和总酸含量，改善了发酵品质，提高了消化率。开封后乳酸菌能够与酵母菌之间产生竞争，从而抑制青贮饲料的有氧变质。因此，添加乳酸菌能够提高青贮饲料的有氧稳定性。多数青贮饲料中乳酸菌最终会主导发酵过程，在2～4天内细菌数量达到最大值（大约10^9个菌落形成单位/克），接着缓慢、稳定地降低。饲草表面上也附着有一些天然乳酸菌，但绝大部分在青贮过程中不发挥作用，发挥作用的不到0.1%。此外，同型乳酸菌发酵主要产生的是乳酸，在饲草青贮中添加同型发酵乳酸菌要比异型发酵乳酸菌好，这是因为同型发酵在青贮过程中造成的养分损失少。

当青贮饲料与氧气接触后，乳酸同化型酵母菌以乳酸为底物进行生长繁殖。异型发酵乳酸菌会比同型发酵乳酸菌在青贮过程中消耗更多的养分，但异型发酵乳酸菌在发酵过程中能将碳水化合物分解成乙酸和1，2-丙二醇，而乙酸等挥发性脂肪酸是一种更有效地抵抗真菌及霉菌发酵的酸类物质。异型发酵乳酸菌的添加量大于10^6个菌落形成单位/克，可提高青贮饲料的有氧稳定性。

（3）乳酸菌繁殖所需的外界条件：乳酸菌大量繁殖要求适宜的外界条件，包括温度、含糖量、含水量、pH和厌氧环境等。

温度：大多数乳酸菌生长最适宜的温度为20～30℃。如果青贮过程中温度过低或过高，乳酸菌会停止繁殖，并可能造成青贮饲料糖分损失，维生素破坏。

含糖量：乳酸菌发酵时需要一定的糖分，作为其生长繁殖的底物。

含水量：青贮原料中水分含量应为60%～75%，此环境很适宜乳酸菌生长。

pH：乳酸菌生长最适宜的酸碱度为pH4.0～6.0，当pH接近4.0时乳酸菌生长就会停止。

厌氧环境：乳酸菌是微需氧性的，所以应该创造厌氧条件。

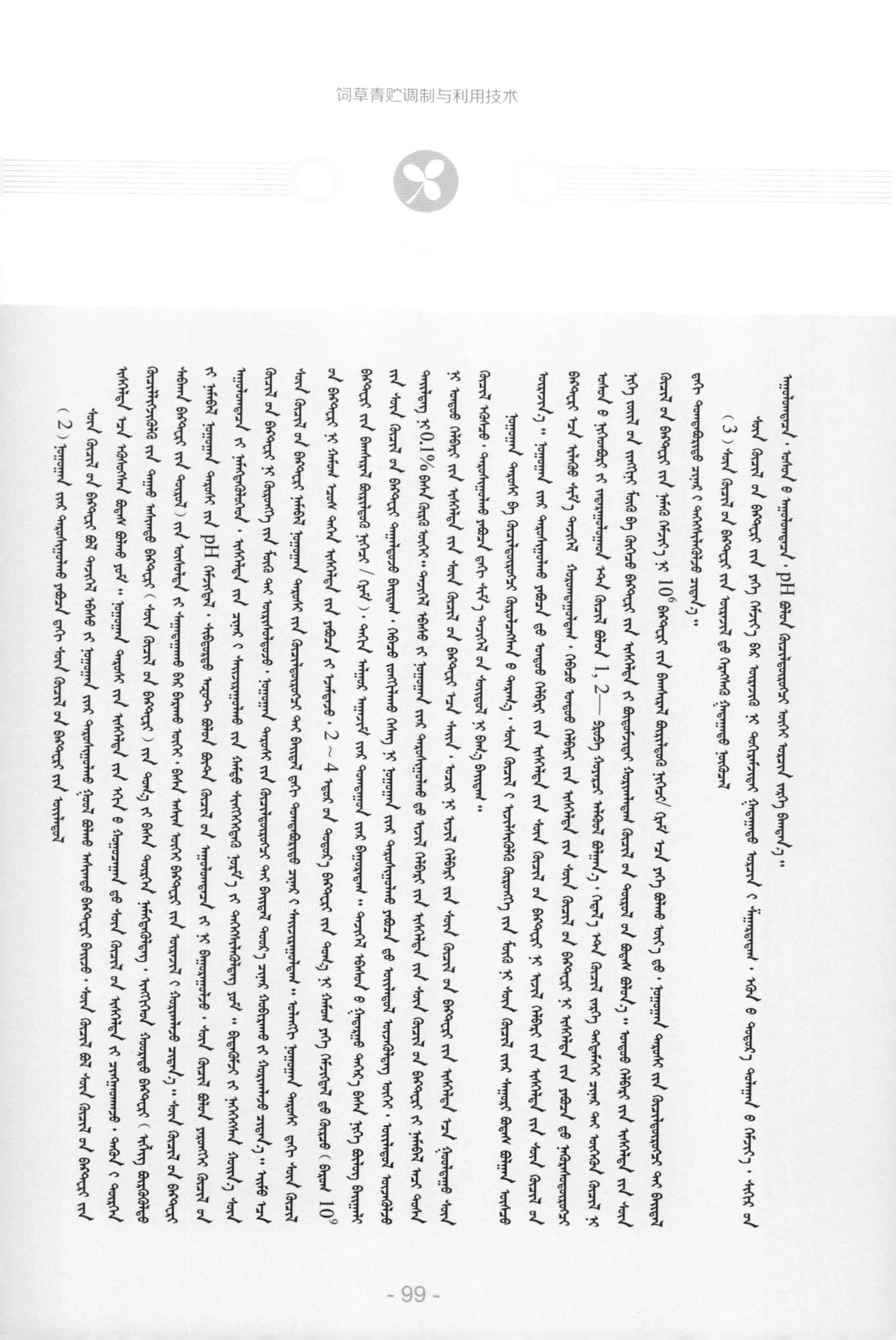

(2) [illegible]

[illegible] pH [illegible] 10^{9} [illegible] 2 ~ 4 [illegible] 0.1% [illegible]

[illegible]

[illegible] 1, 2— [illegible] 10^{6} [illegible]

(3) [illegible]

[illegible] pH [illegible]

2. 肠细菌

肠细菌是无芽孢、周身鞭毛或无鞭毛的革兰氏阴性杆菌，包括大量的人、动物和植物的病原菌，在青贮饲料中一般只有一些非病原性的肠细菌存在。肠细菌在饲草上存在较少，晾晒可减少其数量，青贮的前几天会有大幅度增加。随着乳酸菌的繁殖、pH降低，肠细菌由于不耐酸而快速减少。肠细菌是青贮饲料中不希望存在的微生物。这是由于肠细菌发酵糖产生气体，会造成营养物质损失及蛋白酶降解。在青贮饲料调制中，促进乳酸发酵、快速降低pH是抑制肠细菌的有效措施（图4–4）。

3. 梭状芽孢杆菌

梭状芽孢杆菌又称丁酸梭菌或酪酸梭菌，是厌氧或微需氧、有芽孢、运动、革兰氏阳性的杆菌。由于它可以发酵糖、有机酸或蛋白质，是青贮饲料中的有害微生物（图4–5）。

梭状芽孢杆菌主要通过以下三种途径进行抑制。

快速降低pH：梭状芽孢杆菌最适pH为7.0 ～ 7.4，pH4.2时，它的生长就会受到抑制。

降低水分含量：青贮原料经过晾晒，含水量低于70%，梭状芽孢杆菌的活动便会受到抑制。

控制发酵温度：多数梭状芽孢杆菌的最适温度高于乳酸菌，高温可能促进其生长。

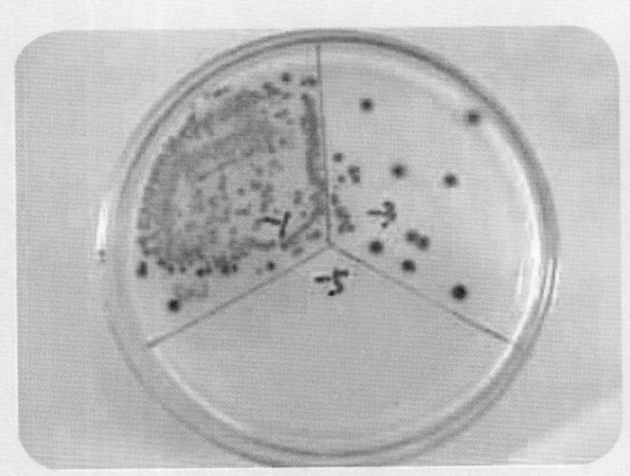

图4–4　肠细菌

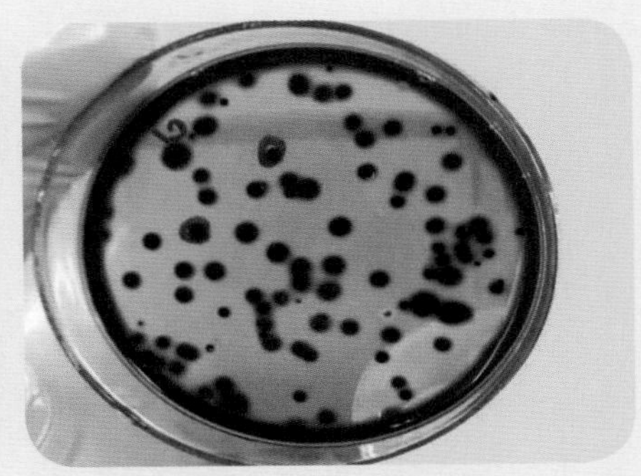

图4–5　梭状芽孢杆菌

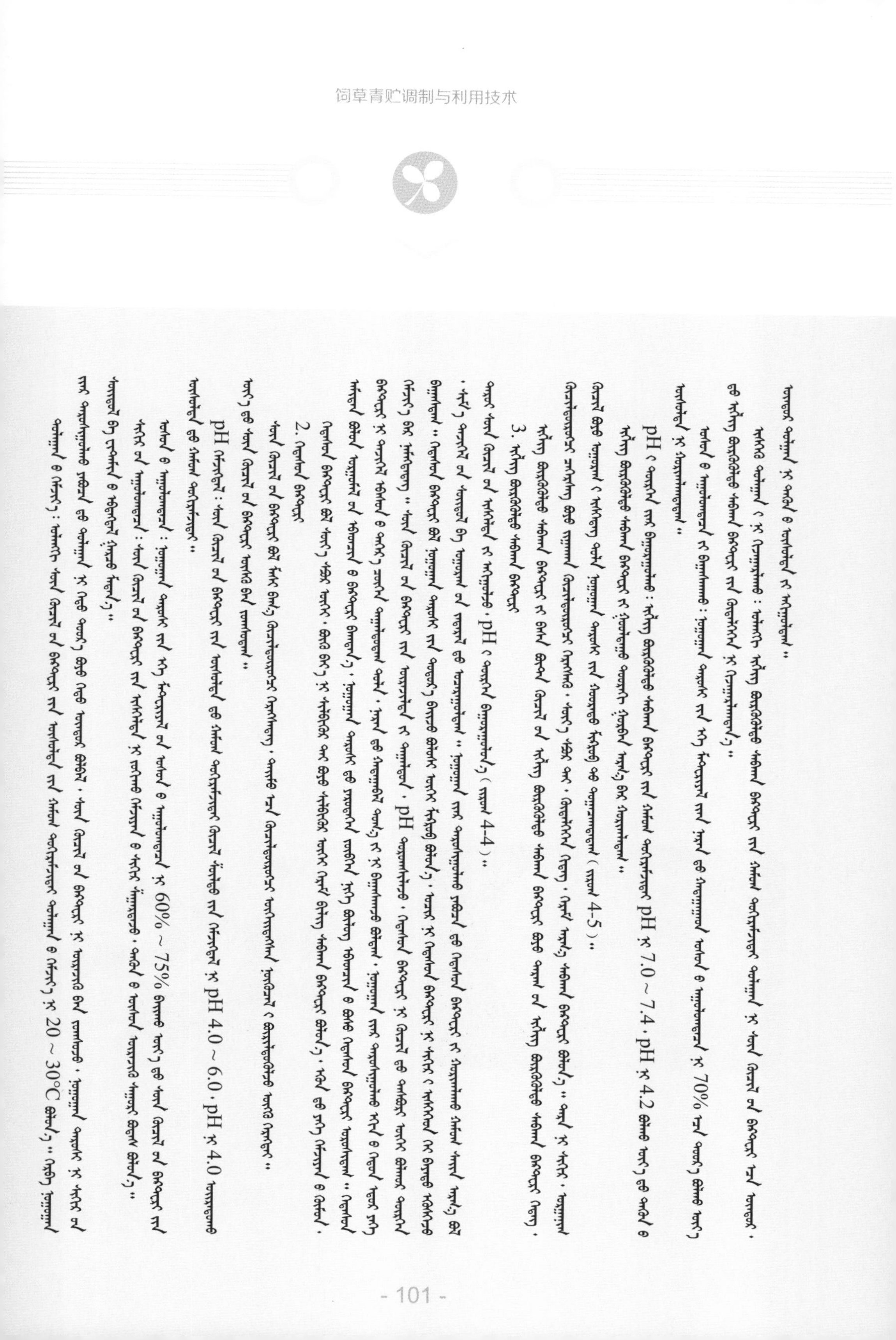

[illegible] 70% [illegible]

[illegible] pH [illegible] 7.0 ~ 7.4 · pH [illegible] 4.2 [illegible]

[illegible] ([illegible] 4-5) ::

3. [illegible]

[illegible] · pH [illegible] ([illegible] 4-4) ::

[illegible] · pH [illegible]

2. [illegible]

[illegible]

pH [illegible] pH 4.0 ~ 6.0 · pH [illegible] 4.0 [illegible]

[illegible] 60% ~ 75% [illegible]

[illegible] 20 ~ 30°C [illegible]

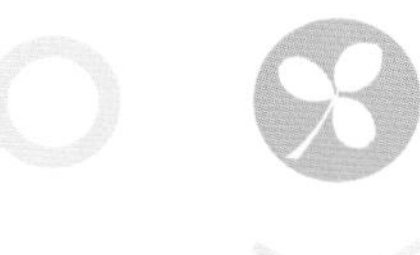

4. 酵母菌

酵母菌是一类以出芽繁殖为主的单细胞真菌的统称，无鞭毛，不能游动，一般比细菌更大。酵母菌可以通过出芽进行无性繁殖，也可以通过形成子囊孢子进行有性生殖，但以无性繁殖为主（图4–6）。

过去人们普遍认为青贮饲料中只有少量的酵母菌，然而研究表明并非如此。新鲜饲草表面有一定数量的酵母菌，随着饲草晾晒酵母菌数量会增加。研究发现，存在于各种青贮饲料中的酵母菌至少有25种以上，它在青贮饲料的好氧变质中起着重要作用，在好氧环境中可利用各种有机酸。一般认为酵母菌数量超过10^5cfu/克，容易引起青贮饲料好氧变质。酵母菌通过与乳酸菌争夺青贮饲料中的碳水化合物进行发酵，该过程会产生乙醇及其他酸类、醇类物质，进而影响青贮饲料的储存及品质。

酵母菌在pH为3.0 ～ 8.0均可正常生长，在青贮过程中几乎不受pH大小的影响，故通过降低pH难以进行抑制。抑制酵母菌较为有效的物质是短链脂肪酸，如乙酸、丙酸等弱酸效果更好。

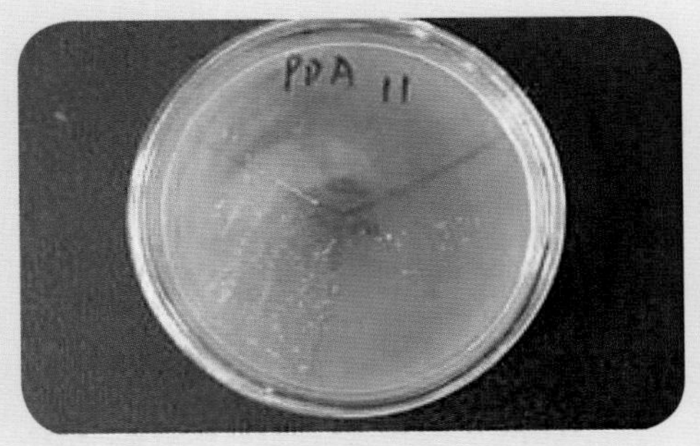

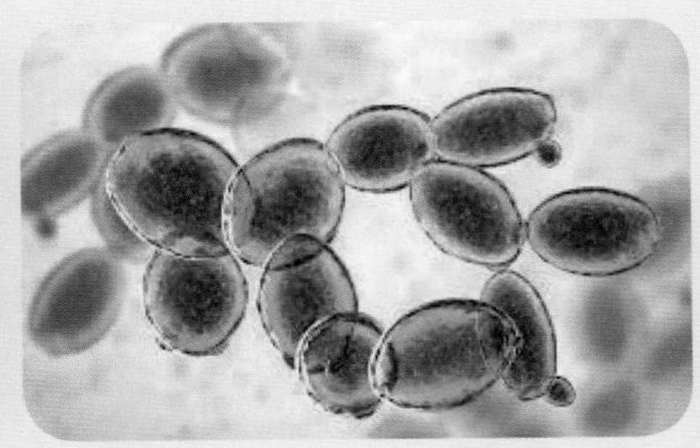

图4–6　酵母菌

ᠶᠢ ᠪᠠᠭᠤᠷᠠᠭᠤᠯᠬᠤ ᠬᠡᠷᠡᠭ ᠲᠡᠢ pH ᠢ ᠪᠠᠭᠤᠷᠠᠭᠤᠯᠬᠤ ᠳᠤ ᠨᠦᠯᠦᠭᠡ ᠦᠵᠡᠭᠦᠯᠦᠨ᠎ᠡ᠃ ᠪᠣᠷᠣᠭᠣᠯᠵᠢᠩ ᠤᠨ ᠲᠡᠵᠢᠯ ᠤ ᠬᠢᠮᠢ ᠶᠢᠨ ᠪᠦᠷᠢᠯᠳᠦᠬᠦᠨ ᠲᠡᠭᠡᠨ ᠦ ᠬᠡᠮᠵᠢᠶ᠎ᠡ ᠪᠡᠷ ᠪᠣᠯᠵᠤ ᠪᠠᠢᠨ᠎ᠠ᠂ ᠪᠣᠷᠣᠭᠣᠯᠵᠢᠩ ᠤᠨ ᠲᠡᠵᠢᠯ ᠦᠨ pH 3.0 ~ 8.0 ᠤᠨ ᠬᠣᠭᠣᠷᠣᠨᠳᠤ ᠬᠠᠮᠤᠭ ᠰᠠᠢᠨ ᠦᠷ᠎ᠡ ᠳᠦᠩ ᠦᠵᠡᠭᠦᠯᠳᠡᠭ᠂ ᠰᠦᠨ ᠦ ᠬᠦᠴᠢᠯ ᠦᠨ ᠪᠠᠺᠲ᠋ᠧᠷᠢ ᠶᠢᠨ pH ᠤᠨ ᠪᠠᠭᠤᠷᠠᠬᠤ ᠬᠤᠷᠳᠤᠴᠠ ᠶᠢ ᠲᠦᠷᠭᠡᠳᠭᠡᠨ᠎ᠡ᠃

ᠰᠢᠯᠤᠰᠤ ᠳᠤ ᠵᠣᠬᠢᠴᠠᠭᠤᠯᠤᠨ ᠬᠢᠭᠰᠡᠨ᠂ ᠰᠤᠷᠤᠭᠰᠠᠨ ᠪᠢᠴᠢᠯ ᠪᠠᠺᠲ᠋ᠧᠷᠢ ᠶᠢᠨ ᠲᠦᠷᠦᠯ᠂ ᠲᠦᠷᠦᠯ ᠦᠨ ᠪᠠᠭᠤᠷᠠᠯ ᠬᠢᠵᠤ᠂ ᠰᠦᠨ ᠦ ᠬᠦᠴᠢᠯ ᠦᠨ ᠪᠠᠺᠲ᠋ᠧᠷᠢ ᠶᠢᠨ ᠦᠷᠡᠵᠢᠯ ᠦᠨ ᠪᠠᠺᠲ᠋ᠧᠷᠢ ᠶᠢᠨ ᠲᠣᠭ᠎ᠠ ᠶᠢ ᠲᠣᠭᠲᠠᠭᠠᠬᠤ᠃ ᠪᠣᠷᠣᠭᠣᠯᠵᠢᠩ ᠤᠨ ᠲᠡᠵᠢᠯ ᠳᠦ ᠬᠠᠮᠤᠭ ᠪᠠᠺᠲ᠋ᠧᠷᠢ ᠶᠢᠨ ᠪᠠᠭᠤᠷᠠᠬᠤ ᠳᠤ ᠨᠥᠯᠥᠭᠡᠯᠡᠬᠦ ᠪᠠᠢᠳᠠᠯ᠂ ᠰᠦᠨ ᠦ ᠬᠦᠴᠢᠯ ᠦᠨ ᠪᠠᠺᠲ᠋ᠧᠷᠢ ᠶᠢᠨ ᠲᠣᠭ᠎ᠠ ᠪᠠᠺᠲ᠋ᠧᠷᠢ ᠶᠢ ᠬᠠᠮᠠᠭᠠᠯᠠᠬᠤ ᠲᠣᠬᠢᠷᠠᠯ᠂ ᠪᠣᠷᠣᠭᠣᠯᠵᠢᠩ ᠤᠨ ᠲᠡᠵᠢᠯ ᠦᠨ ᠬᠡᠮᠵᠢᠶ᠎ᠡ ᠨᠢ 10^5 cfu/ ᠭ ᠡᠴᠡ ᠳᠡᠭᠡᠭᠰᠢ᠂ ᠰᠦᠨ ᠦ ᠬᠦᠴᠢᠯ ᠦᠨ ᠲᠡᠵᠢᠯ ᠦᠨ ᠪᠣᠯᠤᠨ᠎ᠠ᠂ ᠬᠦᠭᠡᠷ ᠢ ᠰᠦᠨ ᠦ ᠬᠦᠴᠢᠯ ᠦᠨ ᠪᠠᠺᠲ᠋ᠧᠷᠢ ᠶᠢᠨ ᠲᠣᠭ᠎ᠠ ᠶᠢᠨ ᠬᠡᠮᠵᠢᠶ᠎ᠡ ᠪᠡᠷ ᠬᠡᠮᠵᠢᠭᠳᠡᠬᠦ᠂ ᠲᠡᠭᠡᠨ ᠦ ᠲᠣᠭ᠎ᠠ ᠪᠠᠺᠲ᠋ᠧᠷᠢ ᠶᠢᠨ ᠲᠣᠭ᠎ᠠ ᠶᠢ ᠨᠡᠮᠡᠭᠳᠡᠭᠦᠯᠬᠦ᠃ ᠲᠠᠯᠠᠪᠠᠷ ᠲᠡᠭᠡᠨ ᠦ ᠲᠣᠭᠲᠠᠭᠤᠨ ᠢ᠂ ᠬᠠᠷᠢᠨ ᠲᠡᠭᠡᠨ ᠦ ᠰᠦᠨ ᠦ ᠬᠦᠴᠢᠯ ᠦᠨ ᠪᠠᠺᠲ᠋ᠧᠷᠢ ᠶᠢᠨ ᠲᠣᠭ᠎ᠠ ᠪᠣᠯᠤᠨ ᠡᠳᠦᠷ 25 ᠡᠳᠦᠷ ᠦᠨ ᠳᠠᠷᠠᠭ᠎ᠠ ᠪᠣᠷᠣᠭᠣᠯᠵᠢᠩ ᠤᠨ ᠲᠡᠵᠢᠯ ᠦᠨ ᠳᠤᠲᠠᠭᠤᠨ ᠬᠡᠮᠵᠢᠶ᠎ᠡ ᠬᠦᠷᠲᠡᠯ᠎ᠡ ᠪᠠᠭᠤᠷᠠᠵᠤ᠂ ᠪᠣᠷᠣᠭᠣᠯᠵᠢᠩ ᠤᠨ ᠲᠡᠵᠢᠯ ᠪᠣᠯᠬᠤ᠂ ᠬᠡᠮᠵᠢᠶ᠎ᠡ ᠬᠡᠮᠵᠢᠭᠳᠡᠬᠦ ᠨᠢ ᠰᠠᠢᠨ ᠪᠣᠷᠣᠭᠣᠯᠵᠢᠩ ᠤᠨ ᠲᠡᠵᠢᠯ ᠦᠨ ᠦᠨ᠎ᠡ ᠴᠢᠨᠠᠷ ᠢ ᠪᠠᠲᠤᠯᠠᠨ᠎ᠠ᠃

5. 霉菌

霉菌是一些丝状真菌的统称，它在自然界中分布极为广泛，大量存在于土壤、水体、空气及动植物体内外。霉菌是青贮饲料中的有害微生物，是导致青贮饲料变质的主要微生物之一。它可以分解青贮饲料中的纤维素、糖分和乳酸，产生对动物有毒的物质。霉菌也是引起好氧变质的原因之一。它通常仅存在于青贮饲料的边缘和表层等接触空气的部分。低pH及厌氧环境能抑制霉菌生长。

6. 腐败细菌

腐败细菌种类多，适应性广，几乎不受温度、有无氧气的影响。腐败细菌主要分解青贮饲料中的蛋白质和氨基酸。其中，芽孢杆菌对青贮饲料的有氧变质起重要作用。腐败细菌不耐酸，当pH降至4.4时，即可抑制其生长。

7. 乙酸菌

乙酸菌是一种革兰氏阴性、非孢子、好氧杆菌。其可通过空气传播，在糖含量较高的青贮饲料中较多。乙酸菌能将青贮饲料中的乙醇转变为乙酸，降低青贮饲料的品质，也能造成一些青贮饲料好氧变质。在发酵初期若乳酸菌能迅速繁殖，乙酸菌就能受到抑制。

8. 丙酸菌

丙酸菌是革兰氏阳性、无芽孢、厌氧的短杆菌。其耐酸性较差，一般pH低于5.2则不能正常生长。丙酸杆菌属可将青贮饲料中的糖类和发酵产生的乳酸分解成乙酸、丙酸以及一些其他有机酸，这些酸可以抑制青贮饲料中酵母菌和霉菌的繁殖。但丙酸杆菌属是活性较弱的细菌，对青贮饲料的影响较小，其作为青贮添加剂在部分方面效果一般，例如提高青贮饲料中的有氧稳定性。

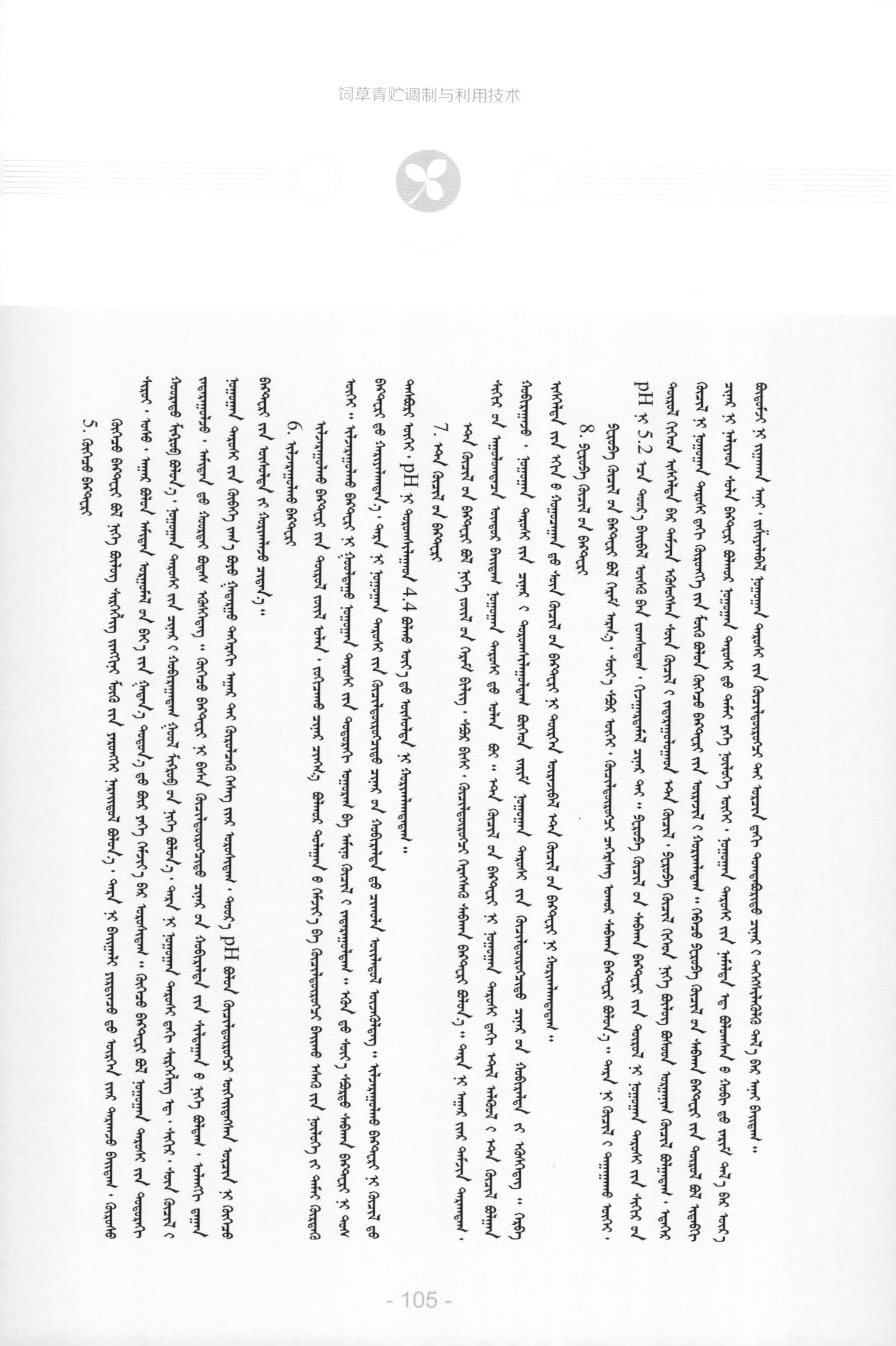

5. [illegible]

[illegible]

6. [illegible]

[illegible]

7. [illegible]

[illegible] pH [illegible] 4.4 [illegible]

8. [illegible]

[illegible] pH [illegible] 5.2 [illegible]

（三）青贮过程中的生物化学变化

由于微生物和植物自身酶体系的作用，青贮饲料在青贮过程中会发生诸多生物化学变化。青贮过程主要在厌氧环境下完成，但在未完全达到厌氧环境或厌氧环境未恒定之前，仍有一个较为短暂的有氧阶段，该阶段的化学变化主要是植物酶以及好氧微生物引起的。有氧阶段的长短主要取决于青贮原料的晾晒时长以及青贮作业的快慢等。所以，青贮过程中的化学变化既包括饲草从刈割到入窖的变化，也包括入窖密封后发酵阶段的变化。

由于有氧阶段青贮原料仍然具有生物学活性，其所含的多种酶类会影响青贮饲料的质量，其中呼吸作用、蛋白质降解、半纤维素降解对青贮饲料的质量影响较大。在青贮过程中，只要有氧存在，植物呼吸酶就有活性，因此青贮原料中的可溶性碳水化合物就会被氧化为二氧化碳和水，同时释放热量。如果在填充过程中和填充后，青贮原料未能充分压实，空气就有可能进入，温度也会持续升高。若未能及时发现，会导致青贮饲料温度太高，不仅造成营养物质损失，还会造成青贮质量低劣。植物呼吸作用可以有效地清除青贮设施中的氧气，形成厌氧环境。处于厌氧环境时，乳酸菌会利用可溶性碳水化合物，将其发酵成为乳酸和其他产物。同时，许多植物细胞将会破裂或溶解，释放出蛋白酶和半纤维素酶。蛋白酶的活性在pH低于4时降低，抑制蛋白酶的活性，对于保存豆科饲草和很多禾本科饲草的蛋白质十分重要。禾本科饲草调制的青贮饲料中半纤维素酶的活性十分明显，它能够减少禾本科饲草中性洗涤纤维的含量。较低的酸碱度能加速半纤维素的水解速率，一般来说，在青贮时容器中低酸碱度条件下，可以降低0.5%左右的中性洗涤纤维的含量。

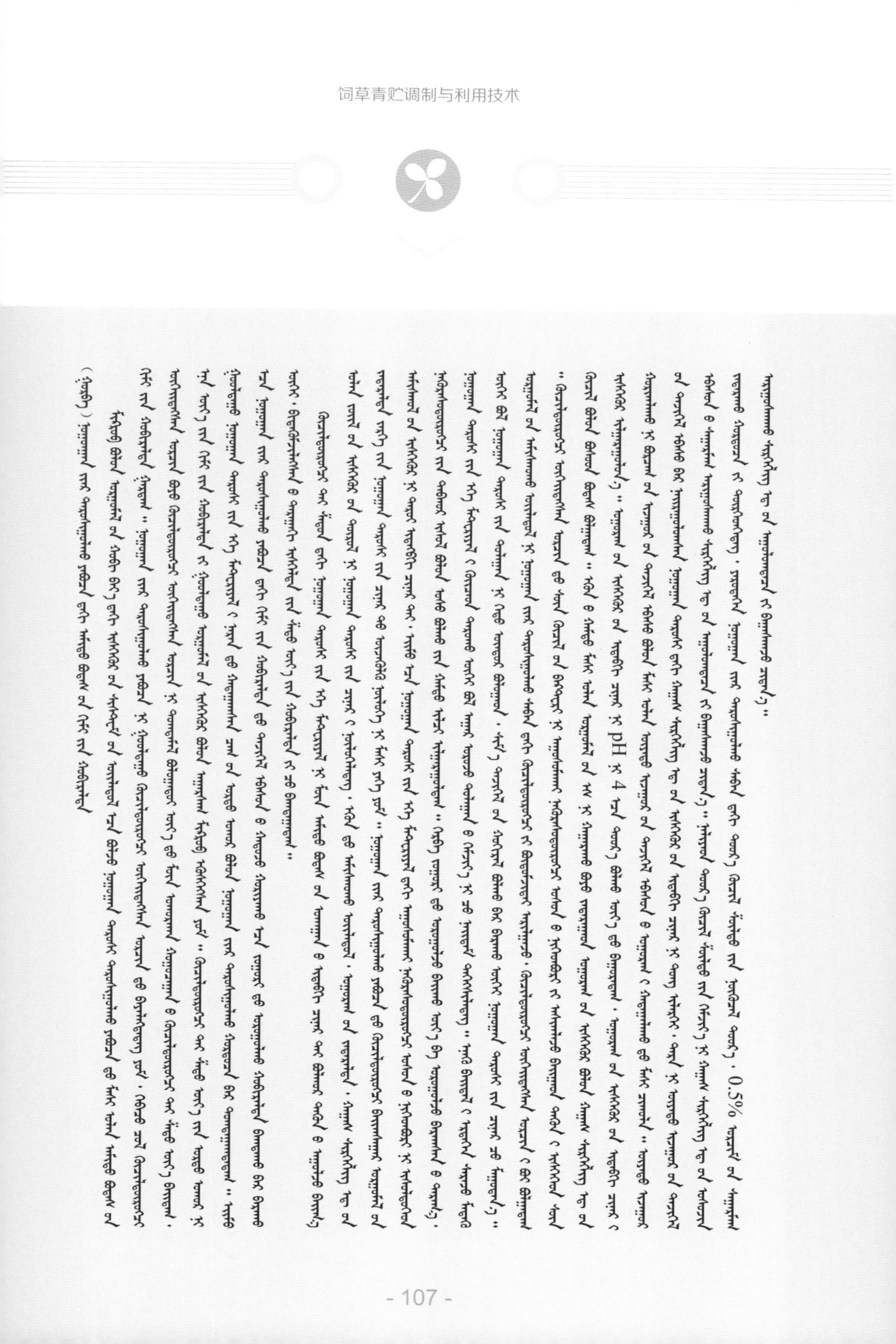

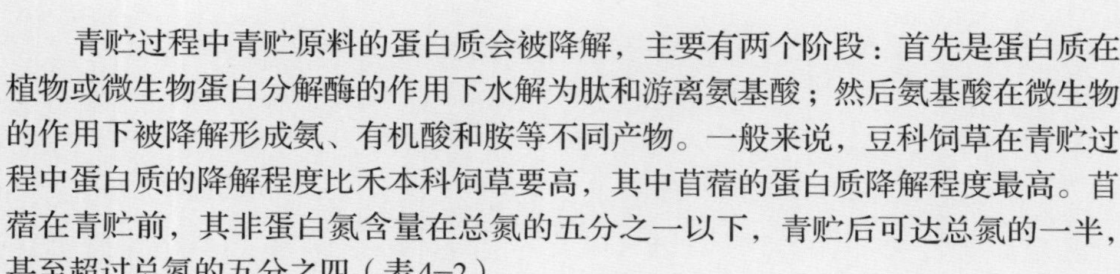

青贮过程中青贮原料的蛋白质会被降解，主要有两个阶段：首先是蛋白质在植物或微生物蛋白分解酶的作用下水解为肽和游离氨基酸；然后氨基酸在微生物的作用下被降解形成氨、有机酸和胺等不同产物。一般来说，豆科饲草在青贮过程中蛋白质的降解程度比禾本科饲草要高，其中苜蓿的蛋白质降解程度最高。苜蓿在青贮前，其非蛋白氮含量在总氮的五分之一以下，青贮后可达总氮的一半，甚至超过总氮的五分之四（表4–2）。

表4–2　苜蓿青贮前后含氮物质含量变化

项　　目	青贮前	青贮后
pH	6.38	4.66
干物质（%）	36.21	35.34
总氮（%干物质）	3.75	3.85
非蛋白氮（%总氮）	20.23	61.52
氨态氮（%总氮）	1.33	11.75
肽氮（%总氮）	11.58	12.32
游离氨基酸氮（%总氮）	7.32	37.45

青贮发酵过程中，青绿饲草中所含的可溶性糖通过乳酸菌的发酵作用产生大量乳酸，同时在其他微生物的作用下也伴有少量乙酸、丙酸、丁酸等产生。随着青贮时间的推移，青贮饲料中不同类型的有机酸含量有一定程度的变化（表4–3）。优质青贮饲料的pH较低（一般为4.0左右），乳酸含量高，乙酸含量很少，且几乎不含丙酸、丁酸等其他有机酸，而劣质青贮饲料中丙酸、丁酸等含量较高。

[illegible] （[illegible] 4-3）。[illegible] pH [illegible]（[illegible] 4.0 [illegible]）[illegible]

[illegible]	[illegible]	[illegible]
[illegible]（% [illegible]）	7.32	37.45
[illegible]（% [illegible]）	11.58	12.32
[illegible]（% [illegible]）	1.33	11.75
[illegible]（% [illegible]）	20.23	61.52
[illegible]（[illegible] %）	3.75	3.85
[illegible]（%）	36.21	35.34
pH	6.38	4.66

[illegible] 4-2 [illegible]

4-2）。

[illegible]

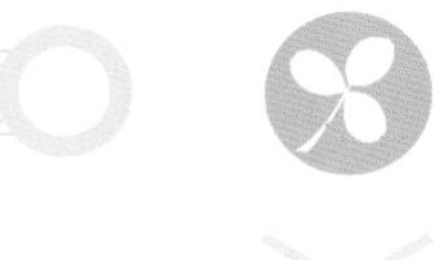

表4–3 不同发酵时间青贮饲料中pH和有机酸含量的变化

项　　目	0天	3天	10天	30天
pH	6.3	5.9	4.1	4.2
总酸（%FM）	—	1.9	2.6	2.8
乳酸（%FM）	—	1.7	2.4	2.5
挥发酸（%FM）	—	0.2	0.2	0.3

青贮可以很好地保存青绿饲料中的维生素，虽然青贮初期有一定程度的维生素流失，但大部分最终能够得以保留。当温度和氧化程度较高时，维生素A的前体物β-胡萝卜素损失较多。贮存较好的青贮饲料，β-胡萝卜素的损失可低于30%。青贮过程中，维生素B_1几乎没有变化。值得注意的是，无论青贮条件多么好，维生素C的损失量均很高，达60%～65%。

此外，青贮过程中饲草的颜色变化较为明显。这是由于有机酸对叶绿素的作用，使其成为脱镁叶绿素，导致青贮饲料变为浅棕色。

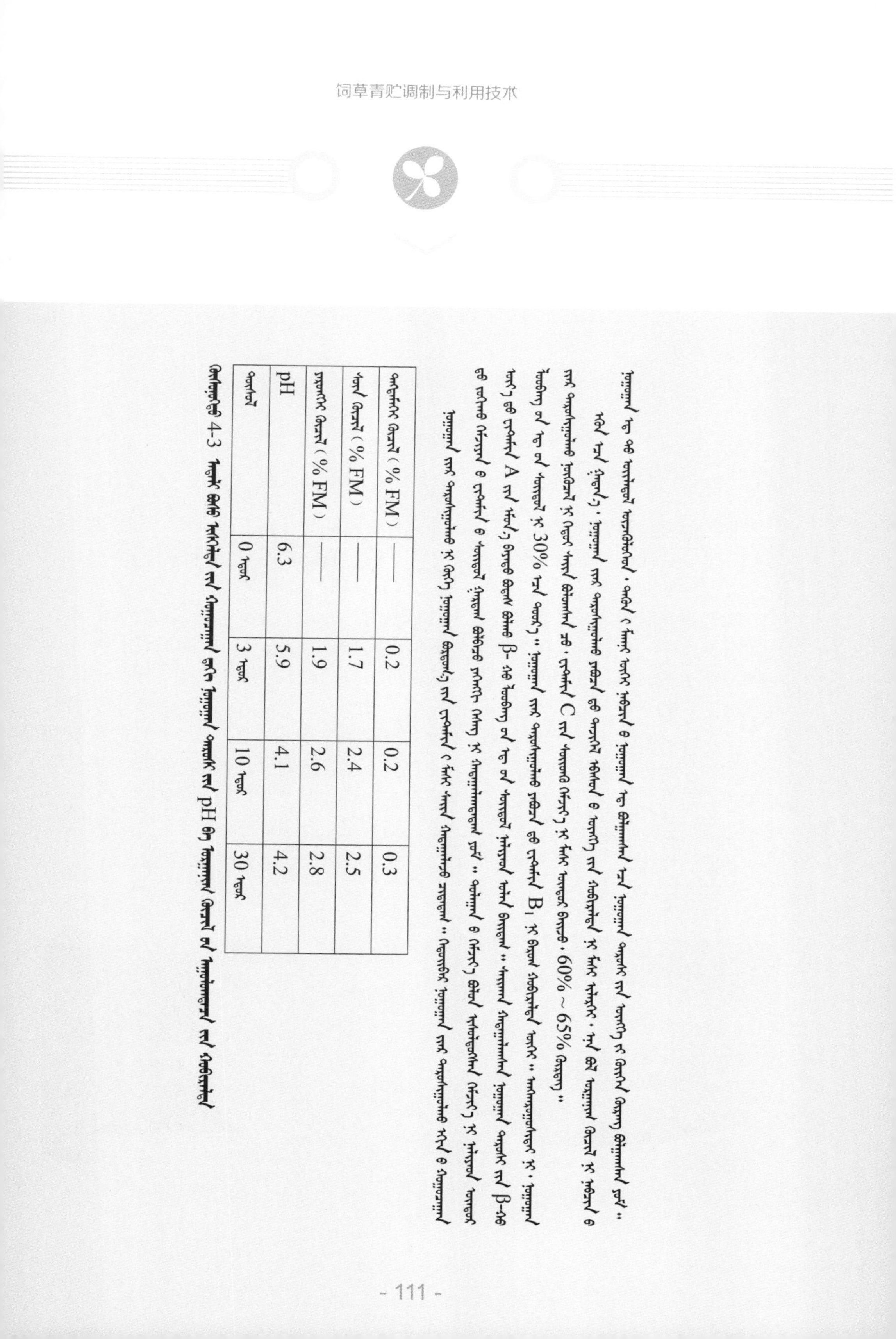

[illegible]

[illegible] C [illegible] 60% ~ 65% [illegible]

[illegible] 30% [illegible] B_1 [illegible] A [illegible] β- [illegible] β- [illegible]

[illegible]

[illegible] (% FM)	——	0.2	0.2	0.3
[illegible] (% FM)	——	1.7	2.4	2.5
[illegible] (% FM)	——	1.9	2.6	2.8
pH	6.3	5.9	4.1	4.2
[illegible]	0 [illegible]	3 [illegible]	10 [illegible]	30 [illegible]

[illegible] 4-3 [illegible] pH [illegible]

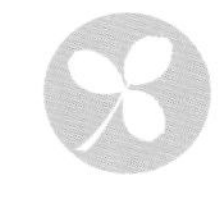

五、青贮设施

（一）青贮设施类型

青贮设施也叫青贮容器，指用于装填青贮原料的器具或建筑物。我国使用的青贮容器主要有青贮窖、青贮塔、青贮壕、地面堆贮以及青贮塑料袋等。

1. 青贮窖

青贮窖是我国农村、牧区应用十分普遍的一种青贮容器。根据青贮窖形状不同可分为圆形（图5–1）和长方形（图5–2）两种。同等尺寸的圆形青贮窖可装填的原料更多，但其开窖使用较为麻烦，且不易管理，因而小规模养殖户通常使用长方形青贮窖居多。根据使用年限不同，可分为永久性青贮窖和半永久性青贮窖。永久性青贮窖用混凝土建成，半永久性青贮窖就是一个土坑，建造时可根据预计的使用年限合理选择。根据当地的自然、气候条件以及降水量和地下水位等状况，又可将青贮窖分为地下式、半地下式两种。地下水位较高的地区通常采用半地下式青贮窖，而地下水位较低的地区通常采用地下式青贮窖。地下式青贮窖造价便宜，比半地下式和地上式更坚固。

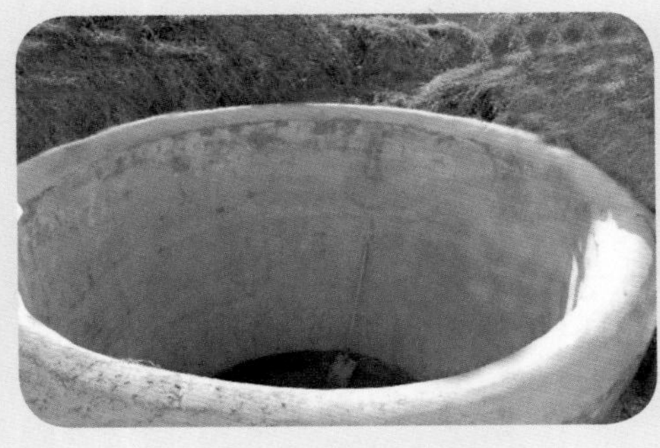

图5–1　圆形青贮窖

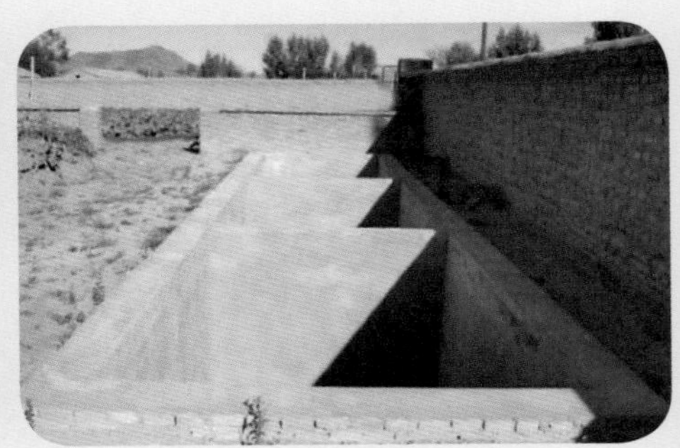

图5–2　长方形青贮窖

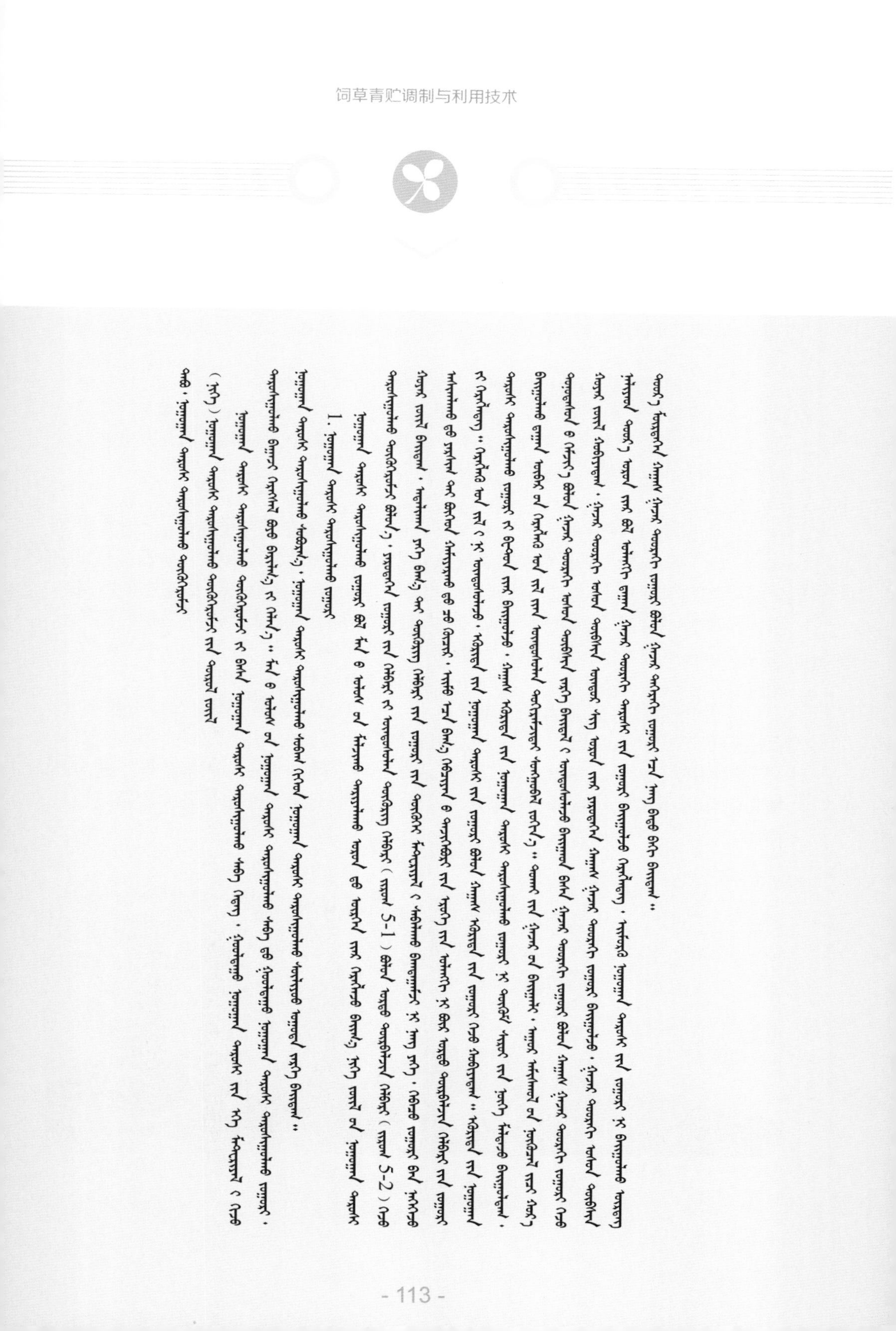

青贮窖的主要优点是造价较低，作业相对方便，既可人工作业，也可以机械化作业，且青贮窖可大可小，能适应不同生产规模，比较适合在我国农村建造使用，但需要注意的是其贮存损失较大。实际建造过程中，可根据饲养家畜的数量和青贮原料的多少来决定青贮窖的大小和容量。

2. 青贮塔

在机械化水平较高、饲养规模大、经济条件好的养殖场适合建造青贮塔（图5–3）。国外青贮塔多为钢制的圆筒立式青贮塔，通常配有抽真空设备，以使装料后塔内处于缺氧状态，从而有效抑制好氧性菌类发酵和植物细胞的呼吸作用，使养分最大限度地保存下来。国内青贮塔多为砖、石、水泥结构的圆筒状建筑，通常直径4～6米，高3～15米，塔身每隔2～3米开1个0.6米×0.6米的正方形小窗，装填青贮原料时关闭，取料或空闲时敞开。

青贮塔通常建造于地势低洼及地下水位较高的地区，其优点是构造坚固，占地面积小，可靠耐用，一次投入可长期使用。同时，因其取料口小，且具有一定的深度，贮存损失小，青贮饲料品质良好，适用于各种环境条件下的青贮饲料制作。不足之处是其单位容积造价高，不利于经济条件较差的养殖场建造使用。

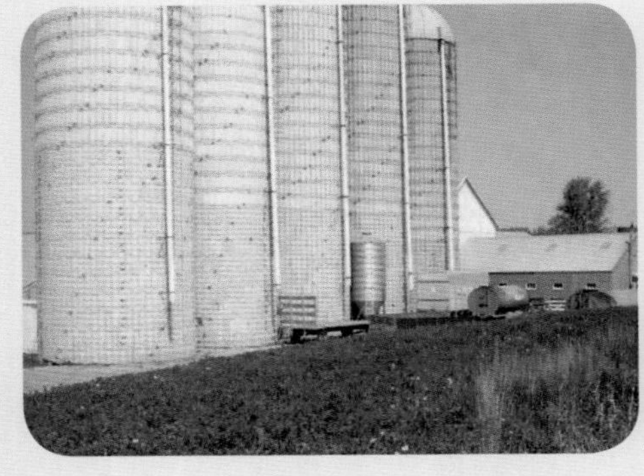
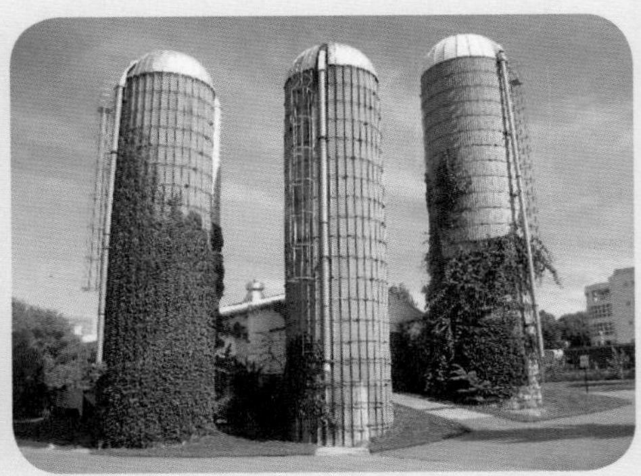

图5–3　青贮塔

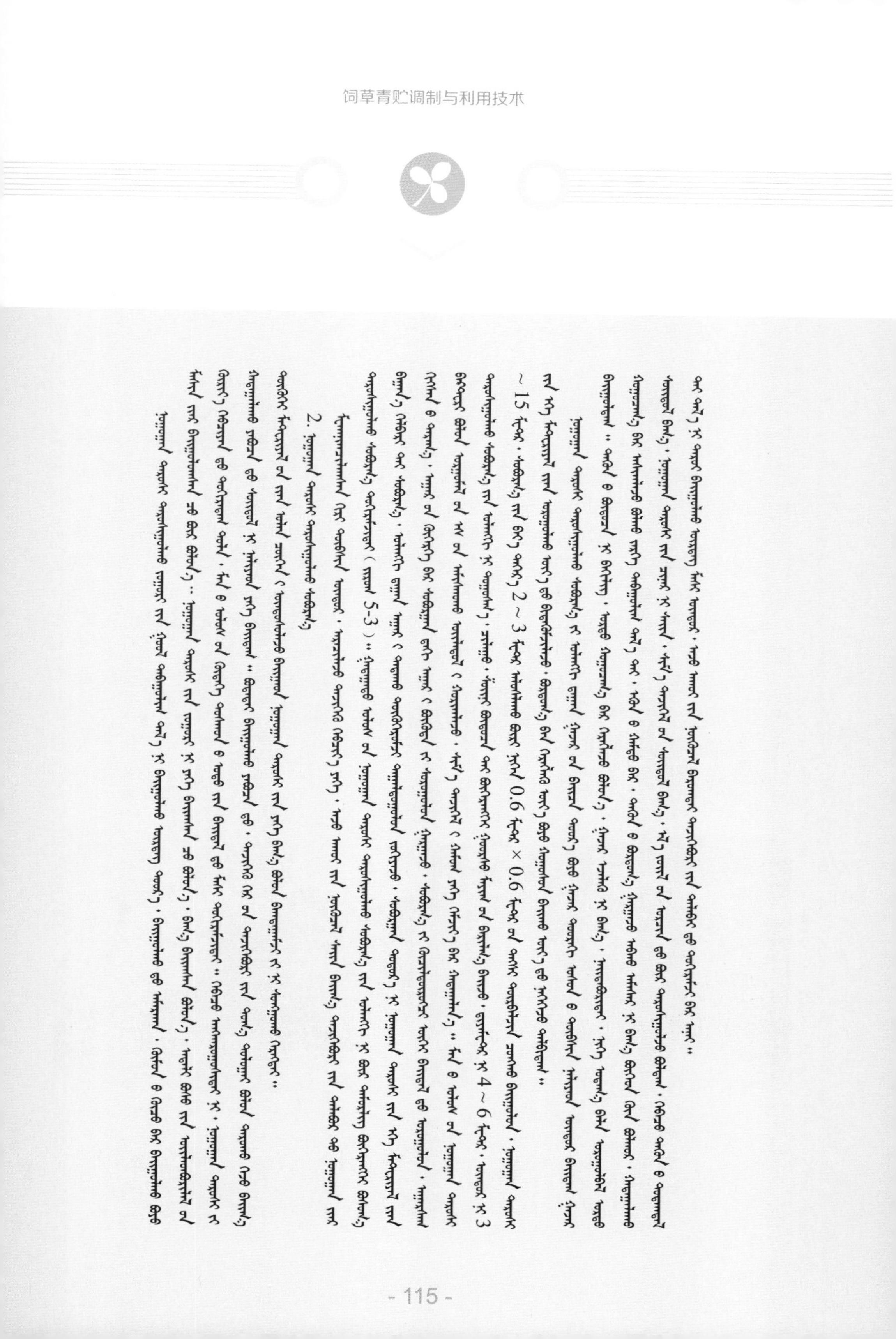

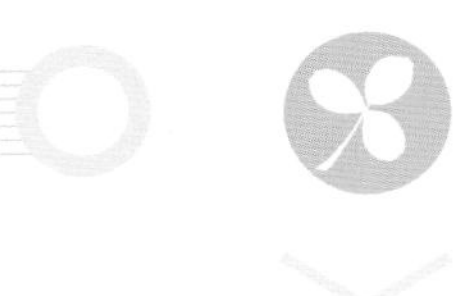

3. 青贮壕

青贮壕是指大型的壕沟式青贮设施，分为地下式和半地下式两种（图5–4）。一般此类建筑应选择在地势较高、地面宽敞的地方进行建造，且最好在有斜坡的地方，修建时开口在低处，便于雨季排水。青贮壕的长度、宽度和深度可根据原料多少和饲养家畜数量等实际情况进行确定。一般来说，修建青贮壕的宽4～6米，深5～7米，长20～40米，三面砌墙，必须用砖、石、水泥建筑永久壕。青贮壕在地势低的一端敞开，以便车辆运输取出的青贮饲料。近年来，青贮壕逐渐从地下发展到地上，这种青贮壕不再向地下挖，而是选择在平地上建两面平行的水泥墙，两墙之间即为青贮壕。这种青贮壕不仅便于机械化作业，还能避免积水。

青贮壕的优点是便于大规模机械化作业，如装填、压实和取料，并可从一端开封取用。此外，青贮壕的建设对建筑材料要求较低，所需成本低，适合一些经济实力弱的养殖场使用。青贮壕的缺点是密封面积大，贮存损失率高，在天气恶劣时取用不方便。

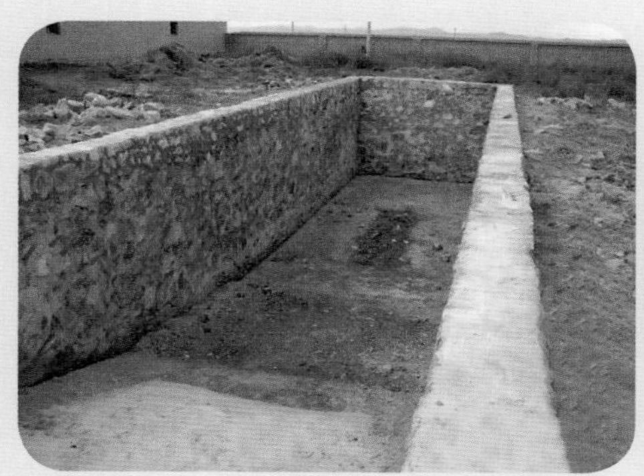

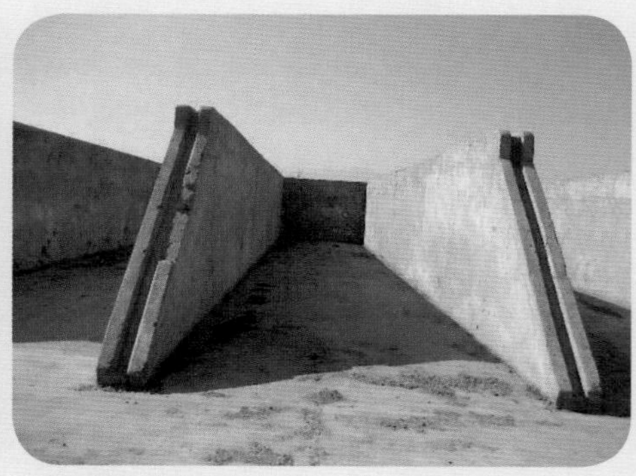

图5–4　青贮壕

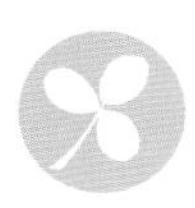

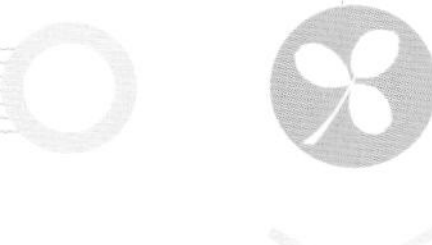

4. 地面覆盖青贮

地面覆盖青贮即青贮堆（图5–5），包含塑料薄膜覆盖青贮和地面围圈塑料薄膜覆盖青贮。地面覆盖青贮一般选择在地势较高且干燥平坦的地面铺上1～2层塑料布，然后将青贮原料放在塑料布上垛成堆，青贮堆的四边呈斜坡，以便拖拉机能开上去，青贮堆压实之后，用塑料布盖好，周围用沙土压严，塑料布顶上用旧轮胎或沙袋压严，以防塑料布被风掀开。这种青贮方法投资较小，贮存地点灵活，贮存多少都可以，是一种既经济又简单的青贮方式，受到广泛欢迎。但其青贮容量较小，且很难做到真正压实密闭，青贮饲料的品质难以保证，后期的管理也比较困难。

地面围圈塑料薄膜覆盖青贮，就是利用原来的屋墙、院墙等的一角，另一角的两边用土坯或砖进行围砌，建成方形或长方形的地面“青贮仓”。这种围圈覆盖青贮法简便易行，省工省料，生产成本较低。其缺点是贮存时间短，故通常只能用于临时性青贮。

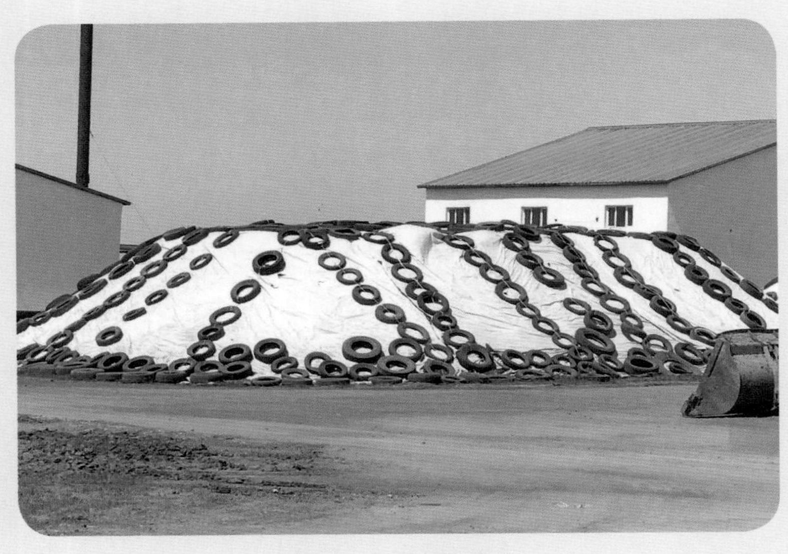

图5–5　地面覆盖青贮

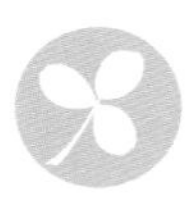

[illegible] ::

:: [illegible]

[illegible]

[illegible]

[illegible] ::

[illegible]

[illegible]

[illegible] ::

[illegible]

[illegible] ::

[illegible]

[illegible] ::

[illegible] 1~2 [illegible]

[illegible] ::

[illegible] ([illegible] 5-5) [illegible]

4. [illegible]

5. 袋装青贮

袋装青贮是在窖式青贮的基础上发展起来的一种新兴的青贮方式，按照所用塑料袋的大小可分为小塑料袋青贮（图5–6）和大塑料袋青贮。一些养殖规模较小的养殖场或个体养殖户，通常用质量较好的塑料薄膜制成袋子来装填青贮原料，装满压实后扎紧袋口，堆放在畜舍内，待发酵完成后使用。具体操作方法是将收获后的饲草，用切碎机切成小段或用揉碎机揉碎，然后用灌装机将其装入专用塑料袋，再用抽真空热塑设备封口或压实排除空气后用封口绳扎紧。这种青贮方法要求所用塑料袋具有较强的抗拉伸性、抗穿透性和抗撕裂性，且材质的化学性质稳定、密封性好、对家畜无害。一般来说，这种塑料袋宽50厘米，长80～120厘米，每袋可装原料40～50千克。袋装青贮具有制作简单、青贮容量可大可小、存放地点灵活、节省人力物力以及运输方便等优点，这有利于其商品化。

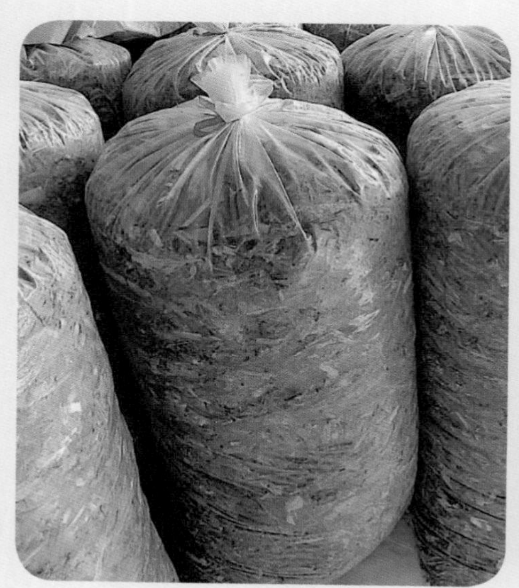

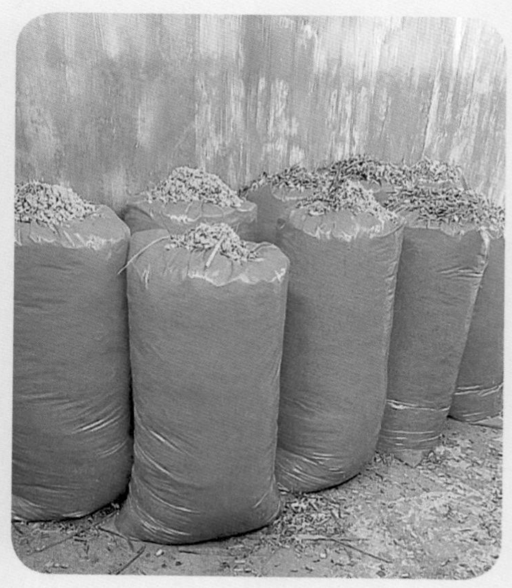

图5–6　小型袋装青贮

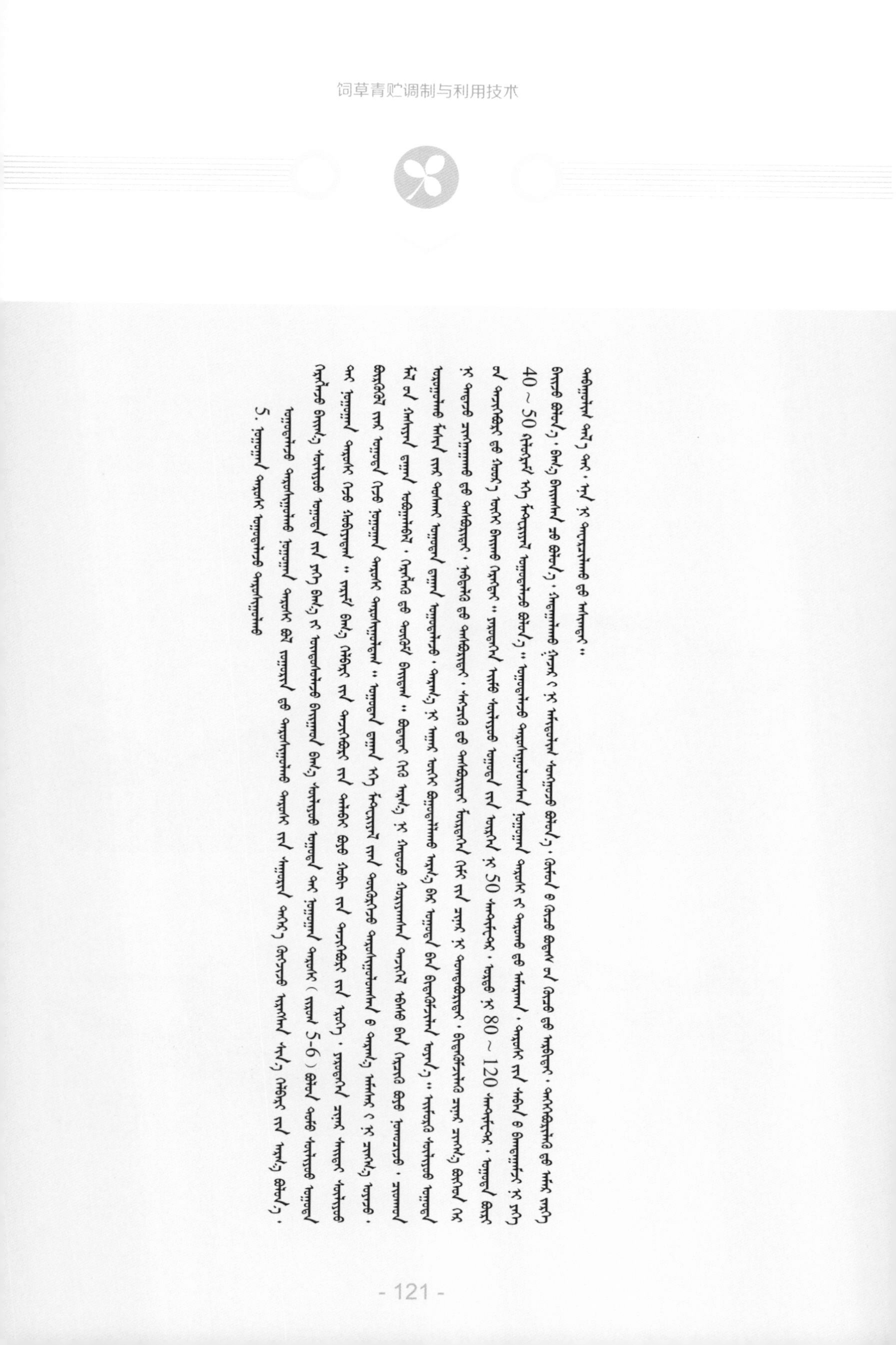

此外，有一种特别适用于饲草大批量青贮的袋式罐装青贮技术（图5–7）。该技术是将饲草切碎后，采用袋式罐装机将饲草高密度地装入由塑料拉伸膜制成的专用青贮袋，在厌氧条件下实现青贮。这种技术可将含水率高达60%～65%的饲草进行青贮，能够容纳更多的青贮原料，同时拥有较高的生产速率，直径2.13米的灌装机每小时可装填60～90吨青贮原料。袋式罐装青贮具有可机械化生产、生产效率高等优点，可以实现规模化生产。

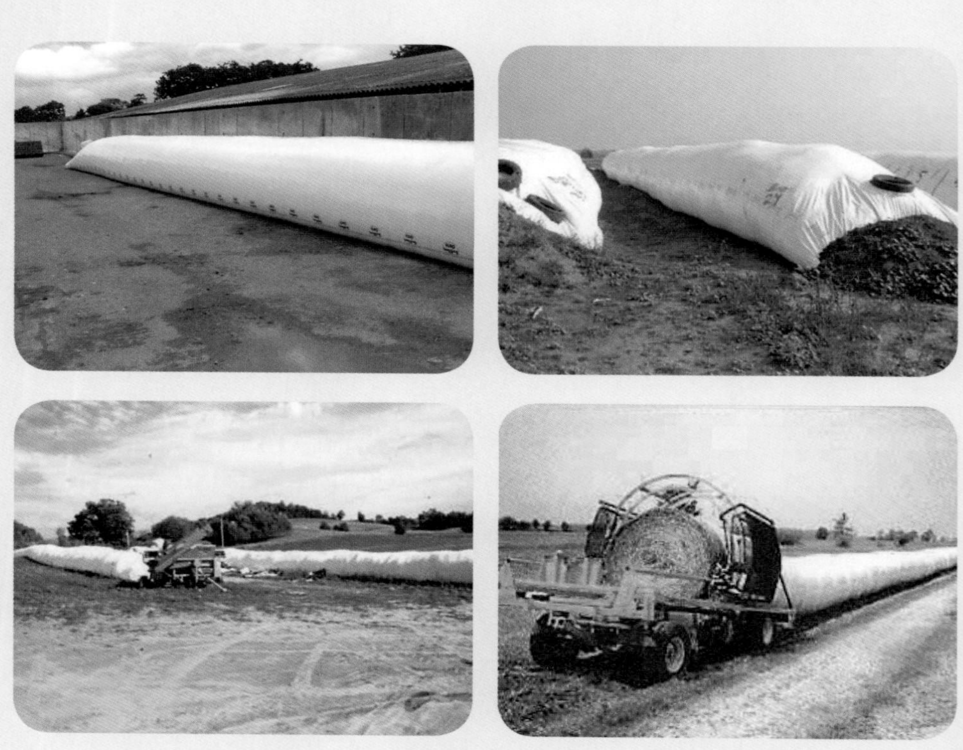

图5–7　大型袋装青贮

6. 裹包青贮

裹包青贮（图5–8）是目前国内外很受欢迎的一种青贮技术，它是采用打捆机将刈割的新鲜饲草进行高密度压实打捆，然后用青贮专用塑料拉伸膜裹包后密封保存。这样就可以创造一个厌氧的发酵环境，最终完成乳酸发酵过程，形成优质青贮饲料。裹包青贮技术可以使新鲜饲草中的营养成分很好地保存下来，同时还能减少蛋白质损失，降低粗纤维含量，提高消化率，进而促使青贮饲料的适口性大幅提升。通过这种青贮技术制作的青贮饲料可在野外不同气候条件下保存1～2年。该青贮技术方便快捷，制作数量可大可小，且不受地点限制，但要求有配套的机械。

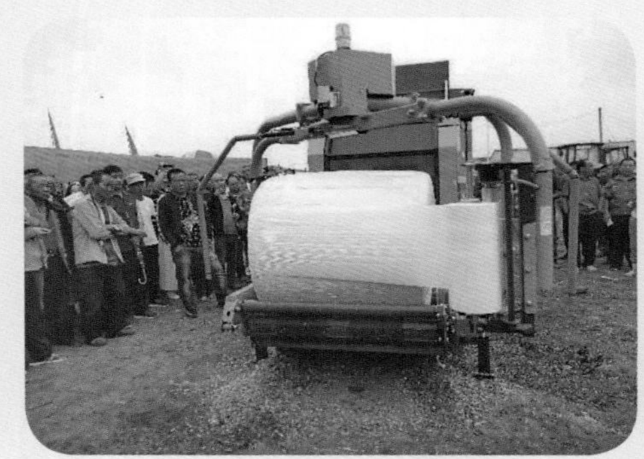
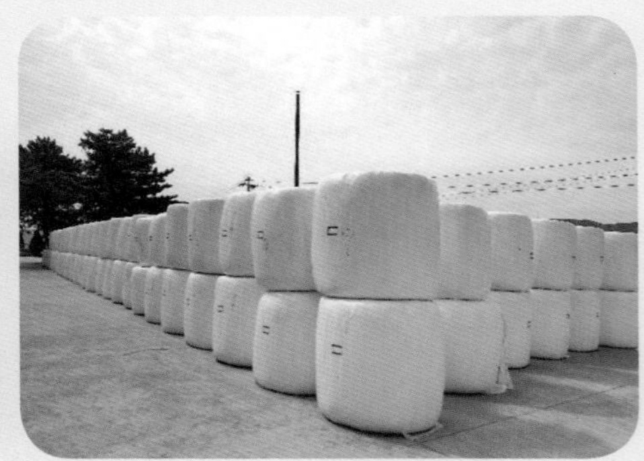

图5–8　拉伸膜裹包青贮

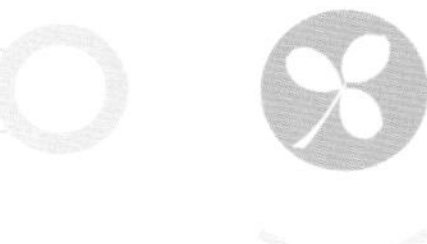

7. 草捆青贮

草捆青贮是将刈割后的新鲜饲草通过打捆机进行打捆，再装入塑料袋密封发酵而成。它是一种新兴的青贮技术，主要用于饲草青贮，其原理与一般青贮相同，要求原料含水量在55%～65%。制作草捆青贮时，通常草捆在30千克左右最为适宜，可选择人工或机械打捆，密封后露天堆放即可。草捆青贮的优点主要包括在收获和搬运时可节省大量人力及时间、对天气依赖较小、能够减少青贮原料调制时的损失、不需要特殊的青贮设施等。

（二）青贮设施的建设

1. 青贮设施建设的要求

青贮设施除了青贮塑料袋等成品青贮容器外，其他如青贮窖、青贮壕等都需要经过一定的土木建筑工程来建造，青贮设施的建设应注意以下几点。

（1）场地选择：青贮设施的修建要选择地势平坦且较高、地下水位较低的干燥处，要远离牲畜圈舍及污染源，如粪坑、垃圾堆等。

（2）墙壁垂直：青贮设施的墙壁要垂直、光滑，若凸凹不平则会影响青贮原料下沉且容易出现空隙，不利于压实，严重还会导致饲料发霉。此外，下宽上窄或上宽下窄都会阻碍青贮原料的下沉，对青贮饲料的调制产生阻碍。

（3）防止漏气：青贮建筑物要坚固耐用且不漏气，这是调制优质青贮饲料的首要条件，无论使用哪种建筑原料建造青贮设施，都应做到使其密闭，可用水泥等防水材料将青贮窖、青贮壕等设施周围的缝隙抹平，最好在设施壁内衬一层塑料薄膜。

（4）防止漏水：地下或半地下式青贮容器的底部必须高出地下水位，通常要高于历年最高地下水位0.5米。还要在青贮容器周围挖排水沟，做好排水措施，以防止降雨等造成的地面集水流入。

（5）防冻：北方寒冷地区的青贮设施应该兼顾防冻作用，地上式的青贮设施必须能够很好地防止青贮饲料被冻结。

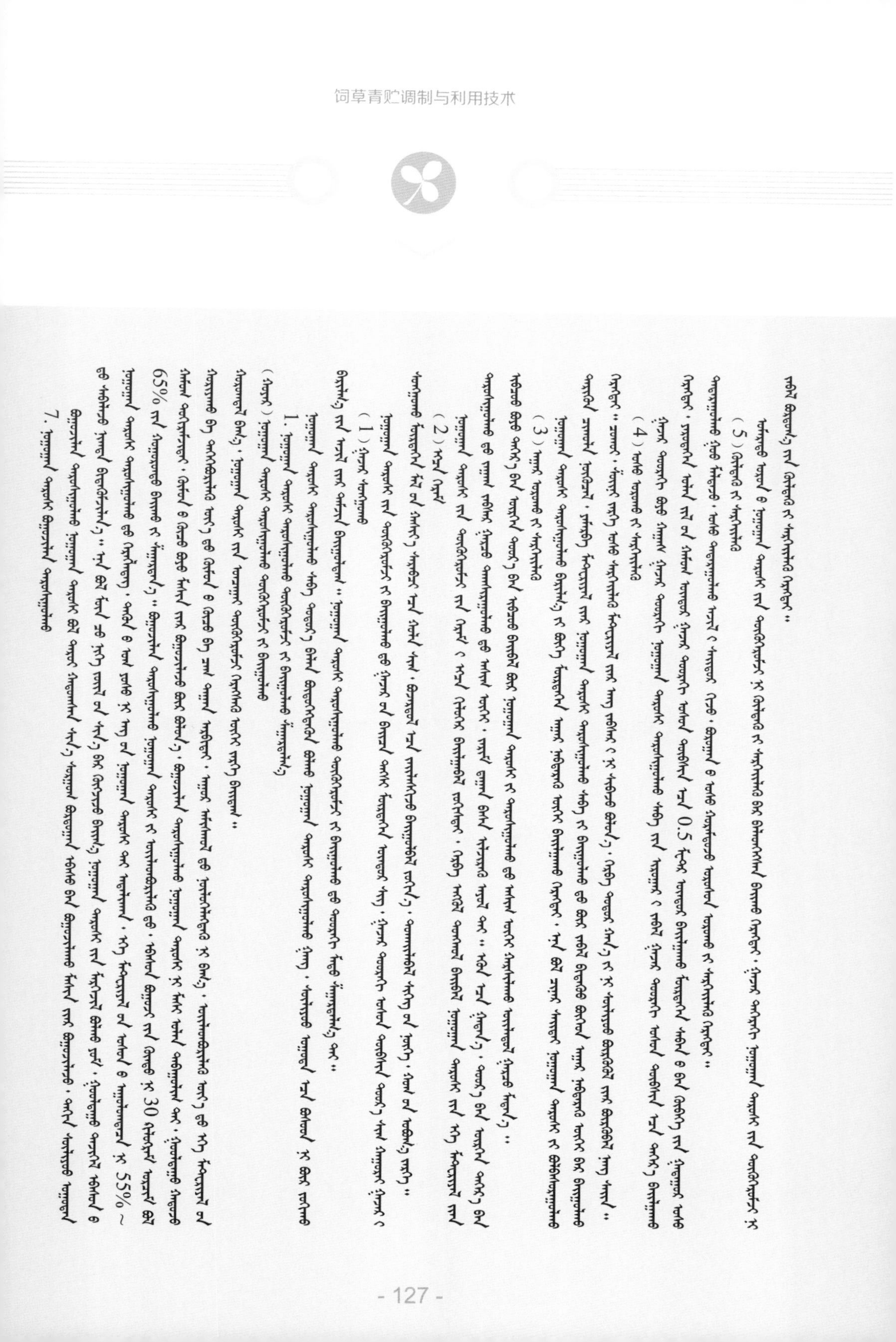

2. 青贮设施的规格及容量

青贮设施建设要有合理的规格，以保证其深度适宜，青贮设施的宽或直径一般不能大于深度，宽深比为1.0：1.5或1.0：2.0，这样有利于借助青贮原料的自身重量进行压实，保证青贮饲料的品质。

大小合适的青贮设施更容易获得高品质的青贮饲料。青贮设施容量大小与青贮原料的种类、水分含量、切碎压实程度以及青贮设施种类等有关（表5–1）。通常青贮原料的损耗随着青贮容器的增大而降低，青贮饲料的品质也更好。但在实际生产过程中，青贮容器的大小要与饲喂动物的种类和数量、饲喂时间的长短以及青贮原料的多少相一致。总之，青贮容器越大，贮存原料越多，四壁和底部损失原料的比例越小；深度越大，青贮原料更易下沉压实，不易霉败。

表5–1　不同青贮设施中不同原料每立方米青贮饲料重量（千克）

青贮原料	青贮壕（拖拉机压实）	青贮塔（不同高度）		青贮窖（人工压实）
		3.5 ～ 6.0米	≥6米	
全株玉米（带穗）	750	700	750	650
青玉米秸	—	—	—	500
玉米、秣食豆混贮	775	750	775	675
三叶草、禾本科饲草铡碎混贮	650	575	650	525
天然草地饲草不铡碎	575	550	575	475
禾本科饲草铡碎	575	500	575	450
禾本科饲草不铡碎	500	425	500	375

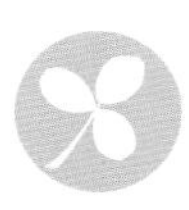

[illegible]	[illegible]	3.5 ~ 6.0 m	≥6m	[illegible]
[illegible]	500	425	500	375
[illegible]	575	500	575	450
[illegible]	575	550	575	475
[illegible]	650	575	650	525
[illegible]	775	750	775	675
[illegible]	——	——	——	500
[illegible]	750	700	750	650

[illegible] 5-1 [illegible]

[illegible] 5-1 [illegible]

[illegible]

[illegible] 1.0 : 1.5 [illegible] 1.0 : 2.0 [illegible]

2. [illegible]

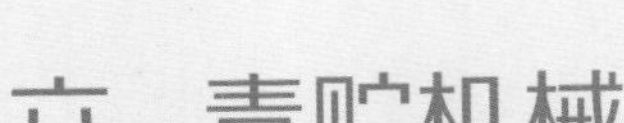

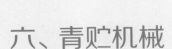

六、青贮机械

整个青贮过程中，机械的使用是必不可少的，如青贮原料的收获、运输、切碎、压实等。使用机械可以大幅提高工作效率，直接推动整个青贮进程。有的机械直接影响着青贮饲料品质的好坏。

（一）收获机械

1. 收获机械的类型

青贮原料收获机械按动力来源可分为牵引式、悬挂式和自走式三类（图6–1）。牵引式靠地轮或拖拉机动力输出轴驱动，悬挂式一般都是拖拉机动力输出轴驱动，自走式的动力靠发动机提供。这三种类型的收获机械地域适应性不同，因此使用者要根据农田面积、地势地形、种植技术、经济状况、应用模式、作业量等综合考虑。

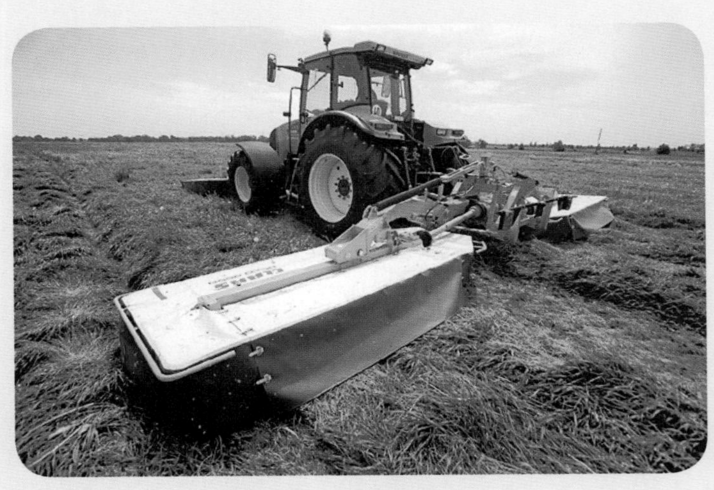

图6–1　收获机械

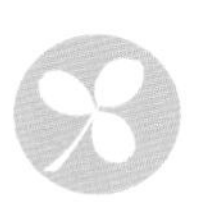

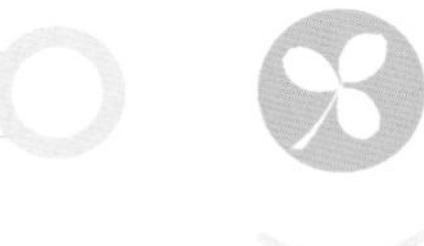

（1）牵引式青贮收获机：通常来说，青贮收获机是间歇式和季节性用具，采用牵引式机构，可在饲草收获完毕后取下动力机车进行其他工作，提高了其使用效率。牵引式青贮收获机（图6–2）是以拖拉机为配套动力，具有使用成本低、灵活性好、作业性能稳定、故障少等优点。但由于该机型收获前要预先开好道、需要人工辅助劳力多、作业机组长而转弯半径太大、饲草切碎质量较差等原因，这种机型比较适用于面积较小的地块，一般用其收获青贮玉米、高粱等条行种植的青贮作物。工作时，由牵引架牵引进入田间，调整所需的割茬高度。

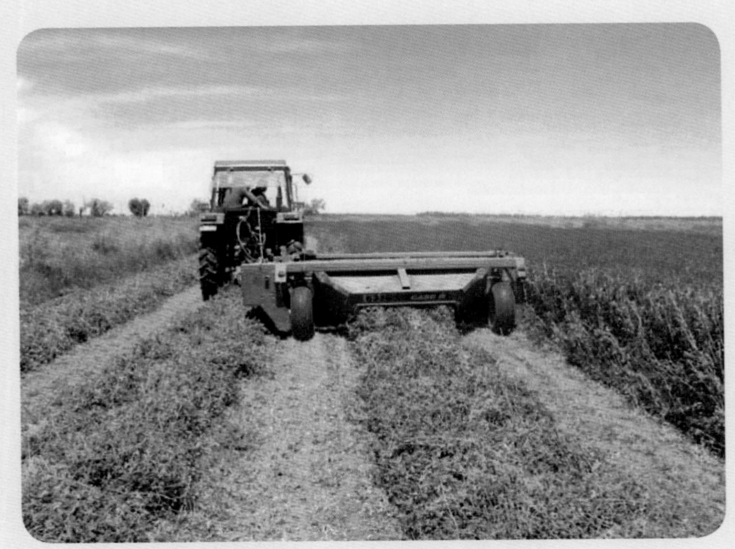

图6–2　牵引式青贮收获机

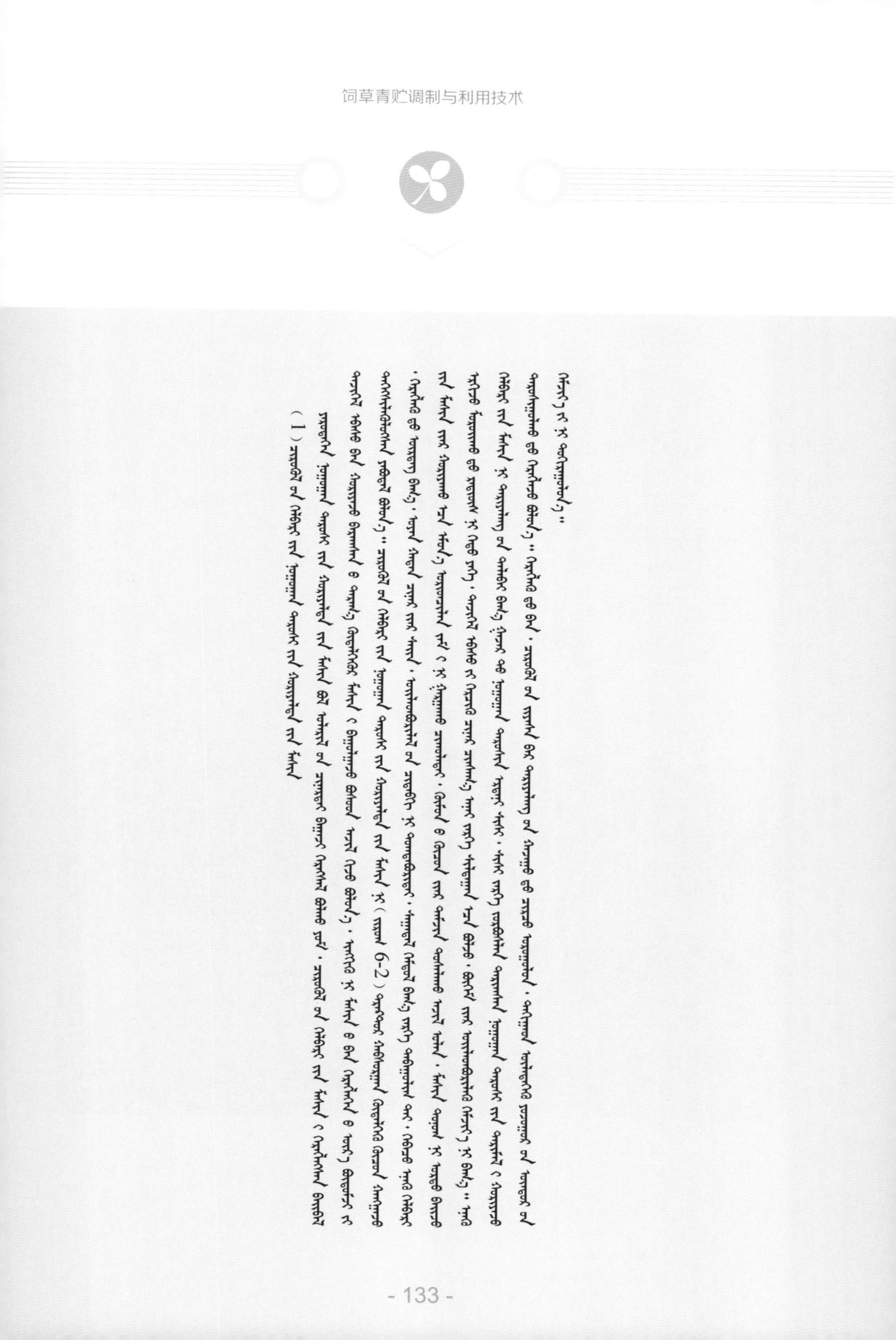

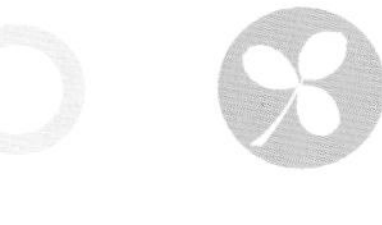

（2）悬挂式青贮收获机：悬挂式青贮收获机（图6–3）一般与拖拉机配套使用，其优点是行走方便、价格便宜、结构紧凑且转弯半径小，但缺点是作业效率低、饲草切碎质量较差。该机型有三种悬挂方式，即前悬挂、后悬挂和侧悬挂，使用时可根据实际情况进行选择。悬挂式的机械适用于青贮饲料作物种植面积较小的区域，一般用其收获青贮玉米、高粱等高秆、粗茎的青贮作物，采用不对行的方式收获饲料作物，也适用于不同行距饲草的收割。

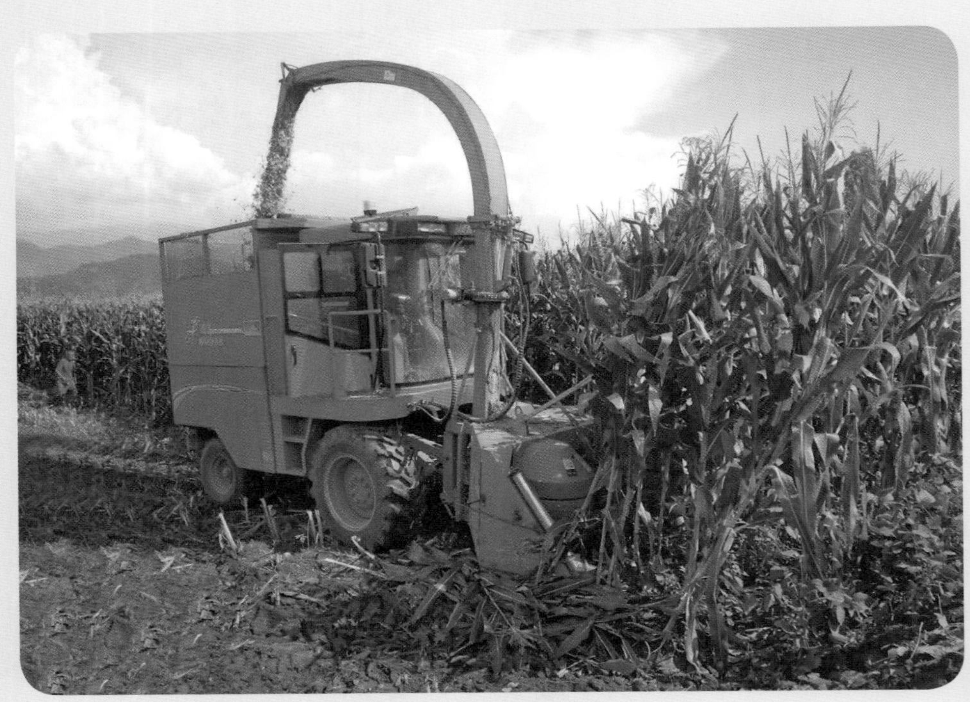

图6–3　悬挂式青贮收获机

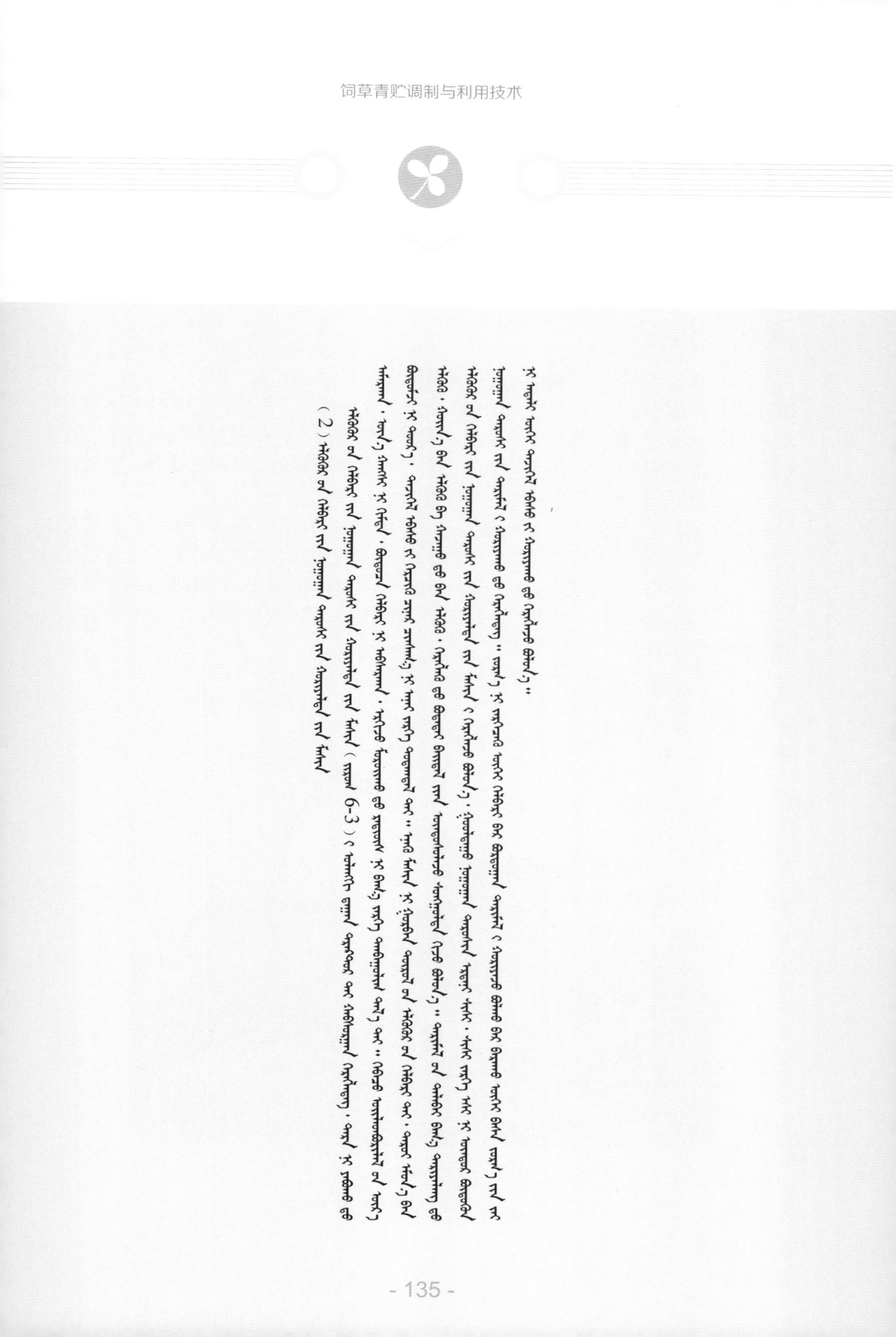

[illegible] ::

[illegible]

[illegible]

[illegible]

[illegible]

[illegible]

[illegible] ([illegible] 6-3) [illegible]

(2) [illegible]

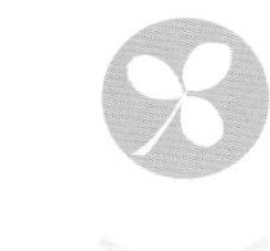

（3）自走式青贮收获机：自走式机型有独立的行走底盘，生产效率高、机动性能好，且适应性广，适合大中型奶牛场及农牧场使用（图6–4）。其具有使用方便、功能齐全、性能可靠、喂入量大、适应性强的特点，在配备不同割台后可收获各种高矮及倒伏的青贮饲草，实现不对行收获，集收割、切碎、揉搓、抛送为一体，是适合不同区域、不同需求的理想机型。

国内外大型公司的青贮收获机大多以自走式为主，但许多生产农机具的中小企业更多的是悬挂式和牵引式的小型产品，这主要与我国的种植现状有关。虽然牵引式、悬挂式和自走式都有一定的市场份额，但前两种对小型种植企业及个体种植户无疑是最好的选择，可以获得更好的经济效益，而未来自走式必定成为大型企业主要的发展方向。

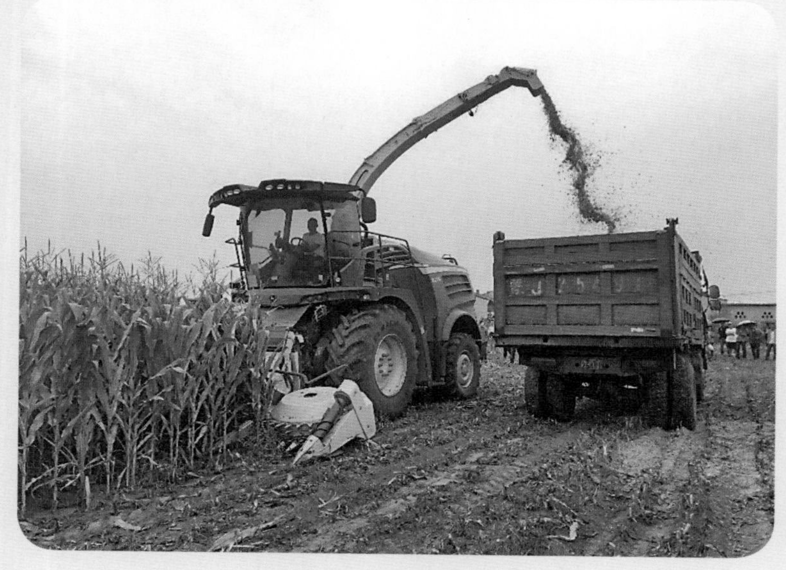

图6–4　自走式青贮收获机

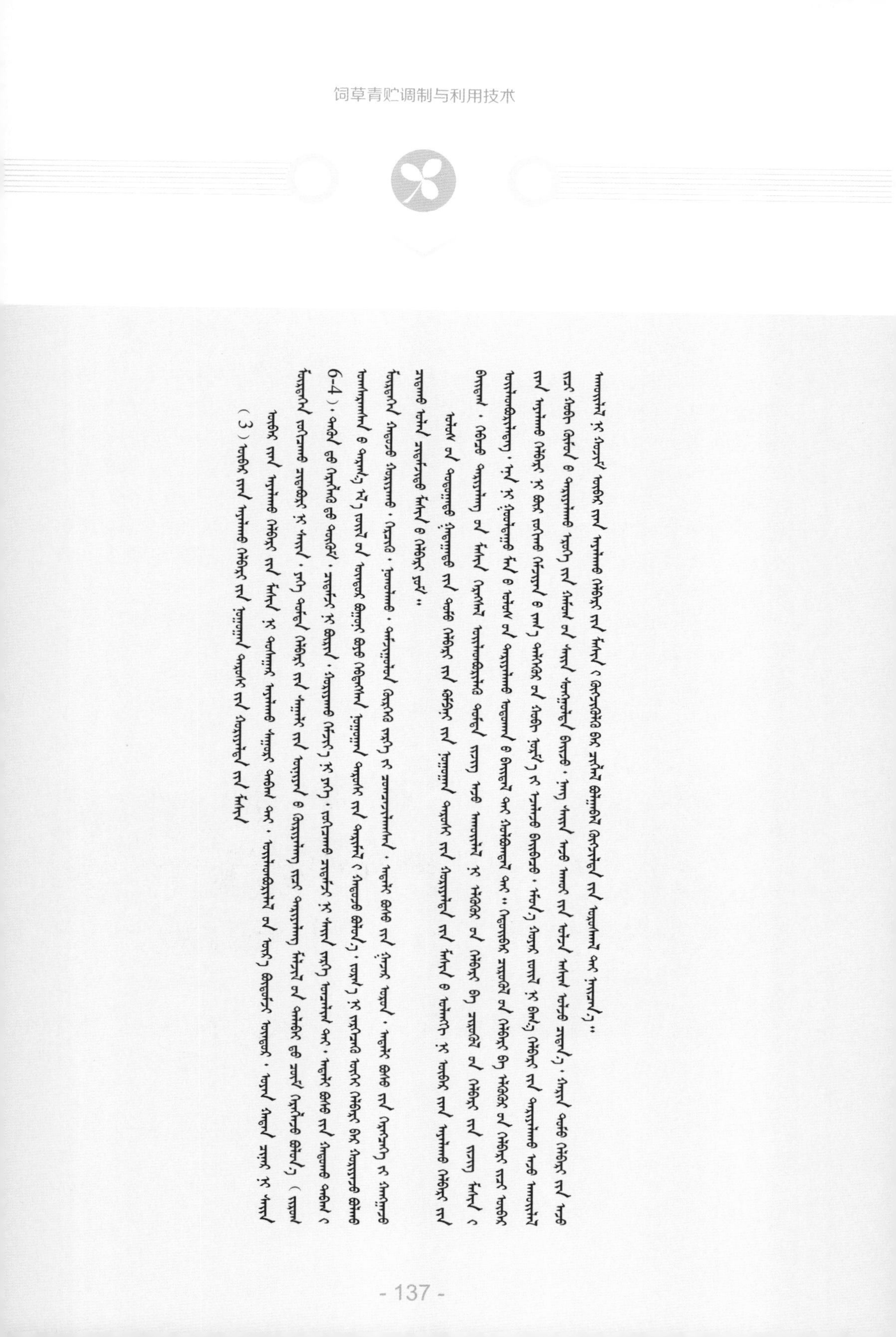

（4）搂草翻晒机：搂草翻晒机（图6–5、图6–6）是饲草机械化生产中的重要组成部分，其作用是将刈割后铺放在田间的饲草搂集成条以满足后续作业的需要，也可用于青贮饲草的翻晒及摊平。搂草翻晒机按草条形成方向可分为横向搂草翻晒机和侧向搂草翻晒机两大类。横向搂草翻晒机搂集成的草条与机器前进方向垂直，其工作宽度范围较大、效率高，但其搂集的草条整齐度、均匀度较差，收获时有较多的饲草损失，常用于天然草场。侧向搂草翻晒机与横向搂草翻晒机相反，其搂集成的草条与机器前进方向一致，其结构为旋转式，搂草性能好，搂集的草条均匀性、连续性以及蓬松度都很好，性能优良可靠。

搂草翻晒机的作业要求：工作时饲草的移动距离不能太大，对草的作用柔和；搂草作业损失率应不大于3%，搂草和翻草的总损失率小于5%～8%；搂集后的草条连续、均匀、松散和整齐，满足后续作业要求；搂集的草条基本清洁，尽量不含泥土等杂物。使用者可根据具体使用需求选择合适的搂草翻晒机。

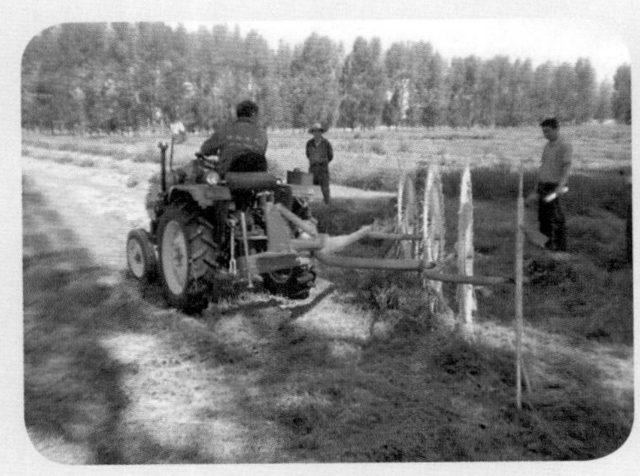

图6–5　搂草翻晒机

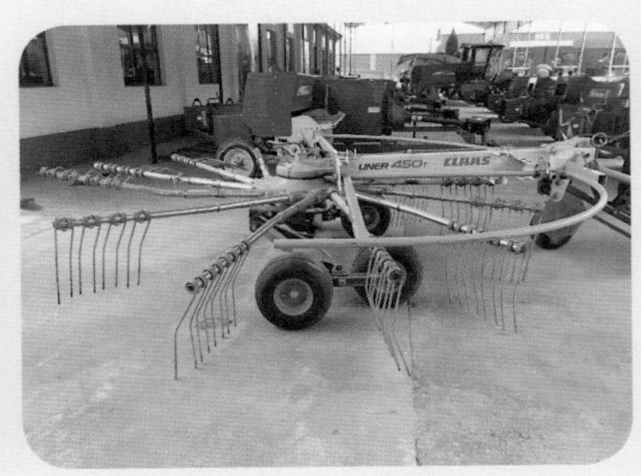

图6–6　指轮式搂草机

[illegible]

[illegible] 5% ~ 8% [illegible] 3% [illegible]

[illegible]

[illegible] ([illegible] 6-5 · [illegible] 6-6) [illegible]

(4) [illegible]

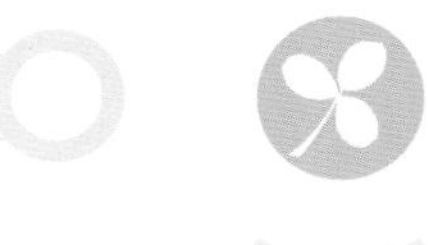

2. 青贮收获机的选择

青贮收获机的选择应考虑留茬高度、收获效率、损失率、适应性等多种因素，以保证效益最大化。

第一，收割时留茬要尽可能低，以避免因留茬过高造成减产。

第二，收获效率要高，确保在限定的时间内收割完毕。

第三，为适应收割不同种类或不同含水量的青贮原料，或满足不同青贮类型对原料切碎长度的要求，切碎青贮原料的长度应可自由调节，一般应达到1 ～ 5厘米的调节范围。

第四，收割时损失量要小，一般收获总损失应低于总产量的3%。

第五，要有广泛的适应性，因为有些饲草（如燕麦等）生长到一定高度或经受大风等不良天气会发生大面积倒伏，苜蓿、鹰嘴豆等还会相互缠绕，这就要求收获机械能收获多种形态的原料，同时要有较强的防陷能力，以满足沙质土壤等工作环境。

第六，使用和维修要方便一些，如滚筒的动刀片应具有磨刀性能，各类刀片的调节、更换要简单方便，当滚筒和喂入机构发生堵塞，或者切割刀头绞入铁丝等硬物时，能迅速找出并排除故障，节省时间。

第七，机器运行要稳定，在作业时要保持良好的平衡性，以保证切碎的青贮原料长度尽可能一致。

此外，在实际生产过程中，机器的通用性也是购买者考虑的一个很重要的因素，对于资金不充足的购买者来说，通用型青贮饲料收获机往往是更好的选择。

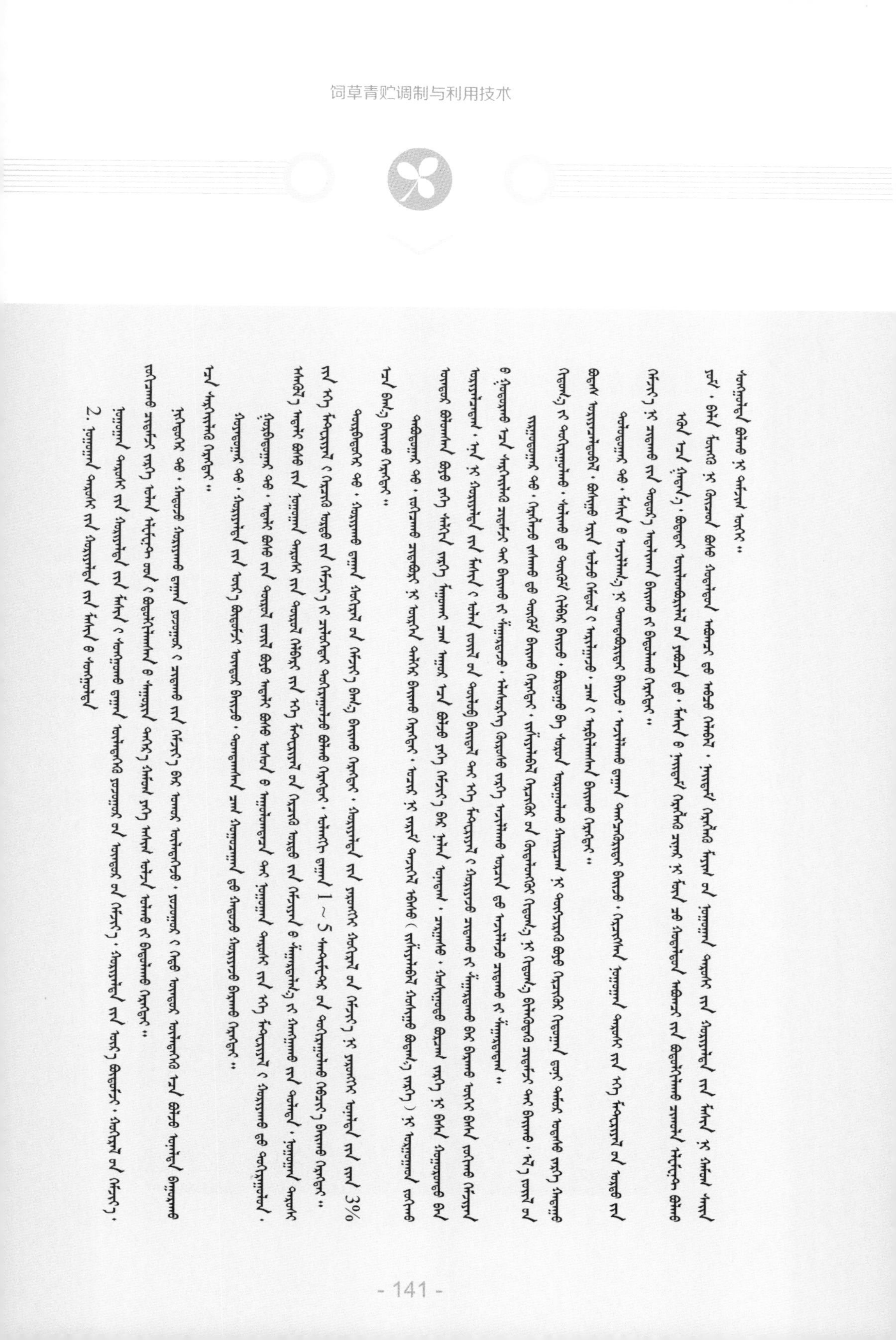

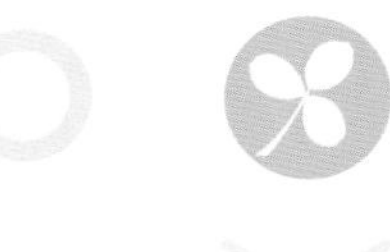

（二）加工机械

1. 饲草切碎机

通常所说的青贮切碎机、铡草机、秸秆切碎机都属于饲草切碎机（图6–7），按机型大小可分为大型、中型、小型。大型饲草切碎机生产效率高，自动化程度也高，能自行喂入饲草并抛送切碎段，常用在养牛场等地，适宜切碎玉米、苜蓿等青贮原料，故人们常称之为青贮原料切碎机。中型切碎机一般用于切碎青贮原料和干秸秆两种物料。小型饲草切碎机即人们常说的铡草机，在农村或小规模养殖户中应用广泛，主要用来切碎麦草、谷草，也用来铡青贮原料和干草。饲草切碎机根据固定方式可分为固定式和移动式两类，为了便于青贮作业，大、中型饲草切碎机常为移动式，而小型饲草切碎机常为固定式。饲草切碎机按切碎形式不同可分为轮刀（圆盘）式和滚刀（滚筒）式两种：大、中型饲草切碎机为抛送青贮原料，一般都为轮刀式；小型铡草机既有轮刀式也有滚刀式，但以滚刀式居多。

饲草切碎机应有良好的通用性，以保证适用于各种作物茎秆、饲草和青贮原料的切割，而且切碎段的长度要能够自由调整，一般应在10 ～ 100毫米范围内。此外，饲草切碎机的构造应尽量简单，以便于调整机械和磨刀。

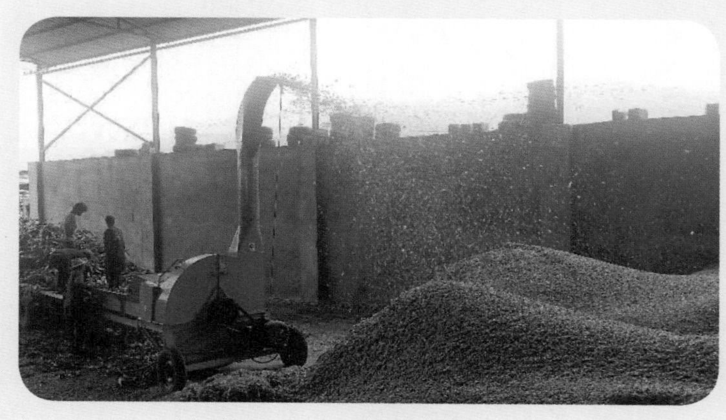

图6–7　饲草切碎机

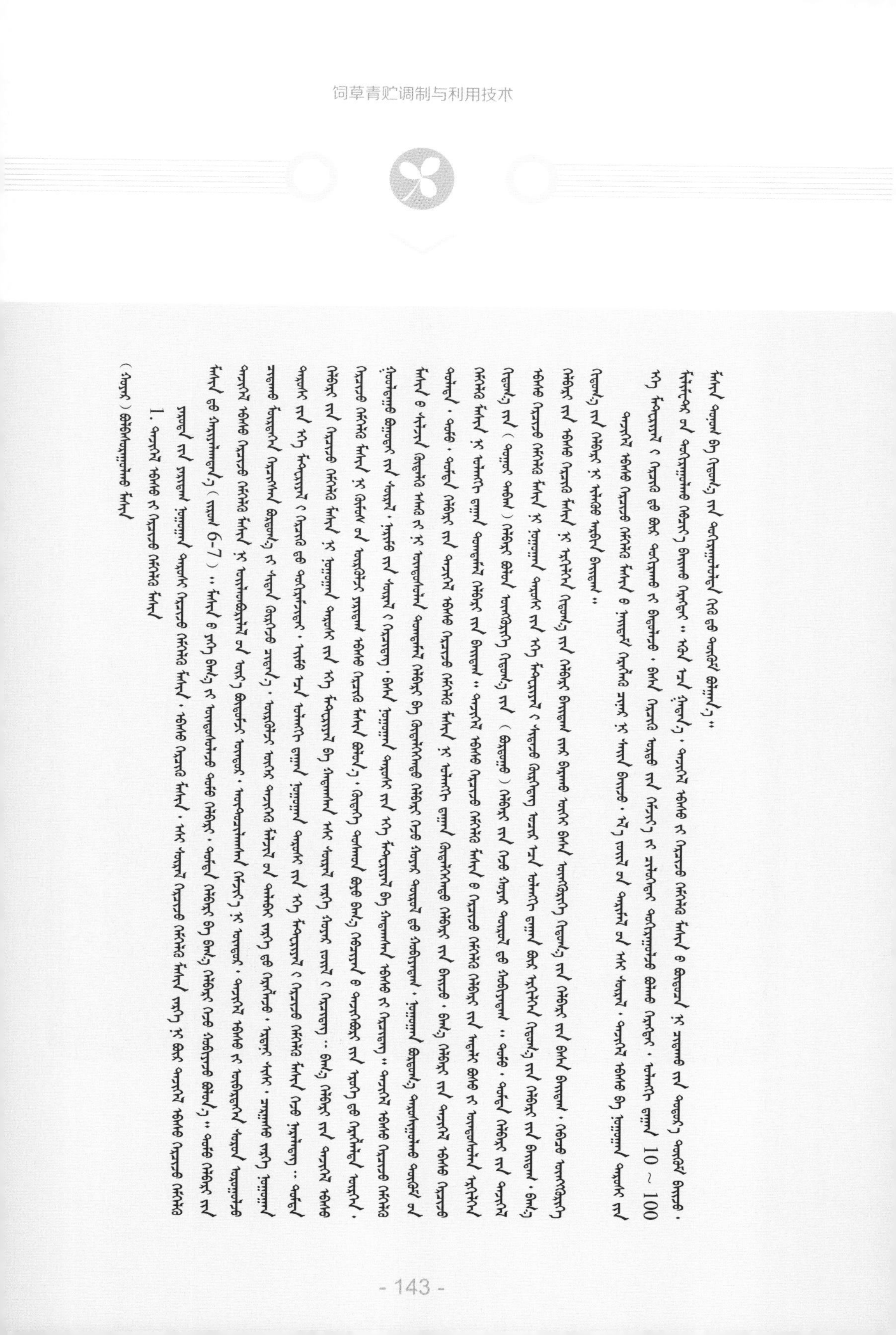

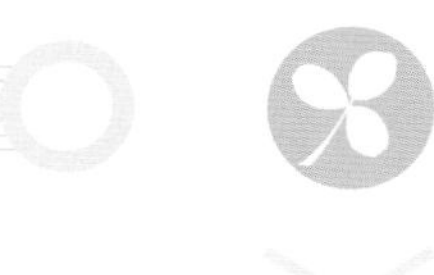

2. 饲草揉碎机

饲草揉碎机是一种介于铡草机和粉碎机之间的新机型（图6–8）。饲草揉碎机能把玉米秸、豆秸、饲草等青贮原料加工成柔软的丝状物，将茎节完全破坏，同时将其切成适于饲喂的碎段，适口性好，利于消化，使秸秆里的养分被充分吸收，提高青贮饲料的利用率。饲草揉碎机相比于传统的铡切机和粉碎机在加工质量、生产率、稳定性等方面有明显的优势，特别是对柔性大、含水量高的青绿植物，具有较好的粉碎效果。以含水率为17%的玉米秸秆为例，一般要求饲草揉碎机的破节率高于90%，千瓦小时生产量不低于90千克。

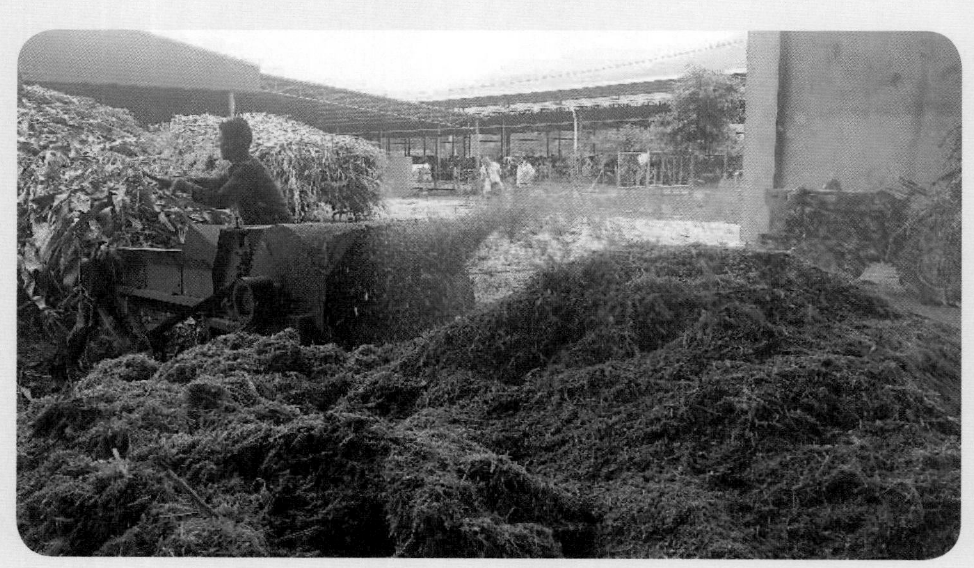

图6–8　饲草揉碎机

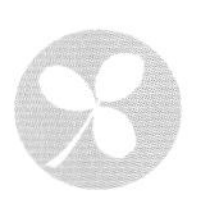

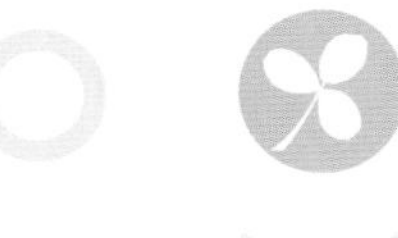

3. 青贮饲料打捆机、裹包机

打捆机（图6–9）和裹包机（图6–10）是裹包青贮的核心机械设备。具体是将刈割好的新鲜饲草先用打捆机进行高密度压实打捆，然后通过裹包机用青贮塑料拉伸膜裹包起来，形成一个最佳的发酵环境。裹包机所使用的青贮专用拉伸膜是一种很薄的具有黏性、专用于裹包草捆的塑料拉伸回缩膜，裹包草捆时，这种拉伸膜会回缩。使用时可根据预计青贮时间的长短在裹包机上设定好包膜的层数，一般贮存期在一年内的包2层专用膜，贮存期在两年内的最少包4层专用膜。利用青贮饲料打捆机和裹包机进行拉伸膜裹包青贮是目前国际上较为先进、灵活的青贮方式，效果良好。

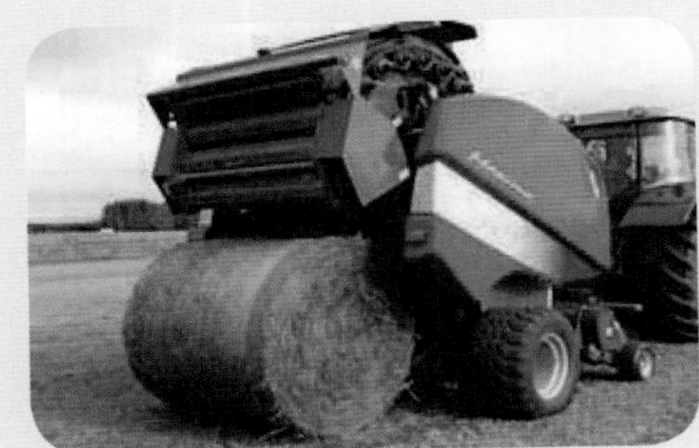

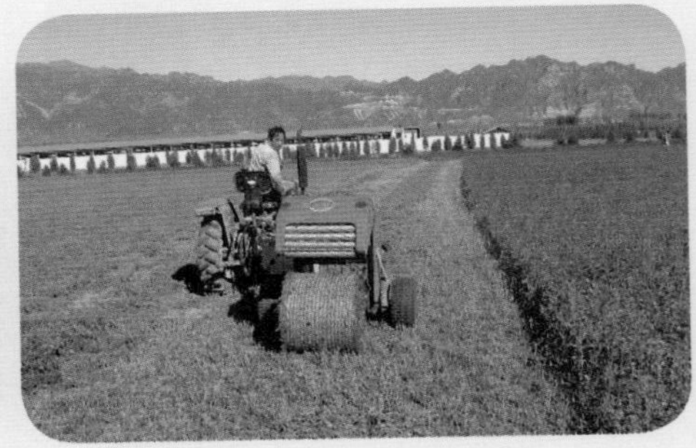

图6–9　田间青贮打捆机

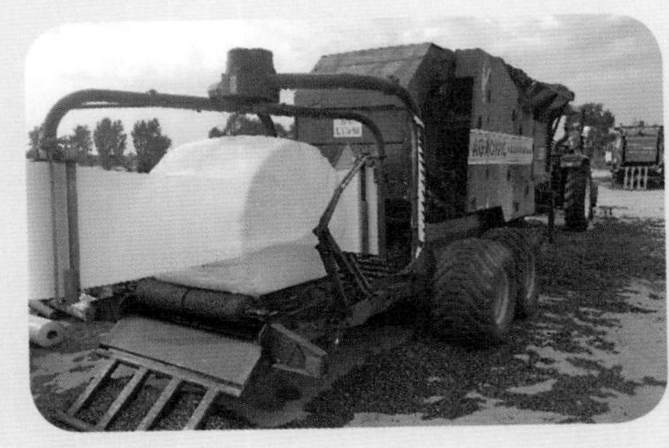

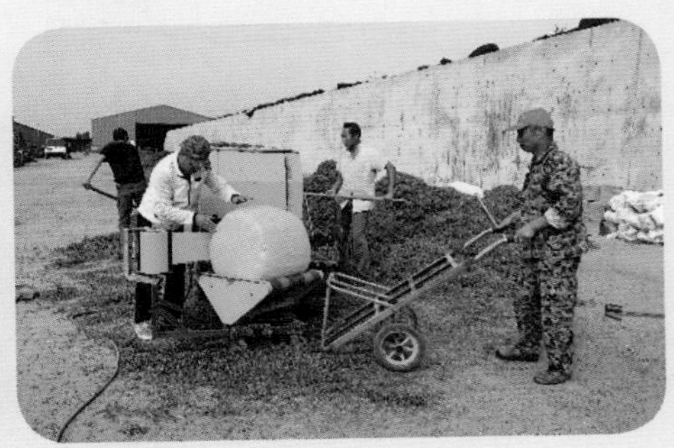

图6–10　青贮裹包机

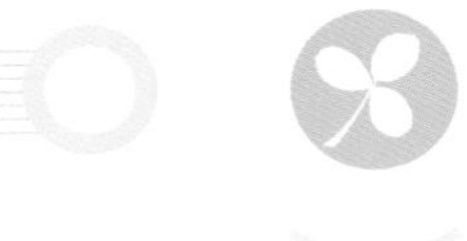

4. 袋式青贮灌装机

袋式青贮灌装机（图6–11）是袋式灌装青贮技术的核心机械设备，该设备将切碎的青饲原料以较高密度快速压入专用拉伸膜袋中，利用拉伸膜袋的阻气、遮光功能，为乳酸菌提供更好的发酵环境，进行青贮。使用该机械可将多种类型的原料，快速进行灌装，最大程度地保留青贮原料中乳酸菌的存活量和原料的新鲜度，且损失很小（低于1%），发酵充分可靠，可雨季作业，制作成本较低，青贮饲料质量及饲喂效果良好。

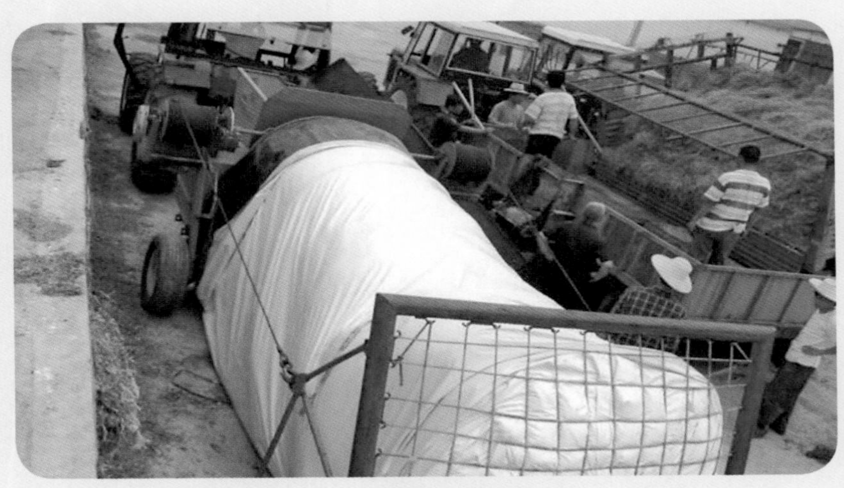

图6–11 袋式青贮灌装机

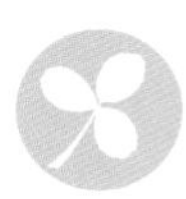

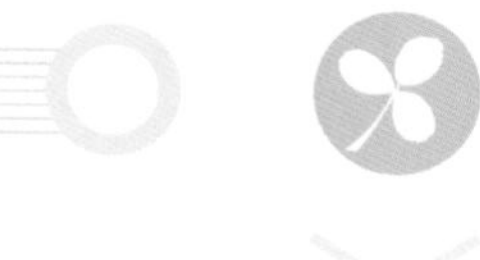

七、青贮调制方法

（一）常规青贮

1. 青贮原料的选择与搭配

青贮时应根据饲喂用途选择不同类型的青贮原料（图7–1），一般选择含糖量较高的、无毒无害的青绿饲草进行青贮。不同饲草青贮的最佳收割时期有所差异，选择适宜的收割时期对青贮饲料的品质影响很大，能够最大限度地获得单位面积的营养物质。同时，收割时饲草的水分和碳水化合物的含量也非常关键，若收割时期太早，青贮原料水分含量较高，但单位面积营养物质含量不一定高；若收割时期太晚，原料中的营养物质含量降低。所以，要掌握好不同青贮原料的刈割时间（表7–1），以便收获营养物质含量更高的青贮原料。

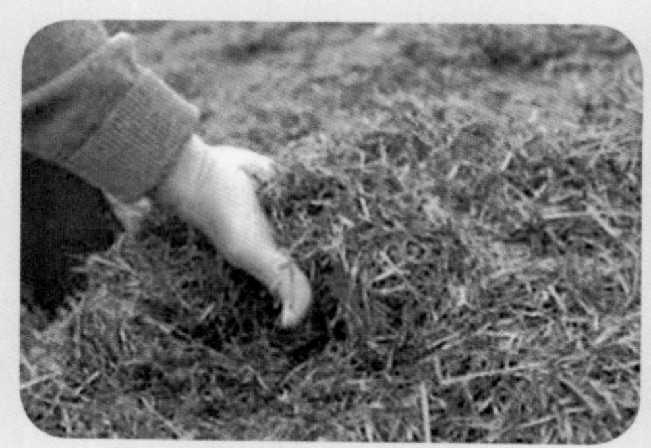

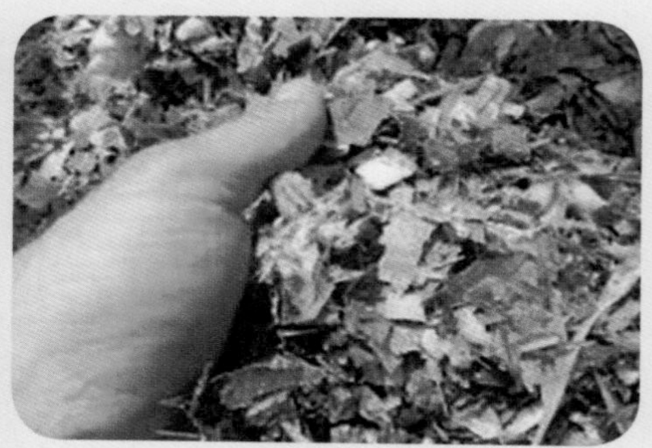

图7–1　青贮原料

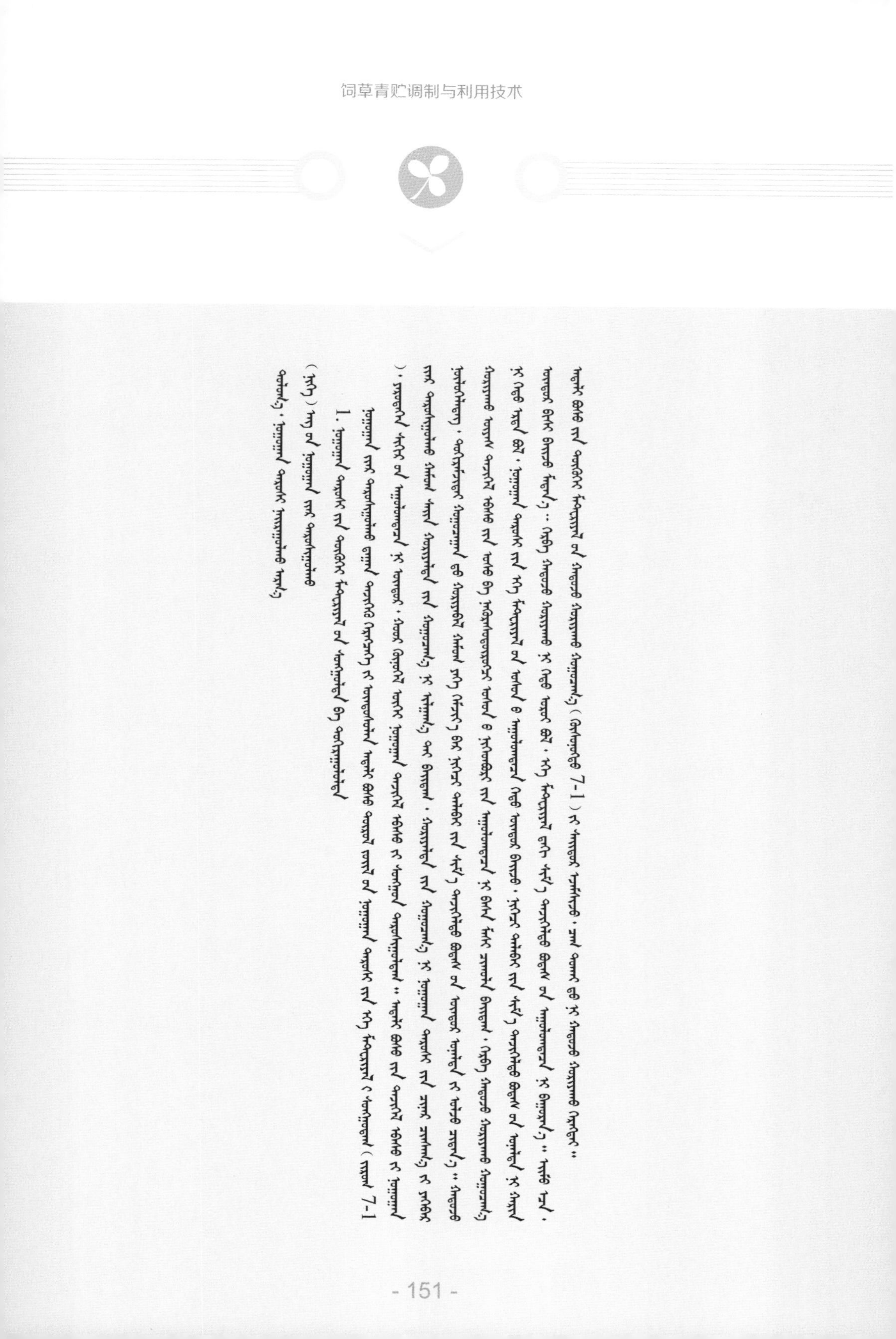

[illegible]

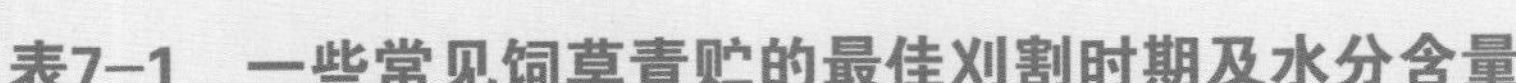

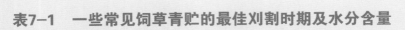

表7–1　一些常见饲草青贮的最佳刈割时期及水分含量

饲　　草	刈割时期	收割时含水量（%）
紫花苜蓿	现蕾盛期至初花期	65 ～ 75
青贮玉米	乳熟后期至蜡熟初期	60 ～ 75
尖叶胡枝子	开花期	50 ～ 60
无芒雀麦	抽穗期	60 ～ 65
直穗鹅观草	抽穗期	65 ～ 70
垂穗披碱草	抽穗期	60 ～ 65
鸭茅	孕穗期至抽穗初期	60 ～ 75
猫尾草	孕穗期至抽穗初期	60 ～ 70
黑麦草	孕穗期至抽穗初期	65 ～ 75
沙打旺	开花期	60 ～ 65
扁蓿豆	开花期	55 ～ 60
玉米秸秆	摘穗后尽快收割	50 ～ 60
燕麦	抽穗期至乳熟期	70 ～ 75
高粱	籽粒蜡熟中期至后期	50 ～ 77

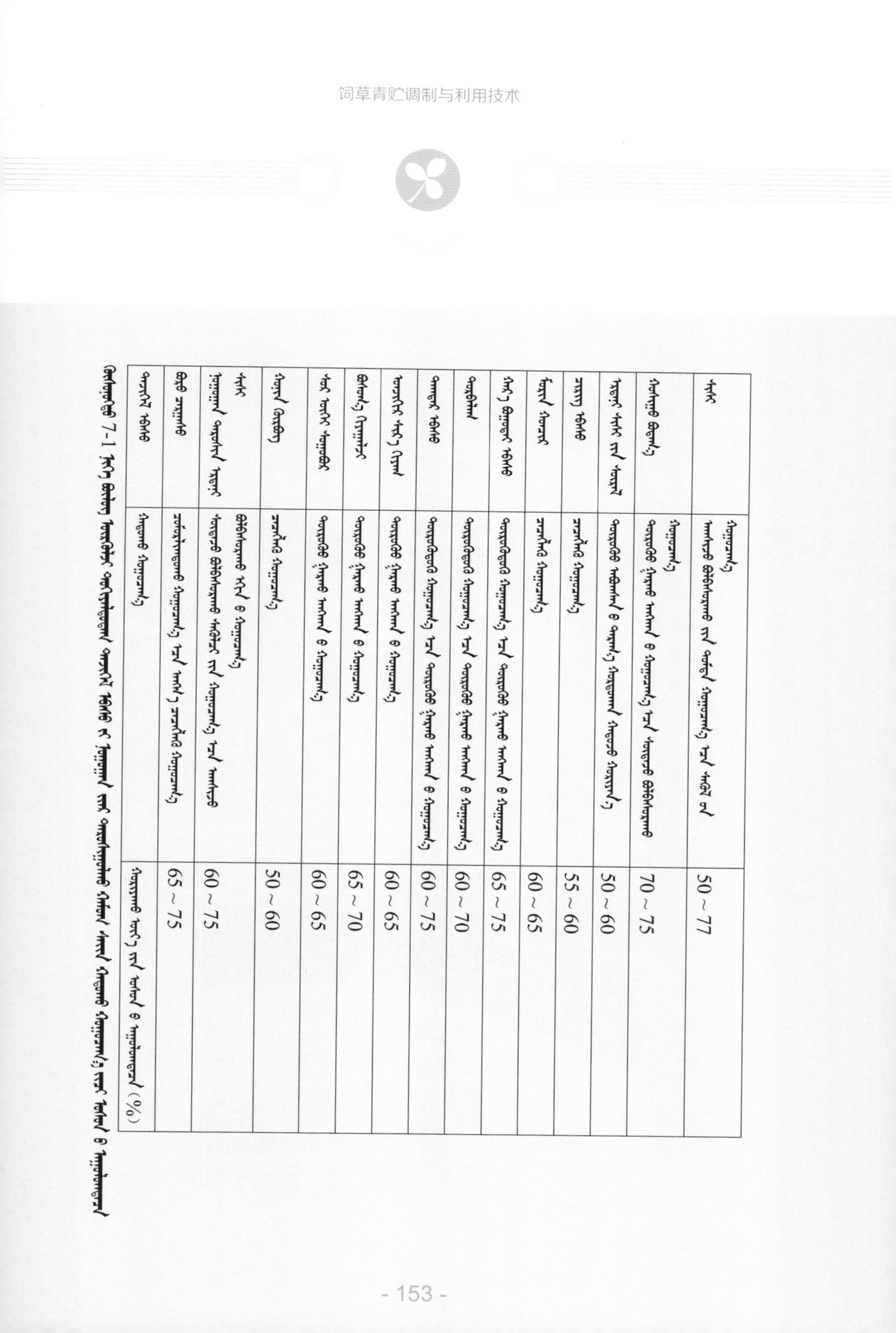

[illegible] 7-1 [illegible]

[illegible]	[illegible]	[illegible] (%)
[illegible]	[illegible]	65 ~ 75
[illegible]	[illegible]	60 ~ 75
[illegible]	[illegible]	50 ~ 60
[illegible]	[illegible]	60 ~ 65
[illegible]	[illegible]	65 ~ 70
[illegible]	[illegible]	60 ~ 65
[illegible]	[illegible]	60 ~ 75
[illegible]	[illegible]	60 ~ 70
[illegible]	[illegible]	65 ~ 75
[illegible]	[illegible]	60 ~ 65
[illegible]	[illegible]	55 ~ 60
[illegible]	[illegible]	50 ~ 60
[illegible]	[illegible]	70 ~ 75
[illegible]	[illegible]	50 ~ 77

一些含糖量高的青贮原料（如禾本科饲草等）通常采用单贮的方法。也有一部分不适合单贮或者既可以进行单贮也可以进行混贮的饲草（如玉米等），可将其混合青贮，即通过添加其他原料使青贮原料的总体条件符合青贮的基本要求后再进行青贮。一般是将含糖量多的原料与含糖量少的原料混贮。含水量高的原料（如块根、块茎）与含水量少的原料（如干秸秆、麦麸、草粉等）分层混贮，以防止因水分过多而引起变质或营养流失。但是，豆科饲草间不宜混合青贮，因为它们的蛋白质含量均很高，容易变质发臭。如果是为了通过混贮而提高青贮饲料的品质，可将豆科饲草与禾本科饲草按照1 ∶ 3的比例进行混合青贮。此外，在满足青贮基本要求的前提下，有一些养殖企业会按照某种家畜对各种营养物质的要求，将多种青贮原料进行科学的合理搭配，贮存于密封容器内，调制成配合青贮饲料，使青贮饲料的营养价值更加均衡全面，以满足特定需要。

2. 青贮设施清理

用过的青贮窖、青贮壕等青贮容器，再次使用前应认真检查和清理，将青贮容器内的废弃物彻底清理出去，尤其是青贮设施内壁上附着的脏物应铲除，墙壁如有裂缝或破损应及时修补、晾干后方可使用。待青贮容器内赃物全部清理完毕后，还要用消毒液进行整体消毒，以免影响下次青贮发酵（图7–2）。

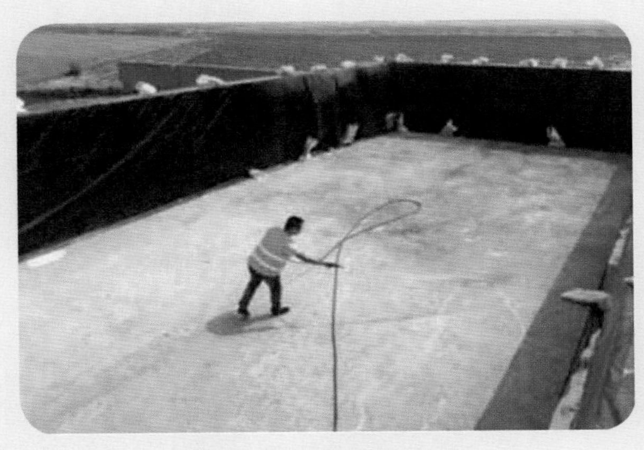

图7–2　青贮设施清理

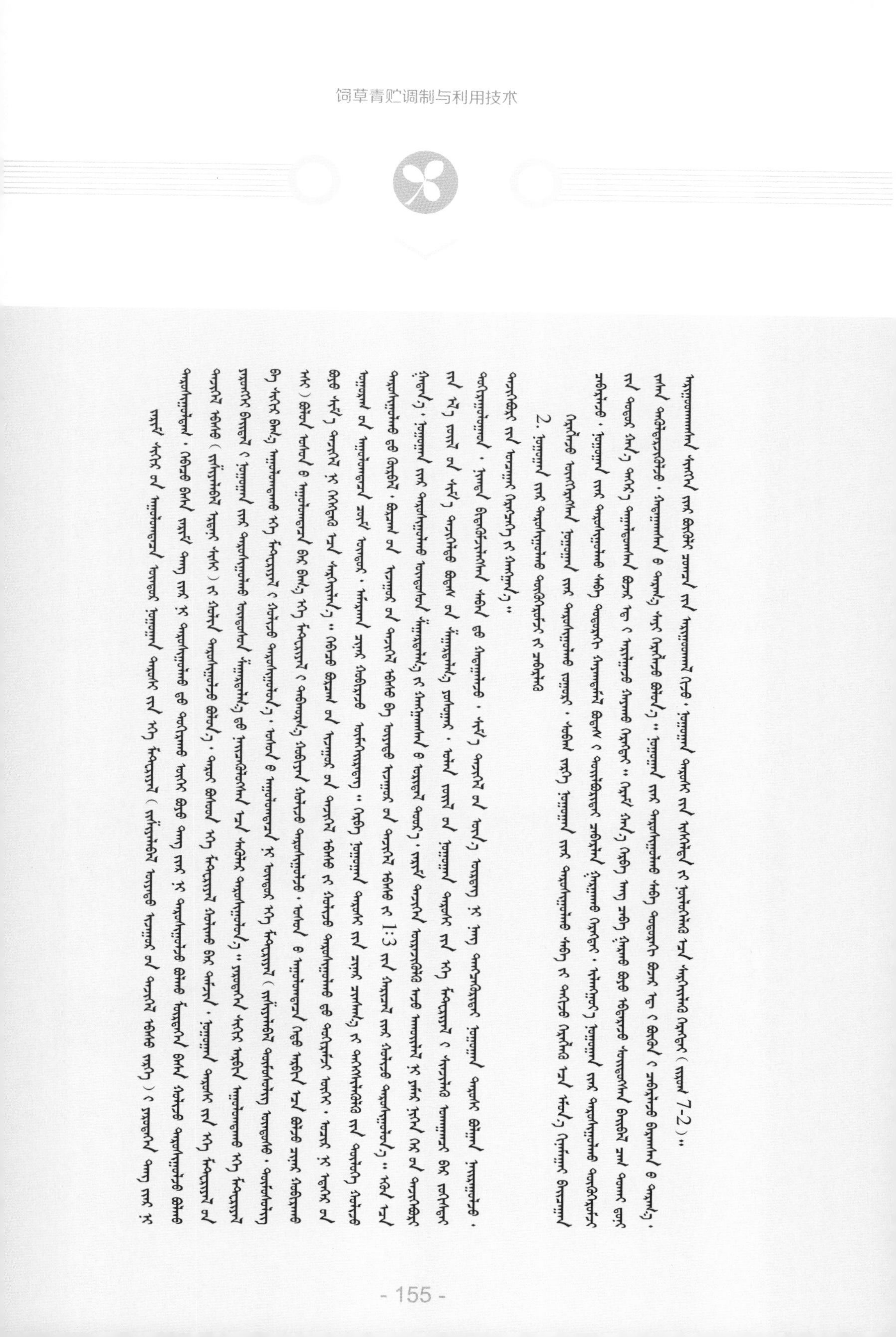

[illegible]

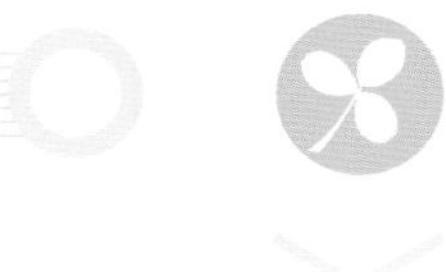

3. 青贮原料的切碎

在制作青贮时需要将青贮原料切短，这样可以使原料更容易填装、压实，同时能够更好地将原料间隙中的空气排出，以便能建立厌氧环境，促进青贮发酵，进而提升青贮饲料的品质。而且，切短可以增加装填量，提高青贮设施的利用率，取料饲喂以及动物采食也更加方便。

青贮原料的切碎程度需根据原料的质地、含水量、饲喂家畜的种类等方面来决定。若原料含水量较高，且质地柔软细嫩，切碎长度可稍长些；若原料含水量较低，质地较硬，切碎长度就应该短些。对于牛、羊等反刍动物来说，一般要将各类柔软饲草或叶菜类原料切碎至2 ～ 3厘米，玉米等茎秆粗硬原料应切短至1 ～ 2厘米；对于猪和家禽来说，切的越短越好。对于大多数青贮原料来说，切碎长度应控制在1 ～ 2厘米为宜（图7–3）。有研究表明，青饲原料切碎长度为3厘米时，干物质损失为9% ～ 10%，而长度为5厘米时，干物质损失将增大至18% ～ 20%。

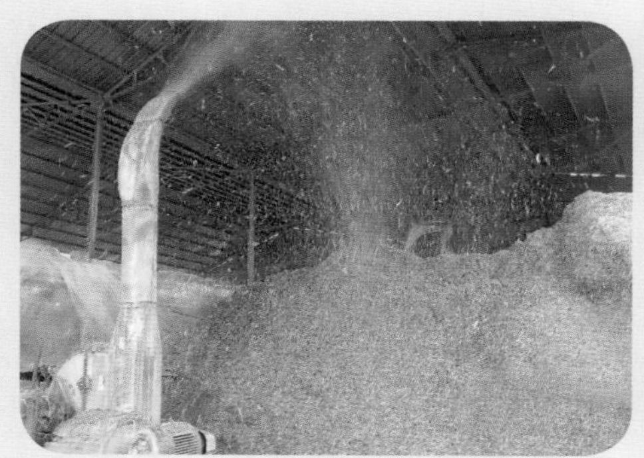

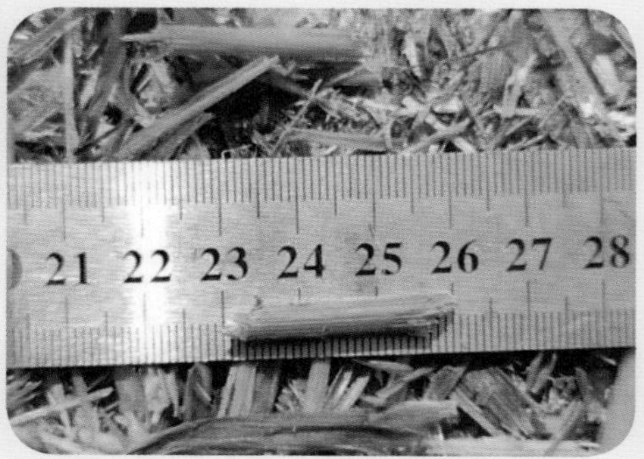

图7–3　青贮原料切碎

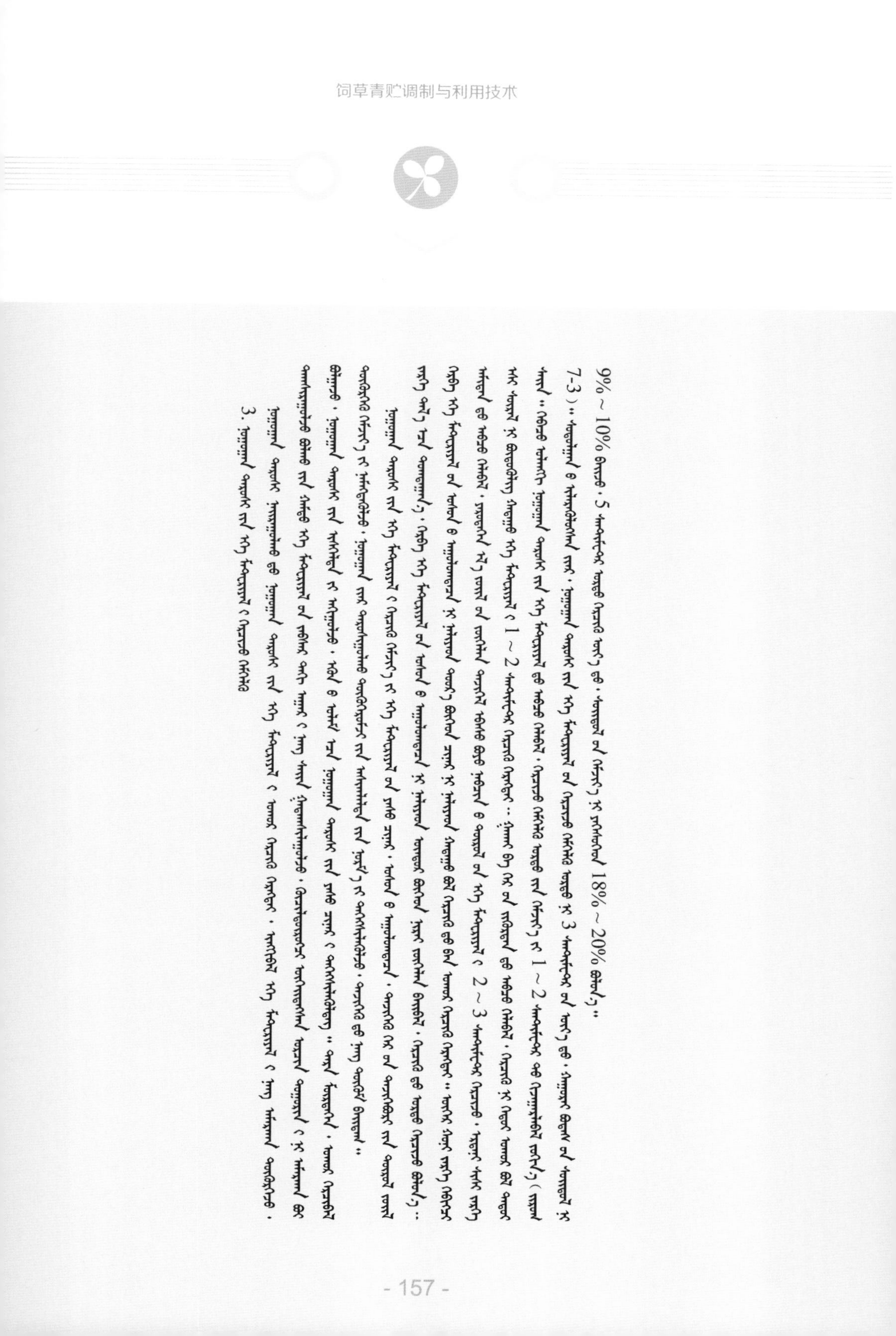

9%～10% [illegible] 5 [illegible] 18%～20% [illegible]

7-3）[illegible] 3 [illegible] 1～2 [illegible] 1～2 [illegible] 2～3 [illegible]

[illegible]

[illegible]

3. [illegible]

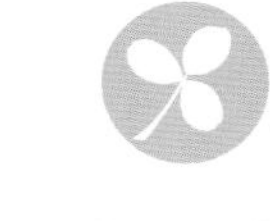

4. 原料水分含量调控

青贮时原料中应含有适量水分以保证乳酸菌正常活动，水分含量过高或者过低，均会影响青贮发酵过程及青贮饲料的品质。如果物料置于密闭、直立的袋中青贮，那么青贮原料的水分含量应为50% ～ 60%；如果物料置于地面青贮堆或青贮壕中，水分含量应为65% ～ 75%。半干青贮原料的含水量为45% ～ 60%。

调制青贮饲料时，原料的含水量可在实验室采用烘干法测定，但在生产实践中，为了快速装填，通常采用更为简便的手测法来判断原料的含水量（图7–4）。手测法即抓一把已切碎的青贮原料，用力握紧1分钟左右，若手指间有水滴出，但手松开后原料能保持团状，不易散开，手被湿润，含水量则为68% ～ 75%；当手松开后团状原料慢慢散开，手上无湿印，含水量则为60% ～ 67%；当手松开后团状原料立即散开，含水量低于60%。

饲草青贮最佳收获期内，饲草的消化养分产量达到最大。然而，在此时刈割这些饲草，其含水量可能会高于或者低于青贮调制要求，所以青贮时必须对这些饲草进行水分调节，以满足青贮的要求。对于水分含量较高的青贮原料，青贮前应晾晒或采取其他措施使其稍加干燥，让其凋萎以去除一部分水分，从而降低原料含水量；若晾晒后水分含量仍高于要求，则应添加稻秸、糠麸等干料进行混贮。此外，还可将高水分含量和低水分含量的原料按适当比例进行混贮，例如玉米秸秆和苜蓿、玉米秸秆和甘薯藤等。对于水分含量较低的青贮原料，在切碎装窖时应喷洒适量水，以提高原料的含水量，也可采用半干青贮的方法进行。

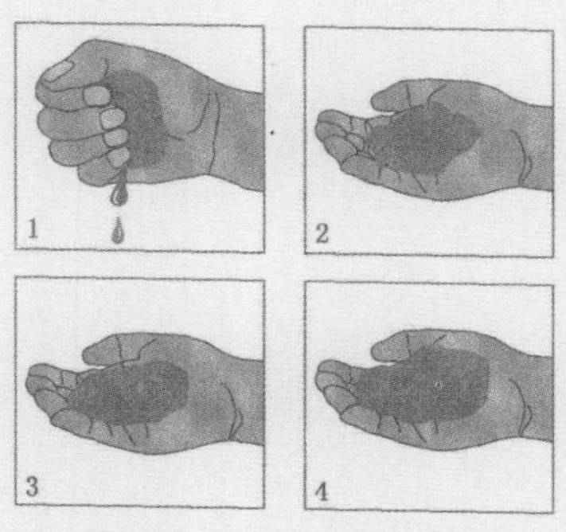

图7–4　青贮水分快速检测

ᠲᠤᠷᠰᠢᠯᠲᠠ᠂ ᠬᠣᠯᠢᠮᠠᠭ ᠲᠡᠵᠢᠭᠡᠯ ᠦᠨ ᠤᠰᠤᠨ ᠤ ᠠᠭᠤᠯᠤᠮᠵᠢ ᠶᠢ ᠲᠤᠬᠢᠷᠠᠭᠤᠯᠤᠨ ᠵᠤᠬᠢᠴᠠᠭᠤᠯᠬᠤ ᠬᠡᠷᠡᠭᠲᠡᠢ ᠪᠠᠢ᠌ᠨ᠎ᠠ᠃ ᠪᠣᠯᠤᠨ ᠰᠢᠯᠢᠰ ᠦᠨ ᠴᠢᠨᠠᠷ ᠤᠨ ᠬᠠᠳᠠᠭᠠᠯᠠᠮᠵᠢ ᠳᠤ ᠨᠥᠯᠦᠭᠡᠯᠡᠬᠦ ᠦᠭᠡᠢ᠃ ᠬᠡᠷᠪᠡ ᠤᠰᠤᠨ ᠤ ᠠᠭᠤᠯᠤᠮᠵᠢ ᠳᠡᠩᠳᠡᠭᠦᠦ ᠪᠠᠭ᠎ᠠ ᠪᠣᠯ ᠰᠢᠬᠠᠬᠤ ᠳᠤ ᠬᠡᠴᠡᠭᠦᠦ ᠪᠣᠯᠵᠤ᠂ ᠠᠭᠠᠷ ᠢ ᠪᠦᠷᠢᠨ ᠭᠠᠷᠭᠠᠬᠤ ᠳᠤ ᠬᠦᠨᠳᠦ ᠪᠣᠯᠤᠨ᠎ᠠ᠃ ᠬᠡᠷᠪᠡ ᠤᠰᠤᠨ ᠤ ᠠᠭᠤᠯᠤᠮᠵᠢ ᠳᠡᠩᠳᠡᠭᠦᠦ ᠣᠯᠠᠨ ᠪᠣᠯ᠂ ᠲᠡᠵᠢᠭᠡᠯ ᠦᠨ ᠰᠢᠭᠦᠰᠦ ᠤᠰᠤ ᠠᠯᠳᠠᠭᠳᠠᠵᠤ᠂ ᠰᠢᠮ᠎ᠡ ᠲᠡᠵᠢᠭᠡᠯ ᠦᠨ ᠭᠡᠭᠦᠯᠲᠡ ᠶᠡᠬᠡ ᠪᠣᠯᠬᠤ ᠶᠢᠨ ᠬᠠᠮᠲᠤ ᠭᠠᠳᠠᠭᠰᠢ ᠪᠠᠭᠤᠯᠬᠤ ᠦᠭᠡᠢ᠃ ᠬᠣᠯᠢᠮᠠᠭ ᠲᠡᠵᠢᠭᠡᠯ ᠦᠨ ᠤᠰᠤᠨ ᠤ ᠠᠭᠤᠯᠤᠮᠵᠢ ᠶᠢ ᠲᠣᠬᠢᠷᠠᠭᠤᠯᠬᠤ ᠳᠤ ᠮᠡᠷᠭᠡᠵᠢᠯ ᠦᠨ ᠠᠷᠭ᠎ᠠ ᠬᠡᠷᠡᠭᠯᠡᠬᠦ ᠬᠡᠷᠡᠭᠲᠡᠢ᠃ ᠲᠤᠬᠠᠢ ᠪᠡᠷ ᠪᠣᠯ ᠰᠢᠯᠢᠮᠡᠯ ᠬᠠᠳᠠᠭᠠᠯᠠᠬᠤ ᠬᠣᠯᠢᠮᠠᠭ ᠲᠡᠵᠢᠭᠡᠯ ᠦᠨ ᠤᠰᠤᠨ ᠤ ᠠᠭᠤᠯᠤᠮᠵᠢ ᠶᠢ ᠲᠣᠬᠢᠷᠠᠭᠤᠯᠬᠤ ᠳᠤ ᠡᠭᠦᠳᠡᠭᠡᠬᠦ ᠬᠡᠷᠡᠭᠲᠡᠢ᠃ ᠤᠰᠤᠨ ᠤ ᠠᠭᠤᠯᠤᠮᠵᠢ ᠶᠢ ᠪᠠᠭᠤᠷᠠᠭᠤᠯᠬᠤ᠂ ᠬᠠᠳᠠᠭᠠᠯᠠᠬᠤ ᠳᠤ ᠴᠢᠬᠤᠯᠠ ᠪᠠᠢ᠌ᠨ᠎ᠠ᠃

ᠡᠷᠳᠡᠮ ᠰᠢᠨᠵᠢᠯᠡᠬᠦ ᠶᠢ ᠬᠠᠳᠠᠭᠠᠯᠠᠬᠤ ᠳᠤ ᠣᠯᠠᠨ ᠲᠡᠵᠢᠭᠡᠯ ᠦᠨ ᠲᠠᠷᠢᠮᠠᠯ ᠤᠨ ᠬᠤᠪᠢ ᠶᠢᠨ ᠬᠡᠮᠵᠢᠶ᠎ᠡ ᠶᠢᠨ ᠤᠰᠤᠨ ᠤ ᠠᠭᠤᠯᠤᠮᠵᠢ ᠶᠢ 60% ~ 67%᠃ ᠰᠢᠷ᠎ᠡ ᠶᠢᠨ ᠦᠢᠯᠡᠳᠪᠦᠷᠢ ᠶᠢᠨ ᠬᠡᠮᠵᠢᠶ᠎ᠡ ᠶᠢᠨ ᠤᠰᠤᠨ ᠤ ᠠᠭᠤᠯᠤᠮᠵᠢ ᠶᠢ 68% ~ 75%᠃ ᠰᠢᠷ᠎ᠡ ᠶᠢᠨ ᠦᠢᠯᠡᠳᠪᠦᠷᠢ ᠶᠢᠨ ᠬᠡᠮᠵᠢᠶ᠎ᠡ ᠶᠢᠨ ᠤᠰᠤᠨ ᠤ ᠠᠭᠤᠯᠤᠮᠵᠢ ᠶᠢ (ᠬᠦᠰᠦᠨᠦᠭ 7-4)᠃ ᠰᠢᠷ᠎ᠡ ᠶᠢᠨ ᠦᠢᠯᠡᠳᠪᠦᠷᠢ ᠶᠢᠨ ᠬᠡᠮᠵᠢᠶ᠎ᠡ ᠶᠢᠨ ᠤᠰᠤᠨ ᠤ ᠠᠭᠤᠯᠤᠮᠵᠢ ᠶᠢ 60% ᠡᠴᠡ ᠳᠣᠣᠷ᠎ᠠ ᠪᠠᠢ᠌ᠨ᠎ᠠ᠃

ᠬᠠᠳᠠᠭᠠᠯᠠᠬᠤ ᠳᠤ᠂ ᠬᠣᠯᠢᠮᠠᠭ ᠲᠡᠵᠢᠭᠡᠯ ᠦᠨ ᠤᠰᠤᠨ ᠤ ᠠᠭᠤᠯᠤᠮᠵᠢ ᠶᠢ ᠲᠣᠬᠢᠷᠠᠭᠤᠯᠬᠤ ᠳᠤ ᠡᠭᠦᠳᠡᠭᠡᠬᠦ ᠬᠡᠷᠡᠭᠲᠡᠢ᠃ ᠦᠭᠡᠢ ᠪᠣᠯ ᠬᠣᠯᠢᠮᠠᠭ ᠲᠡᠵᠢᠭᠡᠯ ᠦᠨ ᠤᠰᠤᠨ ᠤ ᠠᠭᠤᠯᠤᠮᠵᠢ ᠶᠢ 45% ~ 60% ᠪᠣᠯᠭᠠᠬᠤ ᠶᠢᠨ ᠵᠡᠷᠭᠡ 65% ~ 75% ᠪᠣᠯᠭᠠᠬᠤ ᠬᠡᠷᠡᠭᠲᠡᠢ᠃ ᠬᠡᠷᠪᠡ ᠬᠣᠯᠢᠮᠠᠭ ᠲᠡᠵᠢᠭᠡᠯ ᠦᠨ ᠤᠰᠤᠨ ᠤ ᠠᠭᠤᠯᠤᠮᠵᠢ ᠬᠡᠲᠦ ᠶᠡᠬᠡ ᠪᠣᠯ᠂ ᠬᠠᠳᠠᠭᠠᠯᠠᠬᠤ ᠶᠢᠨ ᠡᠮᠦᠨ᠎ᠡ ᠬᠠᠬᠠᠷᠠᠭᠤᠯᠬᠤ ᠬᠡᠷᠡᠭᠲᠡᠢ᠃ ᠬᠣᠯᠢᠮᠠᠭ ᠲᠡᠵᠢᠭᠡᠯ ᠦᠨ ᠤᠰᠤᠨ ᠤ ᠠᠭᠤᠯᠤᠮᠵᠢ ᠶᠢ 50% ~ 60% ᠪᠣᠯᠭᠠᠬᠤ ᠶᠢᠨ ᠲᠥᠯᠦᠭᠡ ᠬᠠᠳᠠᠭᠠᠯᠠᠬᠤ ᠳᠤ ᠡᠭᠦᠳᠡᠭᠡᠬᠦ ᠬᠡᠷᠡᠭᠲᠡᠢ᠃

4. ᠬᠣᠯᠢᠮᠠᠭ ᠲᠡᠵᠢᠭᠡᠯ ᠦᠨ ᠤᠰᠤᠨ ᠤ ᠠᠭᠤᠯᠤᠮᠵᠢ ᠶᠢ ᠲᠣᠭᠲᠠᠭᠠᠬᠤ ᠠᠷᠭ᠎ᠠ

5. 青贮原料的装填和压实

装填和压实是制作青贮饲料十分关键的一步，此时是排除青贮设施内氧气的最佳时期，能否充分排出空气关系着青贮饲料品质的好坏甚至青贮的成败。若是边切碎边装填，应将切碎机械放在青贮设施旁边，原料经切碎后直接输送到青贮设施内，既可提高装填效率、防止因间隔太久而导致青贮原料养分流失，又能节省人力物力。

装填前，应在窖壁四周垫一层塑料薄膜，以加强青贮设施的密封性。同时，在青贮窖、青贮壕等青贮设施底部铺一层切短至10～15厘米长的稻草秸秆等软草用来吸收青贮汁液。装填青贮原料时，应根据青贮设施情况逐段、分层、有序装填（图7–5）。同时，青贮设施内要有人检查墙边和四角装料是否充实，拖拉机、推土机等压不到的墙边和四角，要进行人工压实或踏实，靠近墙壁和四角的地方不能留有空隙。小型青贮设施主要是人工踩压，一般每装填15～20厘米就应压实；大型青贮设施需用机械压实（图7–6），每层装填厚度一般为20～30厘米，待装填压实完一层后方可继续装填下一层。需要注意的是，用大型机械压实时，要注意不要带进泥土、油垢、金属等污染物。入窖前要清洗机械的轮胎或履带，以避免带进泥土等脏物。装满后，应继续装填至高出青贮设施（青贮窖、青贮壕）边缘1米左右后再进行封窖，以防止下沉。

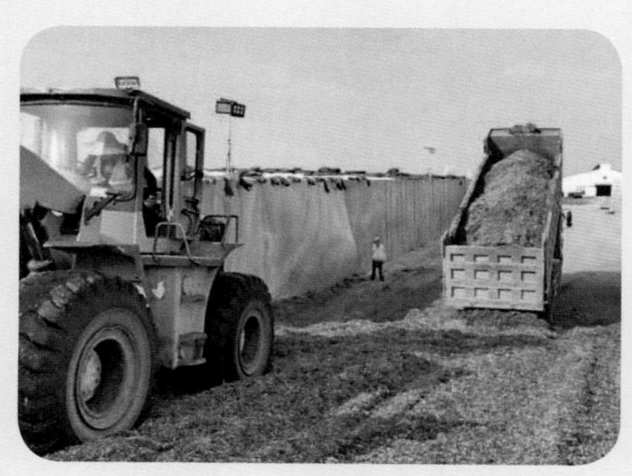

图7–5　青贮原料装填

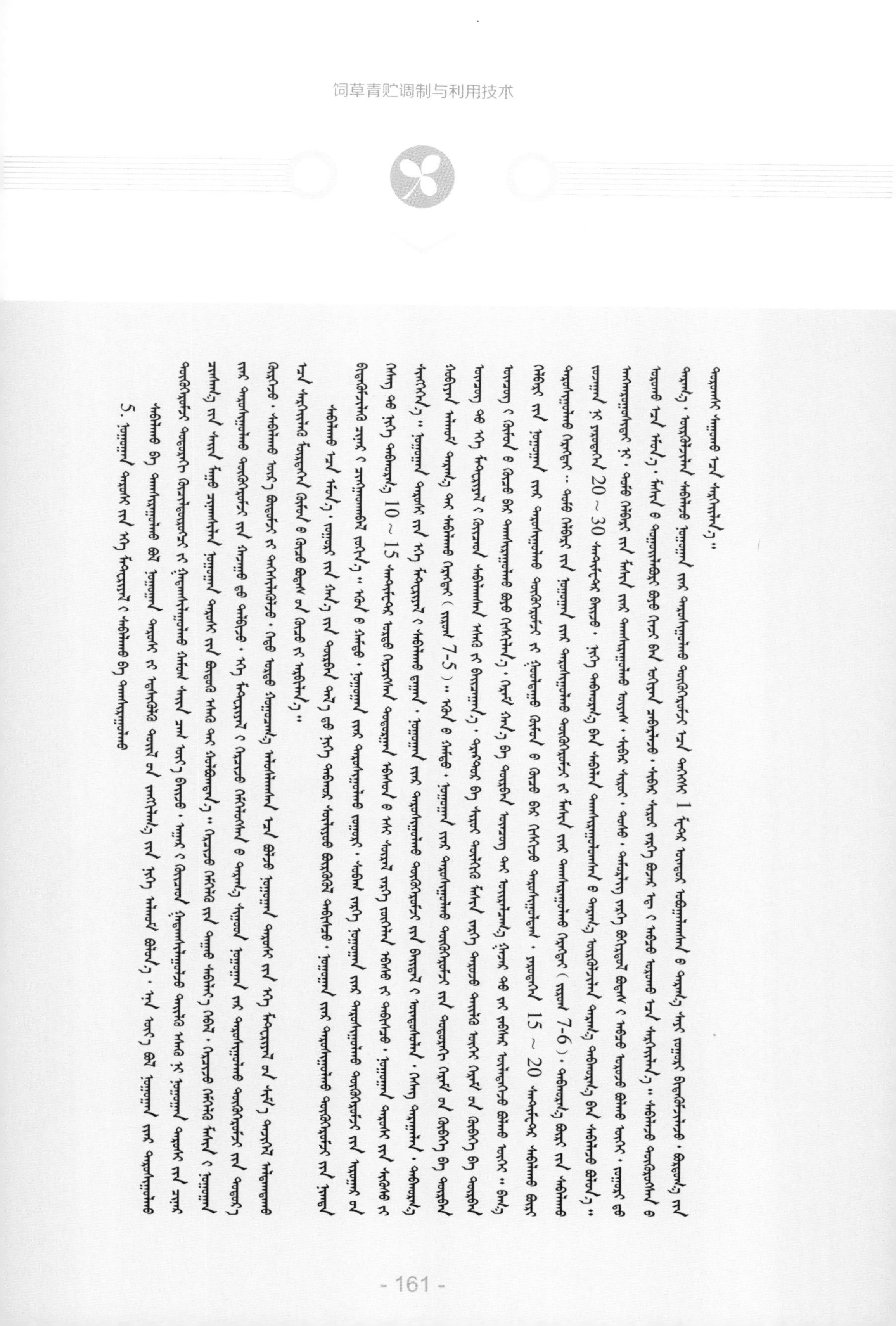

[illegible]

[illegible] 1 [illegible] 20 ~ 30 [illegible] （ᠵᠢᠷᠤᠭ 7-6）[illegible] 15 ~ 20 [illegible] （ᠵᠢᠷᠤᠭ 7-5）[illegible] 10 ~ 15 [illegible]

[illegible]

[illegible]

5. [illegible]

青贮原料的切碎、装填和压实是一个连续过程，应同时进行，即边切碎、边装填、边压实。装填青贮原料的速度要快，装填时间越短，青贮饲料质量越好。小型青贮设施一般最好当日完成封顶，对于当天装填不完的大型青贮窖应分段装填，先装填完一段再装填另一段，每段的接口处应做成斜坡面，每天完工后将装填好的青贮原料用塑料布盖好，要尽量减少切碎原料或窖内原料在空气中的暴露时间，通常必须在2 ～ 3天内装填完成。

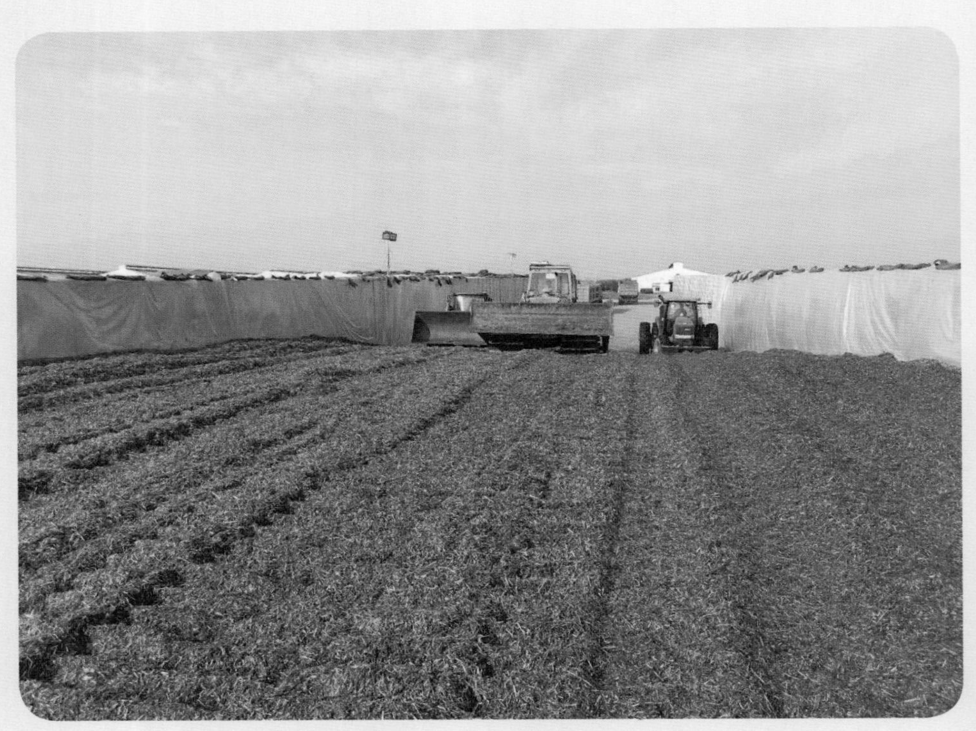

图7–6　青贮原料压实

ᠨᠢᠭᠤᠴᠠᠯ ᠣᠷᠴᠢᠨ ᠤ ᠲᠠᠯ ᠤᠨ ᠬᠦᠷᠢᠶ᠎ᠡ ᠶᠢᠨ ᠴᠢᠭᠢᠰ ᠢ ᠬᠡᠮᠵᠢᠶ᠎ᠡ ᠂ ᠬᠠᠳᠠᠭᠠᠯᠠᠮᠵᠢ ᠪᠠᠷ ᠳᠠᠭᠠᠭᠤᠯᠬᠤ ᠬᠡᠷᠡᠭᠲᠡᠢ ᠂ ᠰᠢᠯᠣᠰ ᠤᠨ ᠴᠢᠨᠠᠷ ᠢ ᠪᠠᠳᠤᠯᠠᠬᠤ ᠬᠠᠮᠠᠭᠠᠯᠠᠬᠤ ᠠᠷᠭ᠎ᠠ ᠬᠡᠮᠵᠢᠶ᠎ᠡ ᠂ ᠠᠯᠢ ᠪᠣᠯᠪᠠ ᠴᠢᠭ ᠤᠨ ᠳᠡᠭᠡᠷ᠎ᠡ ᠡᠴᠡ ᠤᠷᠤᠰᠬᠤ ᠂ ᠠᠯᠢ ᠪᠣᠯᠪᠠ ᠴᠢᠭ ᠢᠶᠠᠷ ᠬᠠᠳᠠᠭᠠᠯᠠᠬᠤ ᠶᠢ ᠬᠣᠷᠢᠭᠯᠠᠨ᠎ᠠ ᠄ ᠰᠢᠯᠣᠰ ᠤᠨ ᠴᠢᠨᠠᠷ ᠢ ᠬᠠᠮᠠᠭᠠᠯᠠᠬᠤ ᠳᠤ ᠂ ᠬᠡᠷᠡᠭᠯᠡᠬᠦ ᠡᠴᠡ ᠡᠮᠦᠨ᠎ᠡ ᠰᠢᠯᠣᠰ ᠢ ᠬᠡᠳᠦ ᠳᠠᠬᠢᠨ ᠰᠢᠯᠭᠠᠬᠤ ᠂ ᠬᠡᠷᠡᠭᠯᠡᠬᠦ ᠳᠤ ᠪᠡᠯᠡᠳᠬᠡᠬᠦ ᠬᠡᠷᠡᠭᠲᠡᠢ ᠂ ᠬᠡᠷᠡᠭᠯᠡᠬᠦ ᠡᠴᠡ 2 ~ 3 ᠡᠳᠦᠷ ᠤᠨ ᠡᠮᠦᠨ᠎ᠡ
ᠬᠠᠳᠠᠭᠠᠯᠠᠭᠳᠠᠬᠤ ᠬᠡᠷᠡᠭᠲᠡᠢ ᠄

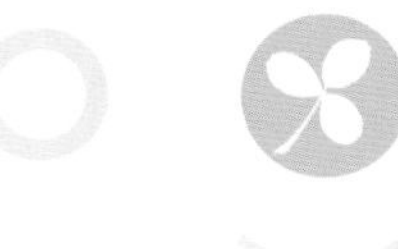

6. 青贮设施的密封覆盖

青贮设施装填、压实完毕后，必须立即进行密封覆盖，以隔绝空气，使青贮设施内处于厌氧状态，进而抑制好氧微生物的活动，同时可以防止雨水进入。青贮设施不同，其具体密封覆盖方法也有所差异。一般来说，密封覆盖的具体方法是在装填完毕后的青贮原料顶端覆盖大于青贮设施的双层塑料布，然后在塑料布上覆盖30 ～ 50厘米厚的土层或废弃轮胎（图7–7）。同时修好周边的排水沟，防止雨水渗入青贮设施。封窖后1周内，每天检查密封情况，发现下沉或覆土出现裂缝时，应立即压实、封严。

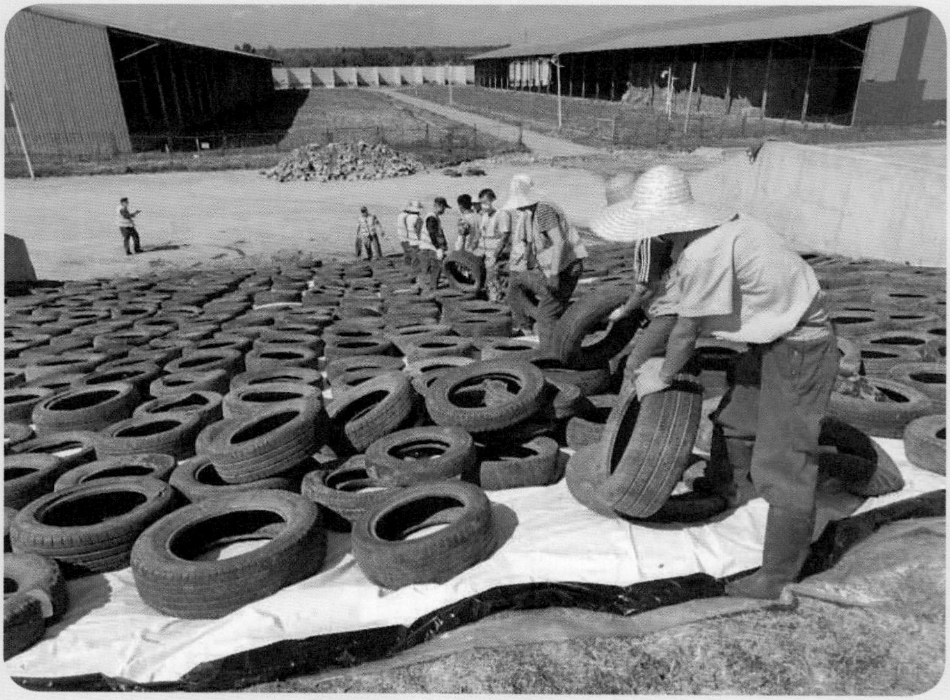

图7–7　青贮设施覆盖密封

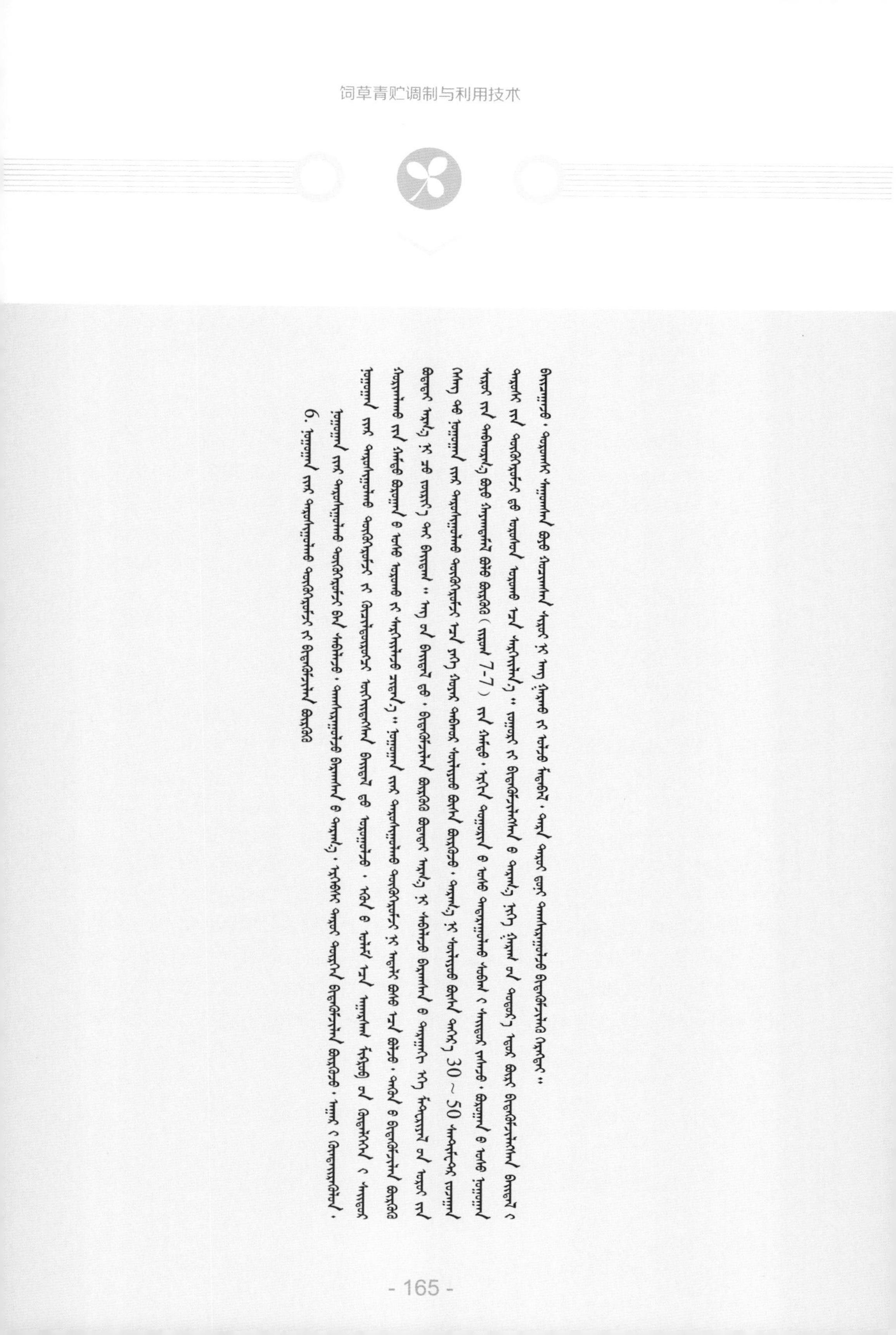

[illegible] ([illegible] 7-7) [illegible]

[illegible] 30 ~ 50 [illegible]

[illegible]

6. [illegible]

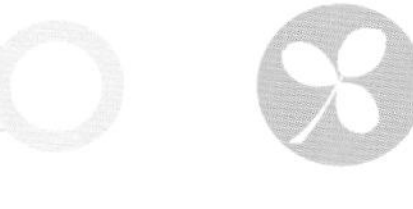

（二）特殊青贮

1. 半干青贮

半干青贮主要是通过降低水分含量来抑制不良微生物的繁殖和丁酸发酵，而达到稳定贮存青贮饲料的目的。这种青贮方式主要应用于饲草（特别是豆科饲草），将刈割之后的牧草平铺在田间晾晒，使原料的水分含量快速降至45%～60%。具体方法与常规青贮基本一致，可参照上文“常规青贮”调制方法。

上述过程中有两点需要注意：第一，田间晾晒时，最好在24～48小时内晾晒完毕，否则会有损失；第二，青贮原料含水量越低，其切碎长度应越小，以便更好地排除空气。

2. 添加剂青贮

添加剂青贮是由于原料的特性、饲养的需要等原因，在青贮时添加一些物质以更有利于青贮饲料的保存或改善、提高青贮饲料品质的一种青贮技术。其步骤与常规青贮的方法基本一致，只需在装填过程中加入添加剂即可。以菌剂添加为例，装填前先用菌剂在设施底部及四周均匀喷洒，装填时每装填压实一层就要喷洒一次，直至封窖；封窖覆膜前，仍需喷洒菌剂于青贮原料表面，而且要适当加大用量。如果需要连续多天进行装填，则在每天停止作业时及第二天装填前，均匀喷洒菌剂于青贮原料表面。如遇下雨天气必须中断装填工作，建议在装填完的原料上覆膜，在覆膜前和揭膜再次装填前都要均匀喷洒菌剂。施用添加剂时尽量要和青贮原料混合均匀，同时要注意卫生，以防止污染。在添加剂掺入前，要对青贮原料相关特征进行分析，以保证添加剂种类的适用性以及数量的合理性。一般来说，添加糖的比例为新鲜原料的2%～3%，添加甲酸比例为每吨青贮原料中添加3～4千克的85%甲酸。

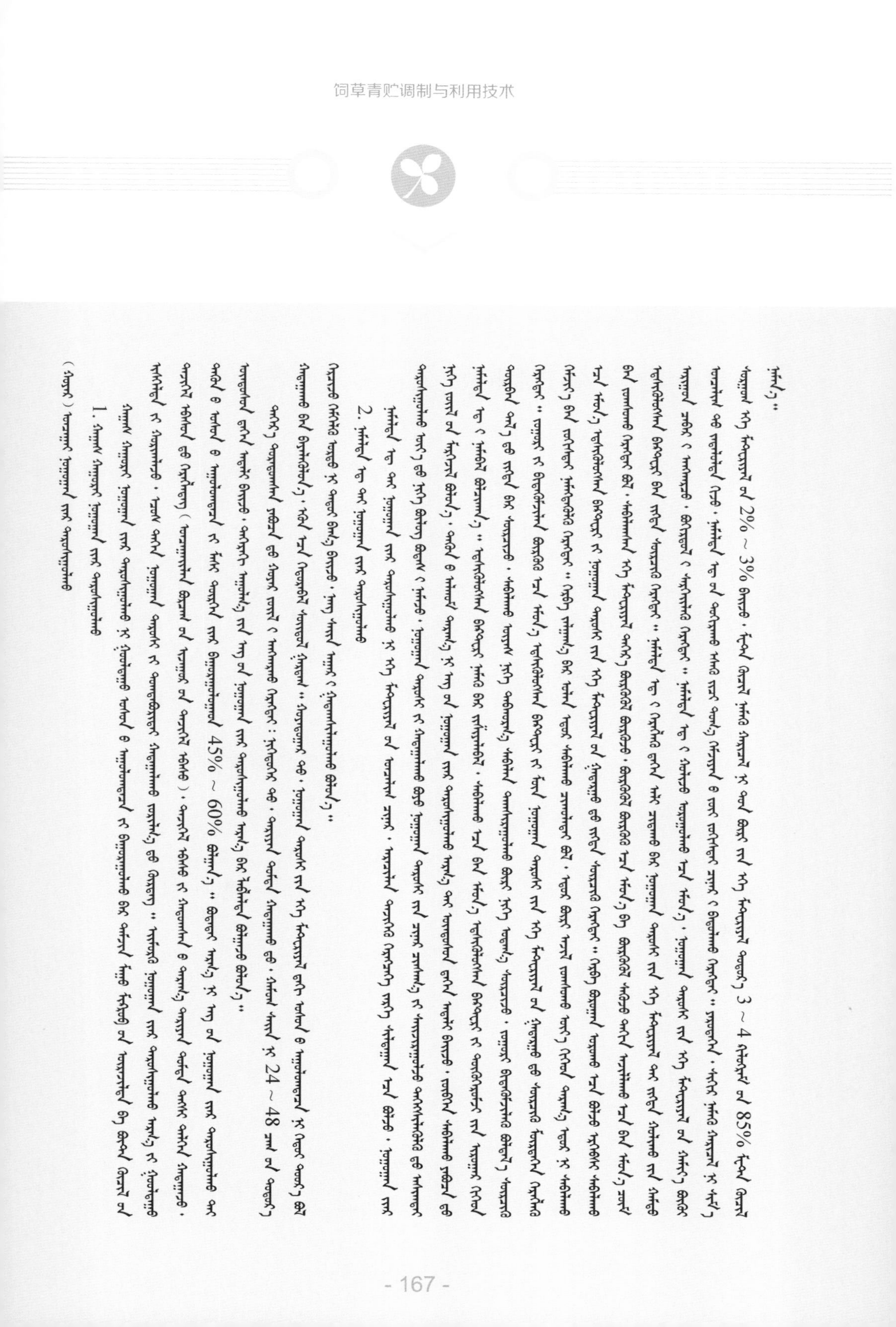

[illegible] ::

[illegible] 2% ~ 3% [illegible] 3 ~ 4 [illegible] 85% [illegible]

2. [illegible]

[illegible] 24 ~ 48 [illegible] 45% ~ 60% [illegible]

1. [illegible]

([illegible]) [illegible]

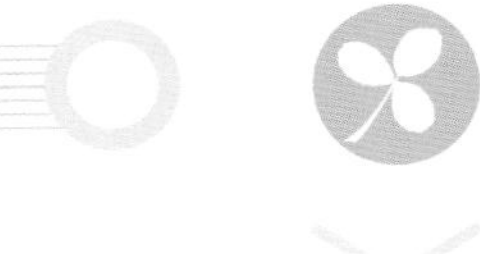

（三）青贮饲料调制注意事项

1. 选择适宜的青贮原料

青贮原料的来源十分广泛，绝大多数青绿饲草均可用来调制青贮，但并非所有的原料都能调制出优质的青贮饲料。例如，虽然豆科饲草蛋白质含量高，但其糖分含量较低，难以青贮，而禾本科饲草则因糖分含量较高，更易于青贮（表7–2）。因此，想要调制品质良好的青贮饲料，就必须要求原料含有一定量的糖分，一般不低于3%。若是原料的实际含糖量高于青贮最低含糖标准，原料就属于易贮藏类型；低于最低含糖标准的就是难贮藏类型。此外，有些植物含糖量极低，单独青贮不易成功。将不易青贮的原料或不能单独青贮的原料与容易青贮的原料按照2 ∶ 1或1 ∶ 1的比例混合，青贮的成功率就会大幅提升。

表7–2　不同青贮原料含糖量与贮存难易

类　　型	含糖量	原料种类
易贮存青贮原料	高	全株玉米、苏丹草、高粱、大麦、燕麦、南瓜等
难贮存青贮原料	低	苜蓿、大豆、草木樨、马铃薯茎叶、三叶草等
不能单独青贮原料	极低	南瓜蔓、西瓜蔓等

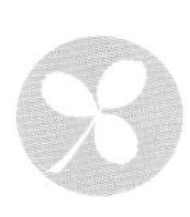

[illegible]	[illegible]	[illegible]
[illegible]	[illegible]	[illegible]
[illegible]	[illegible]	[illegible]
[illegible]	[illegible]	[illegible]

表 7-2 [illegible]

[illegible] 2:1 [illegible] 1:1 [illegible] 3% [illegible] 7-2 [illegible]

1. [illegible]

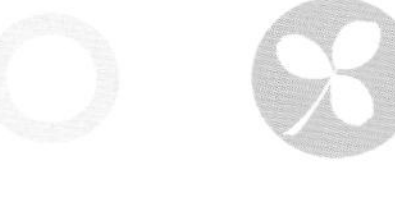

2. 适时刈割青贮原料

把握好各种原料的刈割时间，以保证原料的产量、营养价值、含水量等，进而保证青贮饲料的品质。为了获得较高质量的青贮原料，要求在刈割前4 ～ 5周停止施用氮肥，刈割时应选择晴朗的天气。

3. 青贮原料的水分调控

对于含水量高的青贮原料，刈割后要通过晾晒来降低水分含量（图7–8）；若赶上阴雨天不能晾晒，可添加秸秆、糠麸等降低原料的含水量；如果青贮原料含水量未达到青贮要求，可添加清水来提高含水量。

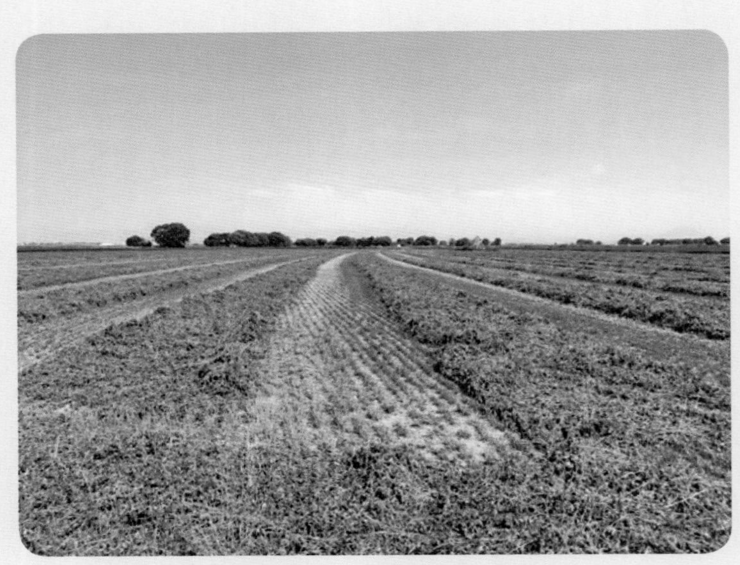

图7–8　青贮原料刈割后在田间晾晒

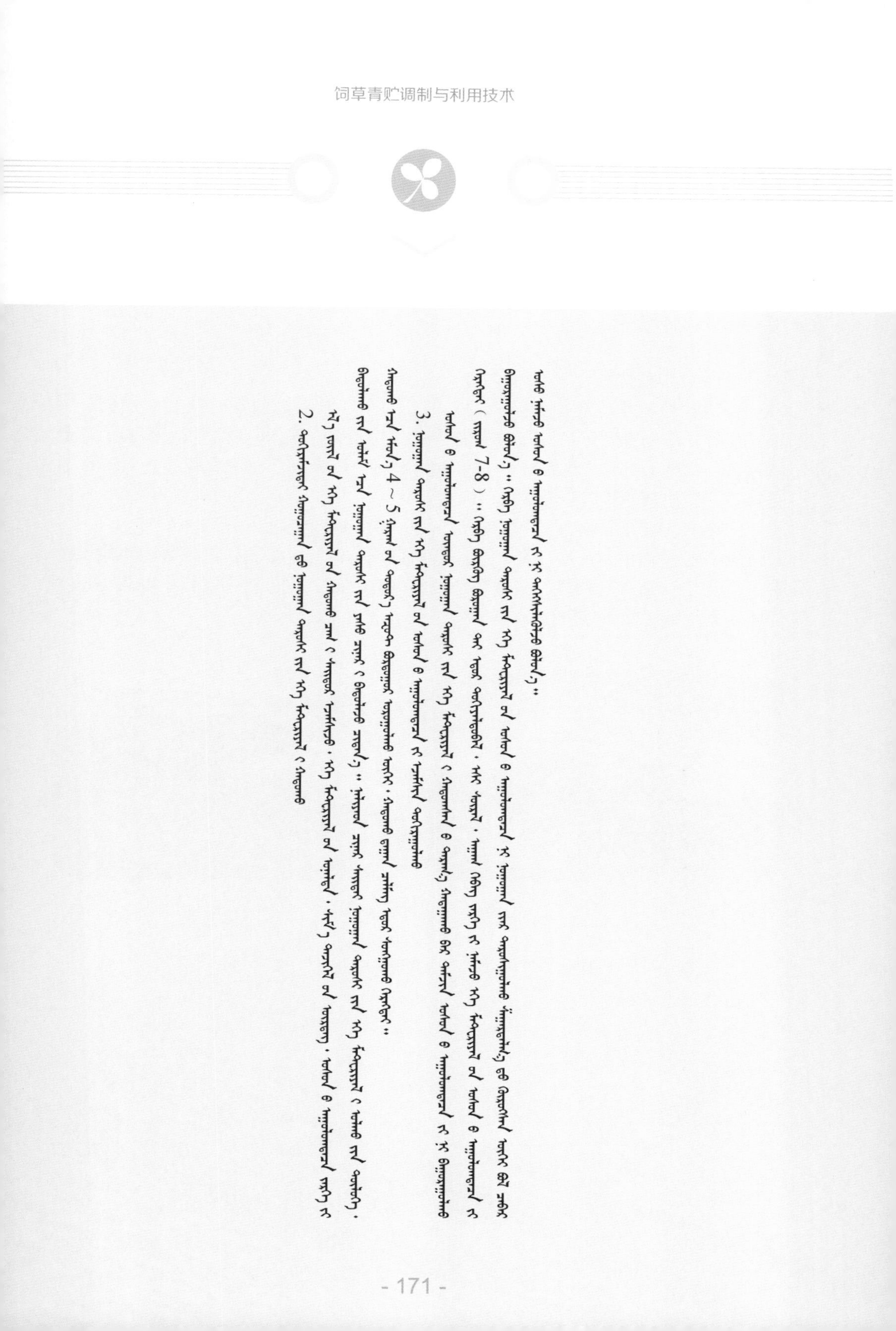

4. 控制作业速度

在青贮过程中，要把握“六快”原则，即：快收、快运、快切、快装、快压、快封。小型青贮窖最好在一天内装满，并完成全部作业过程；大型青贮窖最好在2～3天内装满，并密封好。即使青贮面积较大时，也应尽量缩短青贮作业时间，一般控制在1周之内完成。

5. 保持卫生清洁

在青贮过程中，还应保证青贮原料与环境的清洁卫生，以确保青贮质量（图7–9）。为了提高青贮饲料的质量和延长其保存时间，也可以在原料中加入一定量的防腐剂（如甲酸），还可以添加一些营养元素（如尿素等）。

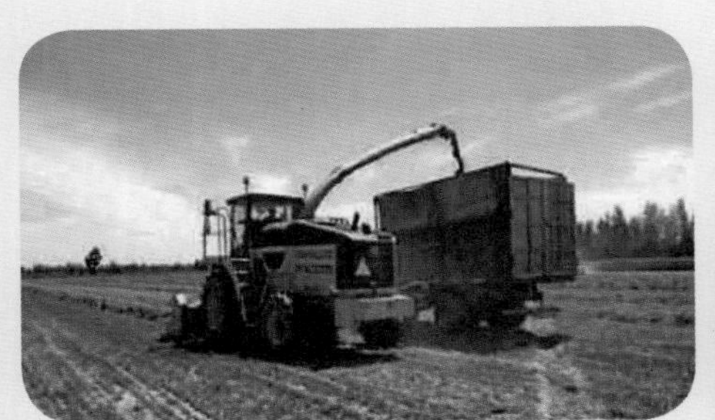
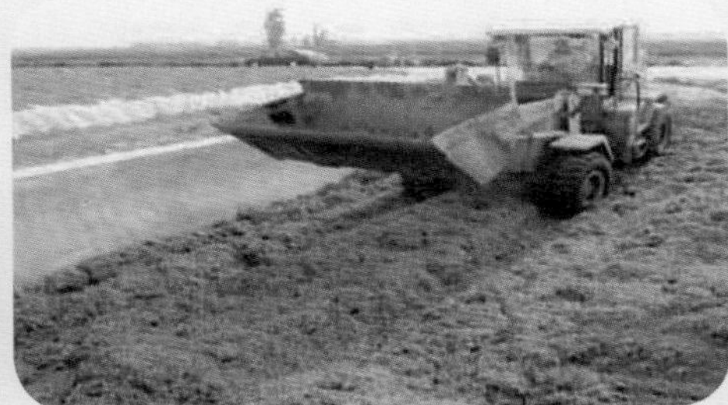

图7–9　保持卫生清洁

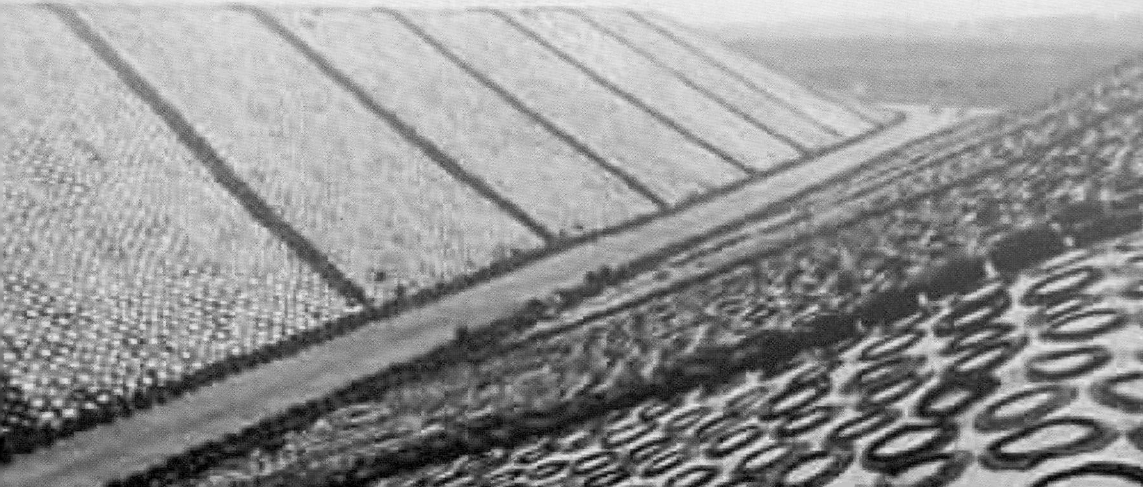

4. [illegible]

[illegible]

5. [illegible]

[illegible]

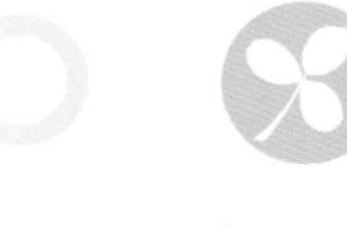

八、青贮饲料的品质鉴定

（一）样品采集

一般养殖场需要调制大量的青贮饲料，而用于分析的样品往往只有很小的一部分，但是这一小部分样品的好坏代表着整批青贮饲料的品质。所以，采集的待测样品一定要有代表性，即所采集的样品能够代表整批青贮饲料的平均水平。由于不同青贮容器的结构及容量等不同，调制青贮时的操作步骤也有差异，难免会造成不同部位的青贮饲料质量存在一定差异。为使样品能真正代表所评定的青贮饲料，必须从青贮容器的不同部位和不同层次选取。青贮饲料样品的采集应至少在青贮6周之后，最佳的取样时间是青贮后12周，此时可确保青贮原料发酵更加完全。取样时一般选择空心取样器，它是采用不锈钢制成光滑的空心管，不易生锈，是获得样品的最佳工具（图8–1）。对于小型青贮容器，至少要从上、中、下和中部边缘取4个以上的样点，将多点的样品混合起来进行测定。对于大型青贮窖或青贮壕，则要多点取样。

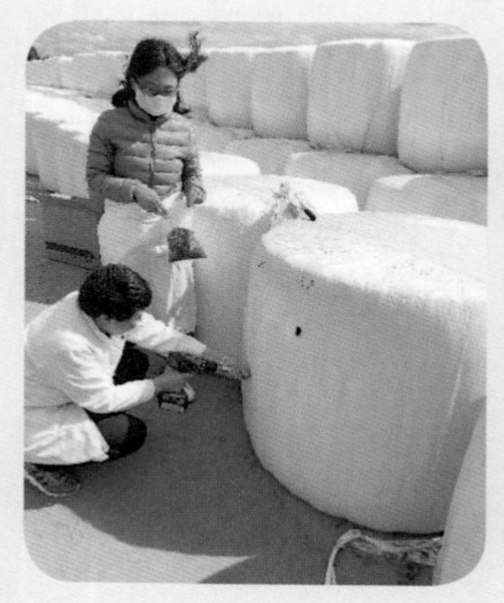

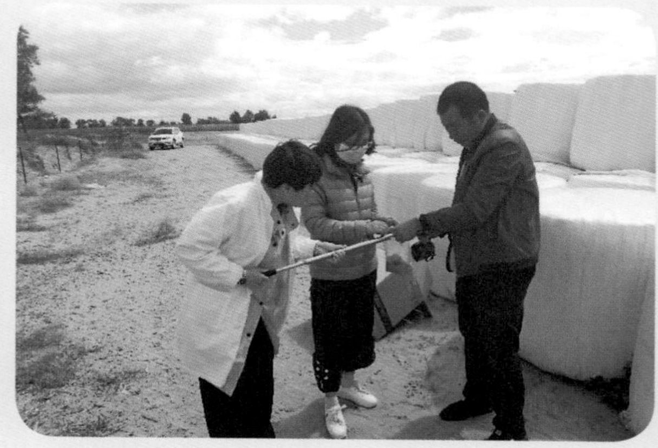

图8–1　空心取样器取样

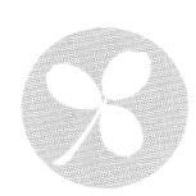

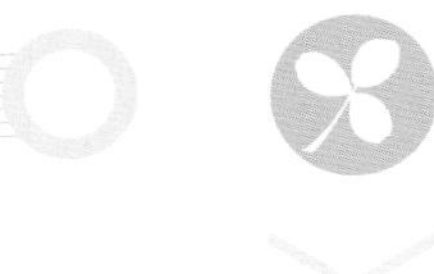

如果青贮容器较大，所取样品较多，为了减少样品量，可将样品按照要求均匀混合后采用四分法进行缩减（图8–2）。具体步骤：将样品多次混合均匀，然后使其成为规则、等厚的圆柱体或正方体，分成四等份，舍弃其中两个对角，将剩余样品继续混合，如此反复，直到剩余样品量与分析测定所需样品量接近为止。

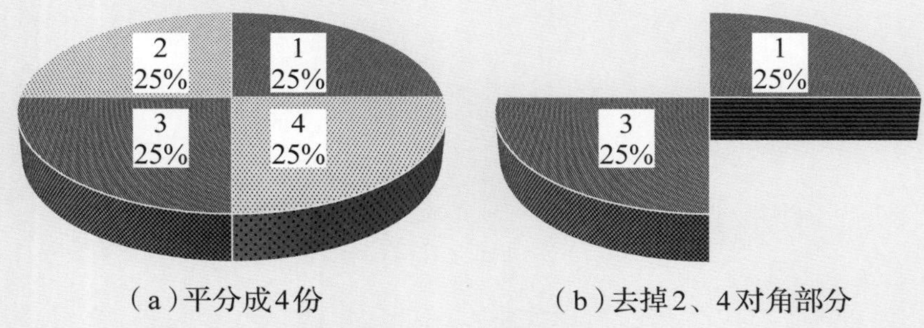

（a）平分成4份　　（b）去掉2、4对角部分

图8–2　四分法取样

需要注意的是取样时间不宜太长，完成取样后要立即封闭青贮设施，以免大量空气进入，引起二次发酵。样品取出后，要装入密闭的塑料袋中，随即带回实验室测定。若实验室较远或短时间内难以完成测定，需排除塑料袋内空气，并置于冰盒中带回。如果样品较多，一次性难以测完，应置于冰箱冷冻保存，以免时间过长而导致样品发生变化，使评定结果的可靠性下降。

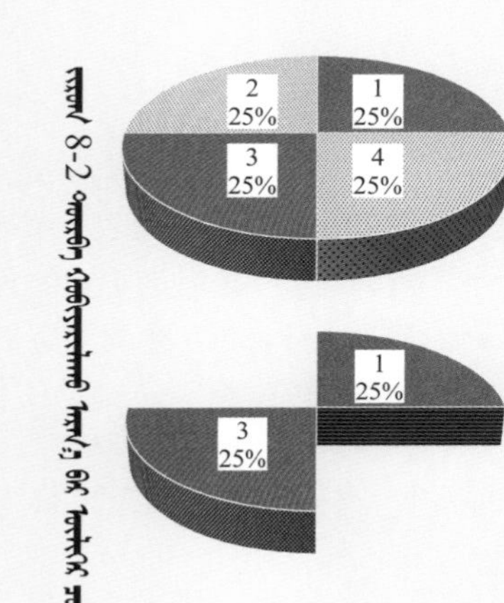

8-2

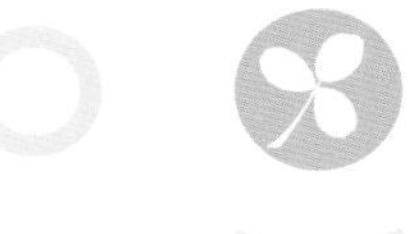

（二）青贮饲料品质鉴定

1. 感官鉴定

可以通过青贮饲料的色泽、气味、质地等主要指标对青贮饲料的品质进行感官鉴定，初步判断其品质的好坏。感官鉴定是评价者对青贮饲料进行嗅、看、摸等感官观察的基础上，参考青贮饲料评价标准判定对应的等级（图8–3）。

（1）观察色泽：品质良好的青贮饲料颜色接近原料的颜色，一般呈青绿色或黄绿色；中等品质的青贮饲料呈黄褐色或暗褐色；品质低劣的青贮饲料多为暗色、褐色、墨绿色、黑色，这种青贮饲料不宜饲喂家畜。但经过高温发酵的青贮饲料多呈褐色，需结合气味进一步辨别，如有较浓的酒香味，说明其仍为优质的青贮饲料。评定标准参照表8–1。

表8–1　青贮饲料色泽评级

颜　　色	评定结果
青绿色、黄绿色	良　好
黄褐色或暗褐色	一　般
暗色、褐色、墨绿色、黑色	劣　质

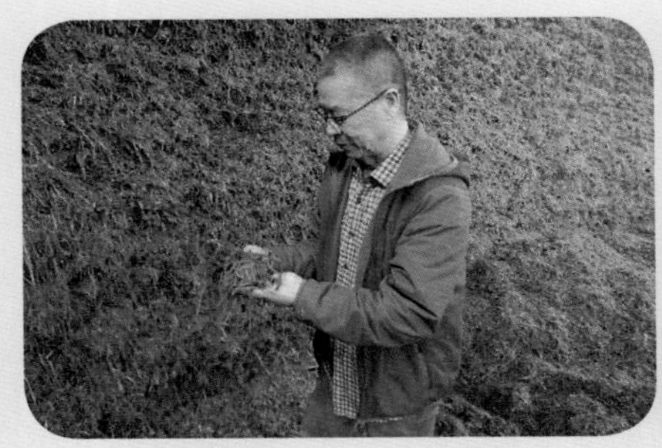

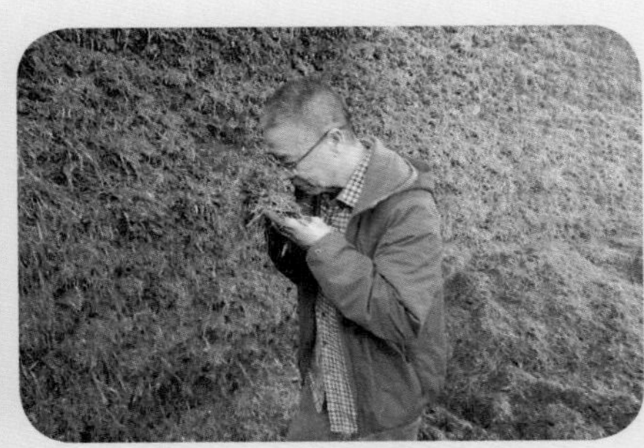

图8–3　感官鉴定

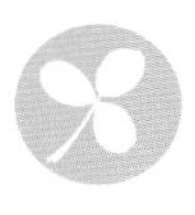

[illegible]	[illegible]
[illegible]	[illegible]
[illegible]	[illegible]
[illegible]	[illegible]

[illegible] 8-1 [illegible]

[illegible] 8-1 [illegible]

(1) [illegible]

[illegible] (8-3) [illegible]

1. [illegible]

([illegible]) [illegible]

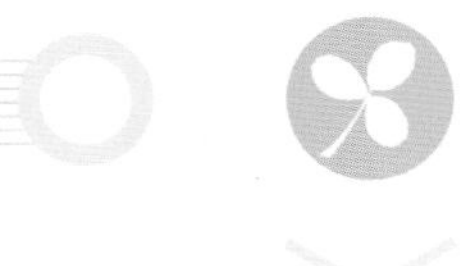

（2）辨别气味：青贮饲料的气味是评定品质好坏的一个重要指标之一。发酵优良的青贮饲料具有浓厚的水果甜香味、酸香味或者芳香味，气味柔和，令人愉悦；品质中等的青贮饲料有酒味或醋味，芳香味较弱；如果产生丁酸味、霉味等难闻的臭味，说明这批青贮饲料已经腐败霉变，品质低劣，不能饲喂。评定标准参照表8–2。

表8–2　青贮饲料气味评级

气　　味	评定结果
芳香酸味，味道柔和自然	良好
淡淡的芳香味，较强的醋酸味	一般
臭味、霉味等刺鼻气味	劣质

（3）质地判别：品质良好的青贮饲料压得非常紧密，但放在手中却十分松散，质地柔软，略带湿润，且茎、叶、花均能保持最初的状态，可以清晰地看到茎、叶上的叶脉和绒毛。品质一般的青贮饲料有部分茎、叶、花可保持原状，整体较为柔软，水分稍多。若是青贮饲料成为一团，形同一块污泥，或者质地松散，干燥粗硬，这表明水分过多或过少，属不良发酵青贮饲料。如果发现青贮饲料已经发黏、腐烂，说明已经不适于饲喂家畜。评定标准参照表8–3。

表8–3　青贮饲料质地评级

质　　地	评定结果
紧密、湿润，茎、叶、花保持原状，茎、叶上的绒毛清晰可见	良好
部分茎、叶、花保持原状，水分略多，手感较柔软	一般
腐烂，成为一团或干燥粗硬	劣质

(2) ᠥᠩᠭᠡ ᠶᠢᠨ ᠦᠨᠡᠯᠡᠯᠲᠡ

[illegible]

ᠦᠨᠡᠯᠡᠬᠦ ᠶᠢᠨ ᠪᠠᠷᠢᠮᠵᠢᠶ᠎ᠠ ᠶᠢ ᠬᠦᠰᠦᠨᠦᠭ 8-2 ᠳᠦ ᠦᠵᠡᠭᠦᠯᠪᠡ ᠃

ᠬᠦᠰᠦᠨᠦᠭ 8-2 ᠨᠢᠭᠤᠷᠰᠤ ᠲᠡᠵᠢᠭᠡᠯ ᠦᠨ ᠥᠩᠭᠡ ᠶᠢᠨ ᠦᠨᠡᠯᠡᠯᠲᠡ

ᠦᠨᠡᠯᠡᠬᠦ ᠪᠠᠷᠢᠮᠵᠢᠶ᠎ᠠ / ᠵᠡᠷᠭᠡ ᠳᠡᠰ	ᠥᠩᠭᠡ
ᠰᠠᠢᠨ	[illegible]
ᠳᠤᠮᠳᠠ ᠵᠡᠷᠭᠡ	[illegible]
ᠮᠠᠭᠤ	[illegible]

(3) ᠦᠨᠡᠷ ᠦᠨ ᠦᠨᠡᠯᠡᠯᠲᠡ

[illegible]

ᠦᠨᠡᠯᠡᠬᠦ ᠶᠢᠨ ᠪᠠᠷᠢᠮᠵᠢᠶ᠎ᠠ ᠶᠢ ᠬᠦᠰᠦᠨᠦᠭ 8-3 ᠳᠦ ᠦᠵᠡᠭᠦᠯᠪᠡ ᠃

ᠬᠦᠰᠦᠨᠦᠭ 8-3 ᠨᠢᠭᠤᠷᠰᠤ ᠲᠡᠵᠢᠭᠡᠯ ᠦᠨ ᠦᠨᠡᠷ ᠦᠨ ᠦᠨᠡᠯᠡᠯᠲᠡ

ᠦᠨᠡᠯᠡᠬᠦ ᠪᠠᠷᠢᠮᠵᠢᠶ᠎ᠠ / ᠵᠡᠷᠭᠡ ᠳᠡᠰ	ᠦᠨᠡᠷ
ᠰᠠᠢᠨ	[illegible]
ᠳᠤᠮᠳᠠ ᠵᠡᠷᠭᠡ	[illegible]
ᠮᠠᠭᠤ	[illegible]

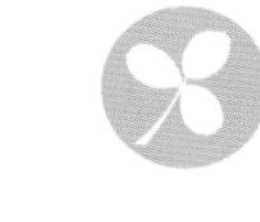

实际上，为了使评定结果更加准确、可靠，往往要进行综合评定，即结合色泽、气味和质地三者综合判定。具体可参照德国农业协会（DZG）的青贮质量感官评分标准（表8–4）来评定。

表8–4　青贮饲料感官综合评定标准

评定指标	评　分　项　目			打　分
色泽	与原料相似，烘干后呈淡褐色			2
	略有变色，呈淡黄色或淡褐色			1
	变色严重，呈墨绿色或黄色			0
气味	无丁酸臭味，有芳香味或明显的面包香味			14
	有微弱的丁酸臭味或较强的酸味，芳香味弱			10
	丁酸味颇重或有刺鼻的焦煳臭味或霉味			4
	有很强的丁酸臭味或氨味，几乎无酸味			2
质地	茎、叶结构保持良好			4
	叶子结构保持较差			2
	茎、叶结构保存极差或发现有轻度霉菌或轻度污染			1
	茎、叶腐烂或污染严重			0
总分	16 ～ 20	10 ～ 15	5 ～ 9	0 ～ 4
等级	一级优良	二级较好	三级中等	四级腐败

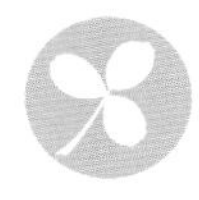

[illegible]	[illegible]			
[illegible]	[illegible] 16~20	[illegible] 10~15	[illegible] 5~9	[illegible] 0~4
[illegible]	[illegible]			0
	[illegible]			1
	[illegible]			2
	[illegible]			4
[illegible]	[illegible]			2
	[illegible]			4
	[illegible]			10
	[illegible]			14
[illegible]	[illegible]			0
	[illegible]			1
	[illegible]			2
[illegible]	[illegible]			[illegible]

[illegible] 8-4 [illegible]

[illegible] ([illegible] 8-4) ::

[illegible] (DZG) [illegible]

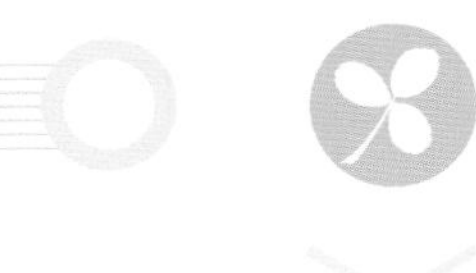

2. 实验室鉴定

感官鉴定只是凭经验去主观臆断，为了更加准确地鉴定青贮饲料的品质，必须进行实验室鉴定。实验室鉴定主要通过化学分析手段去判断发酵的好坏，主要的分析测定指标包括：pH、有机酸含量（主要是乳酸、乙酸、丙酸、丁酸）、氨态氮等。

（1）pH：青贮饲料的pH低，说明乳酸发酵良好；若pH较高则发酵不良，评定标准见下表（表8–5）。

表8–5　青贮饲料pH值评定

pH	评定结果
3.8 ～ 4.4	品质良好
4.6 ～ 5.2	品质中等
5.4 ～ 6.0	品质低劣

（2）有机酸：不同品质青贮饲料的有机酸含量参见下表（8–6）。

表8–6　青贮饲料有机酸含量评定

乳酸（%鲜重）	乙酸（%鲜重）		丁酸（%鲜重）		评定结果
	游离态	结合态	游离态	结合态	
1.20～1.50	0.70～0.80	0.10～0.15	—	—	品质良好
0.50～0.60	0.40～0.50	0.20～0.30	—	—	品质中等
0.10～0.20	0.10～0.15	0.05～0.10	0.20～0.30	0.80～1.00	品质低劣

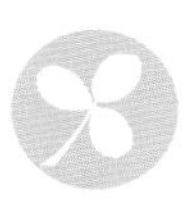

ᠴᠢᠨᠠᠷ ᠤᠨ ᠵᠡᠷᠭᠡ	ᠰᠦᠦ ᠬᠦᠴᠢᠯ（% ᠰᠢᠩᠭᠡᠨ ᠪᠤᠳᠠᠰ）	ᠵᠢᠭᠠᠷᠴᠠ ᠬᠦᠴᠢᠯ（% ᠰᠢᠩᠭᠡᠨ ᠪᠤᠳᠠᠰ）		ᠲᠣᠰᠣᠨ ᠬᠦᠴᠢᠯ（% ᠰᠢᠩᠭᠡᠨ ᠪᠤᠳᠠᠰ）	
		ᠨᠡᠢᠯᠡᠯᠳᠦ ᠪᠠᠢᠳᠠᠯ	ᠰᠤᠯᠠ ᠪᠠᠢᠳᠠᠯ	ᠨᠡᠢᠯᠡᠯᠳᠦ ᠪᠠᠢᠳᠠᠯ	ᠰᠤᠯᠠ ᠪᠠᠢᠳᠠᠯ
ᠰᠠᠶᠢᠨ ᠤ ᠰᠠᠶᠢᠨ	1.20～1.50	0.70～0.80	0.10～0.15	—	—
ᠰᠠᠶᠢᠨ ᠤ ᠳᠤᠮᠳᠠ ᠵᠡᠷᠭᠡ	0.50～0.60	0.40～0.50	0.20～0.30	—	—
ᠰᠠᠶᠢᠨ ᠤ ᠳᠣᠣᠷ	0.10～0.20	0.10～0.15	0.05～0.10	0.20～0.30	0.80～1.00

ᠬᠦᠰᠦᠨᠦᠭ 8-6 ᠨᠣᠭᠣᠭᠠᠨ ᠳᠠᠷᠤᠮᠠᠯ ᠤᠨ ᠣᠷᠭᠠᠨᠢᠭ ᠬᠦᠴᠢᠯ ᠦᠨ ᠠᠭᠤᠯᠭᠠᠮᠵᠢ ᠪᠠ ᠴᠢᠨᠠᠷ ᠤᠨ ᠦᠨᠡᠯᠡᠯᠲᠡ

ᠰᠠᠶᠢᠨ ᠴᠢᠨᠠᠷ ᠲᠠᠢ ᠨᠣᠭᠣᠭᠠᠨ ᠳᠠᠷᠤᠮᠠᠯ ᠤᠨ ᠣᠷᠭᠠᠨᠢᠭ ᠬᠦᠴᠢᠯ ᠦᠨ ᠠᠭᠤᠯᠭᠠᠮᠵᠢ ᠶᠢᠨ ᠦᠨᠡᠯᠡᠯᠲᠡ ᠶᠢᠨ ᠪᠠᠷᠢᠮᠵᠢᠶ᠎ᠠ ᠶᠢ ᠬᠦᠰᠦᠨᠦᠭ 8-6 ᠳᠤ ᠦᠵᠡᠭᠦᠯᠪᠡ ᠃

（2）ᠣᠷᠭᠠᠨᠢᠭ ᠬᠦᠴᠢᠯ

pH	ᠴᠢᠨᠠᠷ ᠤᠨ ᠵᠡᠷᠭᠡ
3.8～4.4	ᠰᠠᠶᠢᠨ ᠤ ᠳᠣᠣᠷ
4.6～5.2	ᠰᠠᠶᠢᠨ ᠤ ᠳᠤᠮᠳᠠ ᠵᠡᠷᠭᠡ
5.4～6.0	ᠰᠠᠶᠢᠨ ᠤ ᠰᠠᠶᠢᠨ

ᠬᠦᠰᠦᠨᠦᠭ 8-5 ᠨᠣᠭᠣᠭᠠᠨ ᠳᠠᠷᠤᠮᠠᠯ ᠤᠨ pH ᠬᠡᠮᠵᠢᠭᠳᠡᠯ ᠪᠠ ᠴᠢᠨᠠᠷ ᠤᠨ ᠦᠨᠡᠯᠡᠯᠲᠡ

ᠪᠠᠷᠢᠮᠵᠢᠶ᠎ᠠ ᠶᠢ ᠦᠨᠡᠯᠡᠬᠦ ᠬᠦᠰᠦᠨᠦᠭ（ᠬᠦᠰᠦᠨᠦᠭ 8-5）ᠳᠤ ᠦᠵᠡᠭᠦᠯᠪᠡ ᠃

ᠨᠣᠭᠣᠭᠠᠨ ᠳᠠᠷᠤᠮᠠᠯ ᠤᠨ pH ᠶᠢ ᠲᠣᠭᠲᠠᠭᠠᠬᠤ ᠨᠢ ᠰᠦᠦ ᠬᠦᠴᠢᠯ ᠤᠨ ᠬᠡᠮᠵᠢᠶ᠎ᠡ ᠶᠢ ᠰᠢᠯᠭᠠᠬᠤ ᠪᠣᠯᠤᠨ᠎ᠠ ᠂ pH ᠪᠠᠭ᠎ᠠ ᠪᠠᠢᠪᠠᠯ ᠬᠡᠮᠵᠢᠶ᠎ᠡ ᠶᠢᠨ ᠰᠠᠶᠢᠨ ᠪᠣᠯᠤᠨ᠎ᠠ ᠂ ᠣᠷᠠᠭᠤᠯᠬᠤ ᠶᠢᠨ

（1）pH

ᠣᠷᠭᠠᠨᠢᠭ ᠰᠦᠦ ᠬᠦᠴᠢᠯ ᠂ ᠵᠢᠭᠠᠷᠴᠠ ᠬᠦᠴᠢᠯ ᠂ ᠲᠣᠰᠣᠨ ᠬᠦᠴᠢᠯ ᠂ ᠲᠣᠰᠣᠨ ᠬᠦᠴᠢᠯ ᠂ ᠰᠦᠦ ᠬᠦᠴᠢᠯ ᠤᠨ ᠰᠠᠶᠢᠨ ᠴᠢᠨᠠᠷ ᠤᠨ ᠬᠡᠮᠵᠢᠶ᠎ᠡ ᠢ ᠬᠡᠮᠵᠢᠬᠦ ᠃

ᠵᠢᠭᠠᠷᠴᠠ ᠬᠦᠴᠢᠯ ᠤᠨ ᠬᠡᠮᠵᠢᠶ᠎ᠡ ᠶᠢ ᠰᠢᠯᠭᠠᠬᠤ ᠶᠢᠨ ᠠᠷᠭ᠎ᠠ ᠪᠣᠯ ᠪᠤᠰᠤᠳ ᠡᠳ ᠵᠦᠢᠯ ᠳᠦ ᠂ ᠰᠠᠶᠢᠨ ᠴᠢᠨᠠᠷ ᠲᠠᠢ ᠡᠰᠡᠬᠦ ᠶᠢ ᠦᠨᠡᠯᠡᠨ᠎ᠡ ᠄ pH ᠂ ᠣᠷᠭᠠᠨᠢᠭ ᠬᠦᠴᠢᠯ ᠦᠨ ᠠᠭᠤᠯᠭᠠᠮᠵᠢ（

ᠰᠢᠨᠵᠢᠯᠡᠬᠦ ᠶᠢᠨ ᠠᠷᠭ᠎ᠠ ᠪᠠ ᠴᠢᠨᠠᠷ ᠤᠨ ᠦᠨᠡᠯᠡᠯᠲᠡ ᠶᠢ ᠭᠦᠢᠴᠡᠳᠬᠡᠬᠦ ᠳᠦ ᠬᠡᠷᠡᠭᠯᠡᠨ᠎ᠡ ᠃ ᠰᠢᠨᠵᠢᠯᠡᠬᠦ ᠶᠢᠨ ᠠᠷᠭ᠎ᠠ ᠶᠢ ᠭᠦᠢᠴᠡᠳᠬᠡᠬᠦ ᠳᠦ ᠰᠢᠨᠵᠢᠯᠡᠯᠲᠡ

ᠶᠢᠨ ᠬᠡᠷᠡᠭᠰᠡᠯ ᠪᠠ ᠴᠢᠨᠠᠷ ᠤᠨ ᠦᠨᠡᠯᠡᠯᠲᠡ ᠶᠢ ᠬᠠᠮᠲᠤ ᠲᠣᠭᠲᠠᠭᠠᠬᠤ ᠂ ᠨᠣᠭᠣᠭᠠᠨ ᠳᠠᠷᠤᠮᠠᠯ ᠤᠨ ᠴᠢᠨᠠᠷ ᠤᠨ ᠦᠨᠡᠯᠡᠯᠲᠡ

2. ᠰᠢᠨᠵᠢᠯᠡᠬᠦ ᠶᠢᠨ ᠠᠷᠭ᠎ᠠ ᠪᠠ ᠴᠢᠨᠠᠷ ᠤᠨ ᠦᠨᠡᠯᠡᠯᠲᠡ

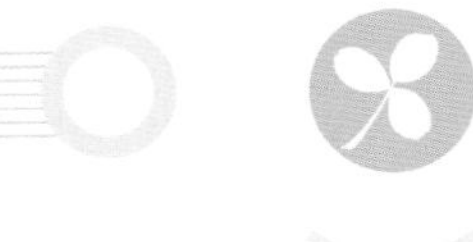

（3）氨态氮：氨态氮含量是评价青贮饲料发酵质量的一项重要指标，用青贮饲料中总氮含量的百分数表示。保存越差的青贮饲料中氨态氮含量越高，说明在青贮过程中原料的蛋白被过分地降解。不同品质青贮饲料的氨态氮含量参见表8–7。

表8–7　青贮饲料氨态氮含量评定

氨态氮（青贮饲料总氮%）	青贮饲料品质评定
<5	品质极好
5 ～ 10	品质良好
10 ～ 15	品质中等
>15	品质低劣

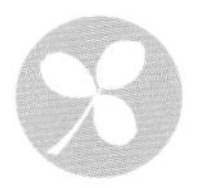

ᠲᠤᠰᠤᠨ ᠬᠦᠴᠢᠯ（ᠬᠠᠳᠠᠭᠠᠯᠠᠮᠵᠢ ᠲᠡᠵᠢᠭᠡᠯ ᠦᠨ ᠬᠠᠭᠤᠷᠠᠢ ᠪᠣᠳᠠᠰ ᠤᠨ ᠬᠦᠴᠢᠯ %）	ᠬᠠᠳᠠᠭᠠᠯᠠᠮᠵᠢ ᠲᠡᠵᠢᠭᠡᠯ ᠦᠨ ᠴᠢᠨᠠᠷ ᠤᠨ ᠵᠡᠷᠭᠡ ᠳᠦᠭᠦᠭᠡᠯᠡᠬᠦ
>15	ᠴᠢᠨᠠᠷ ᠨᠢ ᠮᠠᠭᠤ
10～15	ᠴᠢᠨᠠᠷ ᠨᠢ ᠳᠤᠮᠳᠠ ᠵᠡᠷᠭᠡ
5～10	ᠴᠢᠨᠠᠷ ᠨᠢ ᠰᠠᠢᠨ
<5	ᠴᠢᠨᠠᠷ ᠨᠢ ᠮᠠᠰᠢ ᠰᠠᠢᠨ

ᠬᠦᠰᠦᠨᠦᠭᠲᠦ 8-7 ᠬᠠᠳᠠᠭᠠᠯᠠᠮᠵᠢ ᠲᠡᠵᠢᠭᠡᠯ ᠦᠨ ᠲᠤᠰᠤᠨ ᠬᠦᠴᠢᠯ ᠤᠨ ᠠᠭᠤᠯᠤᠭᠳᠠᠬᠤᠨ ᠪᠠ ᠴᠢᠨᠠᠷ ᠤᠨ ᠦᠨᠡᠯᠡᠯᠲᠡ

ᠪᠤᠢ ᠪᠣᠯ ᠂ ᠲᠡᠭᠦᠨ ᠦ ᠬᠡᠮᠵᠢᠶ᠎ᠡ ᠨᠢ ᠬᠠᠳᠠᠭᠠᠯᠠᠮᠵᠢ ᠲᠡᠵᠢᠭᠡᠯ ᠦᠨ ᠴᠢᠨᠠᠷ ᠢ ᠦᠨᠡᠯᠡᠬᠦ ᠴᠢᠬᠤᠯᠠ ᠦᠵᠦᠯᠦᠯᠲᠡ ᠶᠢᠨ ᠨᠢᠭᠡ ᠪᠣᠯᠤᠨ᠎ᠠ ᠃ ᠲᠤᠰᠤᠨ ᠬᠦᠴᠢᠯ ᠤᠨ ᠠᠭᠤᠯᠤᠭᠳᠠᠬᠤᠨ ᠢ ᠬᠦᠰᠦᠨᠦᠭᠲᠦ 8-7 ᠳᠤ ᠦᠵᠡᠭᠦᠯᠪᠡ ᠃

（3）ᠰᠢᠩᠭᠡᠨ ᠬᠦᠴᠢᠯ

(三)影响饲草青贮品质的主要因素

1. 原料水分含量

调制青贮时原料水分含量的多少是决定青贮饲料质量的关键环节之一。水分过多，可能造成原料中糖分和汁液的过度稀释，腐生菌和丁酸菌大量繁殖，导致青贮饲料变臭，品质变差，引起养分损失；水分过低，青贮时难以压紧，原料间隙留有较多空气，好氧菌大量繁殖，引起青贮饲料发霉腐烂。一般青贮原料水分含量在65% ～ 75%为宜，但也因原料的种类和质地不同而有所差异。豆科饲草含水量以60% ～ 70%为宜，禾本科饲草含水量以65% ～ 75%为宜。

2. 原料糖分含量

原料含糖量的高低直接影响到青贮的效果。青贮原料中含糖量越高，乳酸菌繁殖越快，产生的乳酸就越多，有害微生物被有效抑制；但如果青贮原料中含糖量少，乳酸菌繁殖较慢，产生乳酸就越少，有害微生物不能被有效抑制。所以，若想制成优质青贮饲料，青贮原料中糖分的含量不宜低于干重的6%。含糖量高低因青贮原料不同而有差异：青贮玉米、高粱、禾本科饲草等，含糖量较高，易于青贮；豆科饲草含糖量相对较低，青贮时可与禾本科饲草按一定比例混贮，或外加青贮添加剂，如糖蜜等，以增加含糖量。

3. 原料的缓冲能力

青贮原料的缓冲能力，也就是饲草青贮后抗御pH改变的能力，是影响青贮饲料调制品质的主要因素。缓冲能力越高，pH下降越慢，营养物质的损失也越多，品质就越差。青贮原料的缓冲能力依赖于有机酸及盐的含量，且蛋白质的贡献率占10% ～ 20%。豆科饲草粗蛋白含量高于禾本科饲草，因此豆科饲草的缓冲能力高于禾本科饲草，较禾本科饲草难于青贮。此外，随着饲草成熟，缓冲能力下降，施用氮肥可提高缓冲能力。

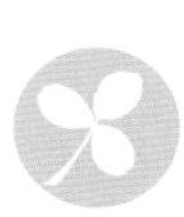

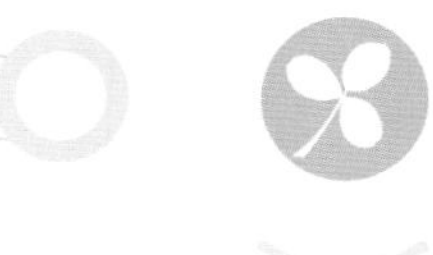

4. 发酵温度

青贮原料装入青贮窖后植物细胞仍在呼吸，同时放出热能。青贮环境温度的变化对青贮发酵品质的影响较大，因为温度对所有微生物都有影响。一般乳酸菌适宜生长温度是19 ～ 37℃，青贮温度过高，造成养分损失，同时延长青贮发酵时间；青贮温度过低，会限制乳酸菌的繁殖，造成青贮饲料发酵不完全，另外在开封后也容易引起好氧变质，增加了使用的不安全性。因此，必须掌握好窖内温度，一般以20 ～ 30℃为宜，最高不要超过37℃。

5. 原料的切碎长度

青贮原料的切碎长度会影响青贮的密度、渗出液的产生、发酵速度、好氧变质及利用过程中的损失程度。切碎长度越短越容易压实，密度增加，且对植物细胞壁造成破坏越大，释放可溶性碳水化合物的速度越快，发酵品质就越高。

6. 装填速度

收割后植物细胞并未立即死亡，在1 ～ 3天内仍进行呼吸。此外，附着在原料上的酵母菌、霉菌、腐败菌和乙酸菌等好氧性微生物，利用植物细胞中的可溶性碳水化合物等养分进行生长繁殖。植物呼吸时间过长，会导致原料发黄、过热焦变、腐烂损失等变化，影响青贮质量。在青贮时，快速装填有利于缩短青贮过程中需氧发酵时间，减少养分损失，从而提高青贮饲料的品质。

7. 气象因素

降雨：降雨不仅给青贮调制作业带来不便，同时青贮原料被雨淋湿会增加原料的水分含量，容易产生品质差和不稳定的青贮饲料。因此，应尽量避免在阴雨天刈割、晾晒和调制青贮。

强风：强风会导致饲草以及饲料作物倒伏，不仅不利于收割作业，同时饲草上会粘上泥土，泥土上附着的有害微生物会影响青贮发酵，降低饲料品质，还会带来卫生安全隐患。

霜冻：霜冻会直接影响饲草的成熟，降低籽实中的淀粉、糖和蛋白质含量，影响发酵品质和适口性。此外，霜冻后的干玉米叶片上有时会附着有大量的霉菌，调制青贮时会影响发酵品质。

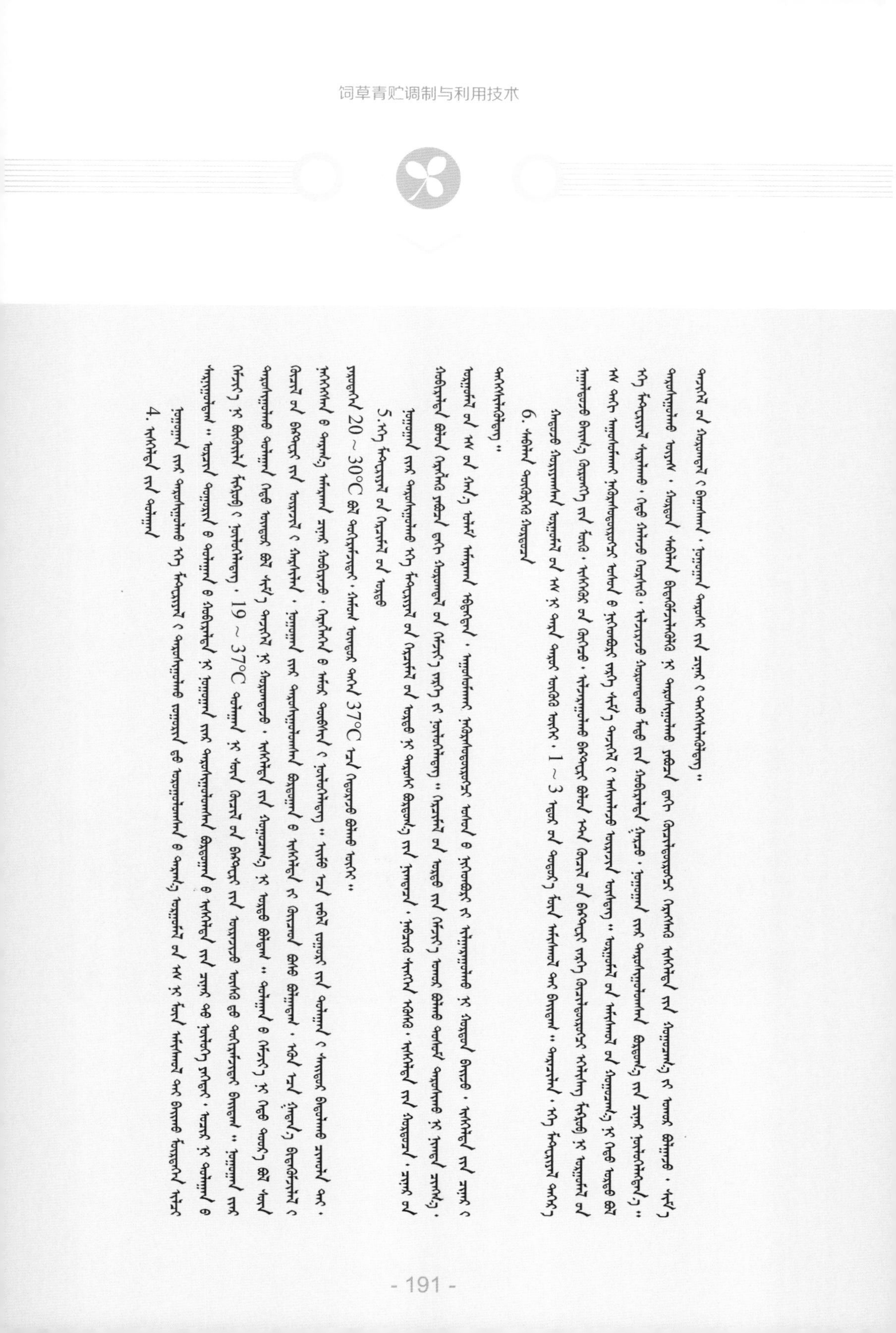

4. [illegible]

[illegible] 19 ~ 37°C [illegible] 20 ~ 30°C [illegible] 37°C [illegible]

5. [illegible]

[illegible]

6. [illegible]

[illegible] 1 ~ 3 [illegible]

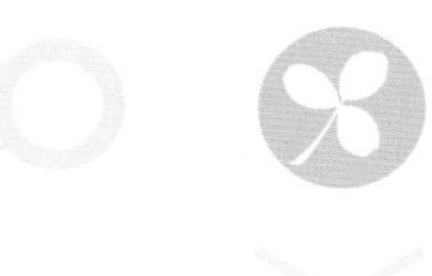

8. 压实密度

青贮原料高密度装填可将容器内的空气排出，一方面提高青贮饲料的品质，另一方面可有效防止青贮饲料好氧变质。

9. 青贮过程中养分损失

植物呼吸消耗：刚收割的青贮原料，依靠分解自身贮存的营养物质继续进行生理活动（如呼吸、蒸腾等）。

机械损失：机械损失主要发生在收割、压扁、搂草和翻晒作业过程中（图8–4）。

10. 其他因素

青贮饲料的品质还受饲草种类、栽培管理措施、收获时间及调制技术等的影响。

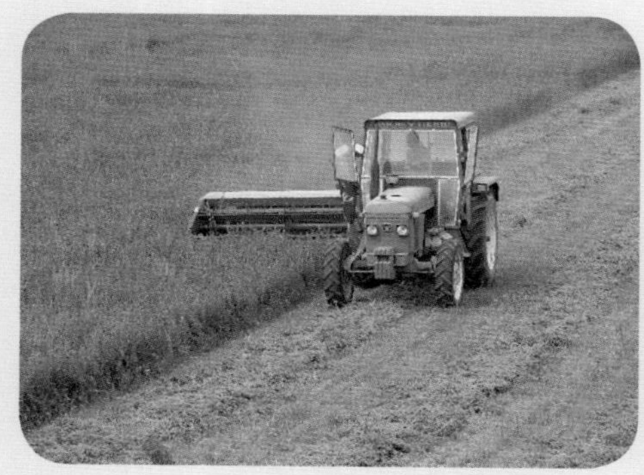

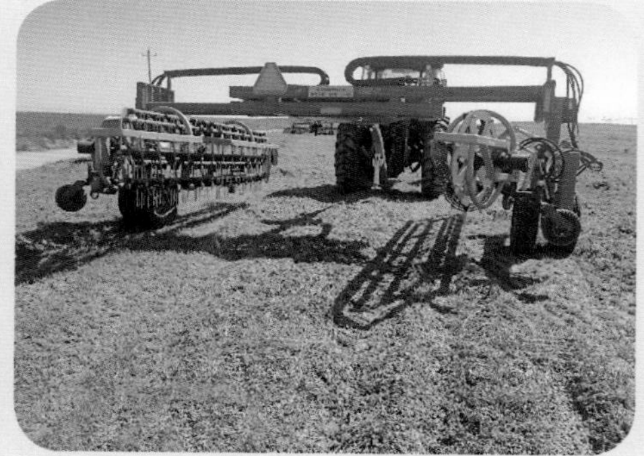

图8–4　机械损失

7. [illegible]

[illegible]

[illegible]

[illegible]

8. [illegible]

[illegible]

9. [illegible]

[illegible]

[illegible] ([illegible] 8-4) ::

10. [illegible]

[illegible]

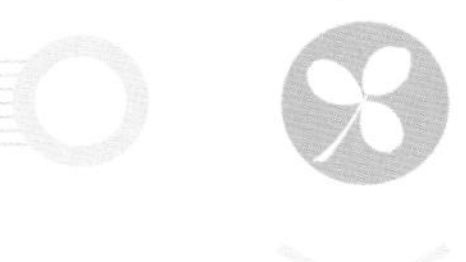

九、青贮饲料的管理及饲喂

（一）青贮饲料的管理

青贮过程中良好的管理方法可以使青贮饲料长期保存，并能够将青绿饲料中绝大部分养分保留下来，而无人管理或者管理不当会造成青贮饲料营养价值损失甚至霉变，通过合理的补救措施可以把损失降到最低。所以，开窖前和开窖后均需要进行妥善的管理。

1. 开窖前的管理

（1）检查密封，防止漏气：对于青贮窖和青贮壕来说，原料装填密封后经过5～6天就会进入乳酸发酵阶段，此时设施内的原料就会开始发生脱水和软化，体积收缩，原料随之下沉。随着原料的下沉，密封后的顶盖会出现裂缝，如果盖顶的土过于黏重，发生干后坚硬起拱也会出现悬空，导致空气进入窖、壕内，使青贮饲料品质下降。一旦发生漏气就会出现发热和腐烂变质，这也是青贮失败的一个重要原因，因此要及时检查青贮设施的密封情况（图9–1）。

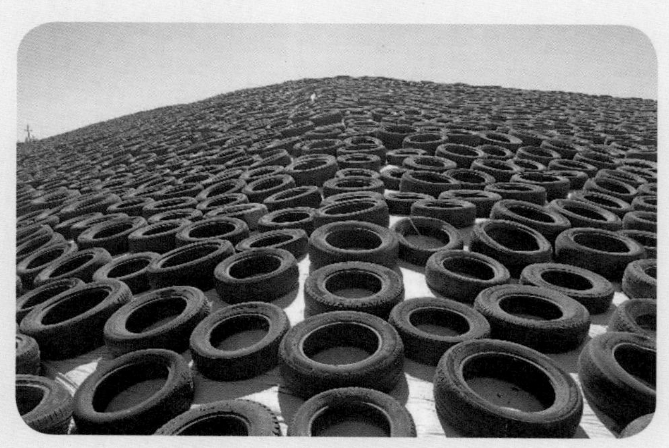

图9–1　保持良好密封

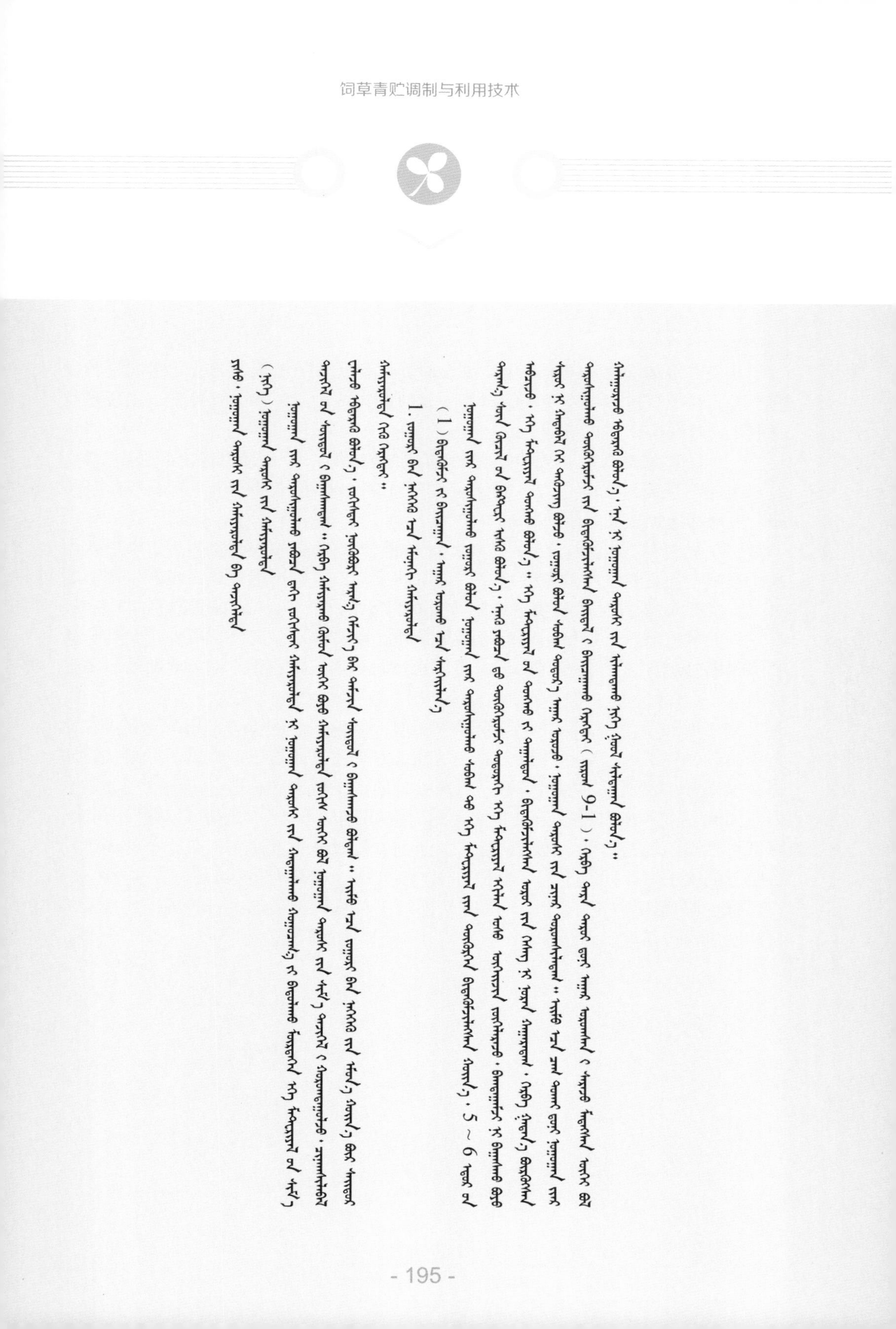

从青贮后的第3天开始，应该每天对青贮窖、青贮壕顶盖的变化情况进行检查。当原料下沉过程中发现裂缝时，要及时踩实或拍实，并进行补土，出现悬空时也要及时踩实，并重新培土。

（2）防止家畜踩踏：无论是青贮窖还是青贮壕，为了避免其顶部受到损坏，最好在周围用障碍物围起来，避免家畜在顶部踩踏而产生漏气，进而引起变质，如发现顶部破损应及时修补。

（3）做好防御措施，防止进水：青贮窖、青贮壕内不能进水，如果渗入雨水，轻则会使青贮饲料的酸度增高，适口性下降，重则腐烂变质，不能饲喂。所以，青贮作业即将封顶时要考虑到顶部的防水问题，顶部最好光滑且有一定坡度，确保水流顺畅，最好用塑料薄膜等覆盖，以防渗水。此外，要在青贮窖、青贮壕四周30厘米左右处挖排水沟，将雨水及时排出，防止雨水流入青贮窖、青贮壕内。

（4）增加覆盖物，防止顶层受冻：一般调制完成后的青贮饲料，尤其是在北方青贮时，要经过寒冷的冬天，往往是在冬春季才开始进行饲喂，所以要注意防冻。如果青贮窖顶上不加覆盖物，封盖窖顶的泥土就会被冻透，进而变得非常坚硬。如此一来，在启封破土时非常费劲，还可能因开启不当使取料口开得很大，降低青贮设施的密封性。综上所述，为了使青贮设施顶部避免因冬季严寒而冻结成较厚的冻土层，同时也为了取料方便，减少破土时耗费更多的人工，应在青贮窖、青贮壕顶部增加覆盖物，可将1米厚的干草堆积在顶部进行防冻，每次取完料后切记将顶部重新盖好。

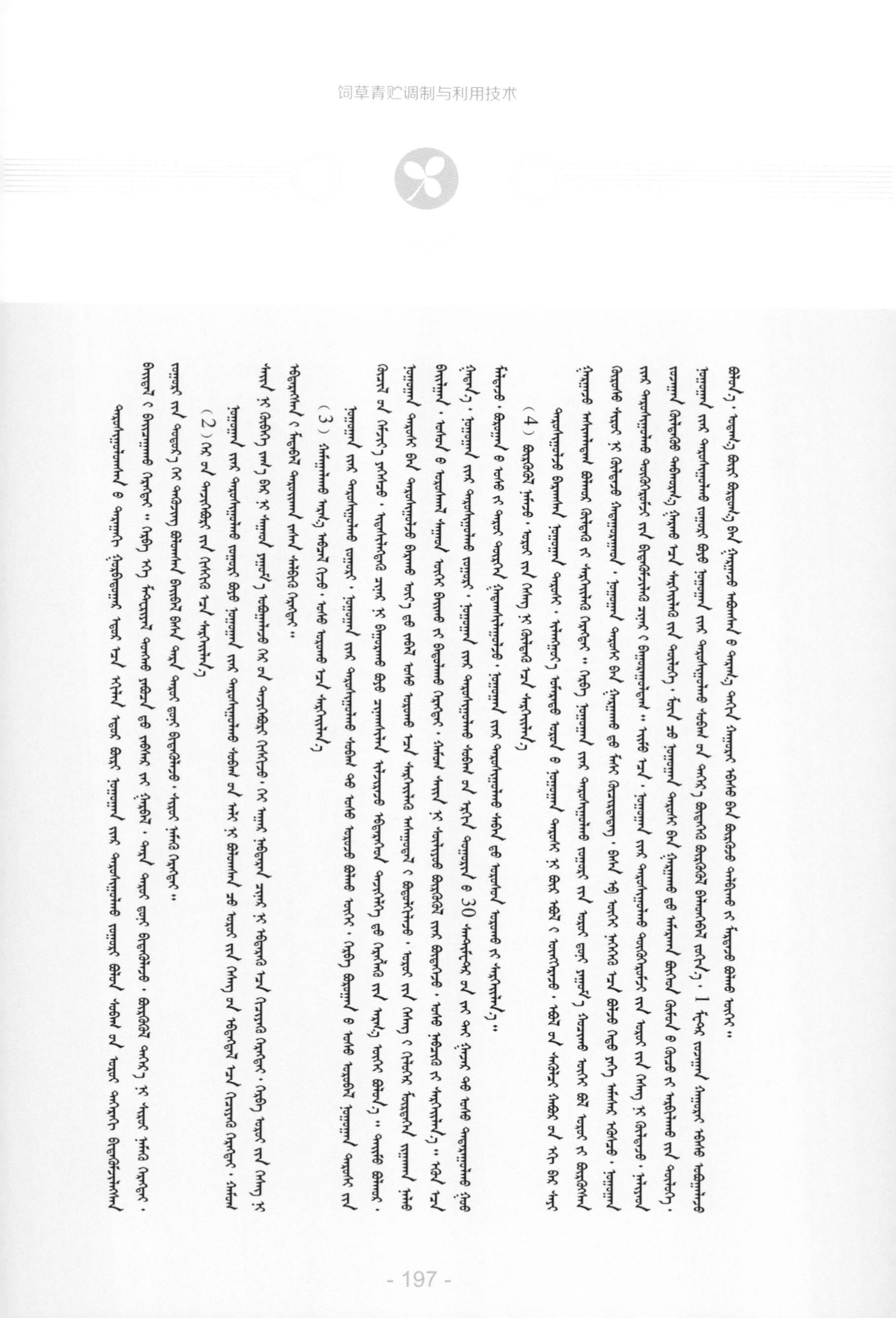

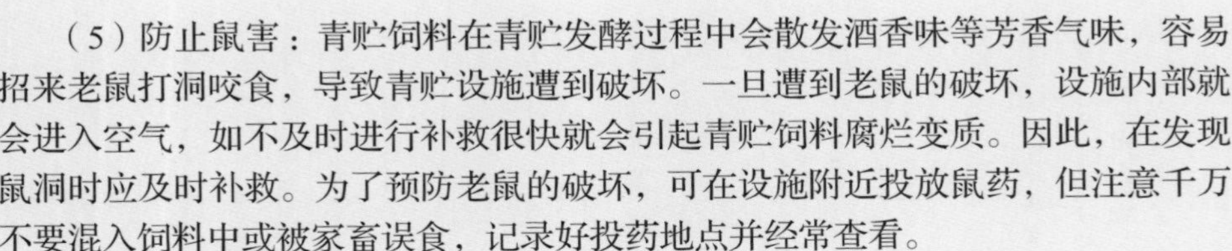

（5）防止鼠害：青贮饲料在青贮发酵过程中会散发酒香味等芳香气味，容易招来老鼠打洞咬食，导致青贮设施遭到破坏。一旦遭到老鼠的破坏，设施内部就会进入空气，如不及时进行补救很快就会引起青贮饲料腐烂变质。因此，在发现鼠洞时应及时补救。为了预防老鼠的破坏，可在设施附近投放鼠药，但注意千万不要混入饲料中或被家畜误食，记录好投药地点并经常查看。

2. 开窖后的管理

青贮饲料发酵完成后就可以开窖饲喂，但打开时间的早晚和打开方法对青贮饲料的品质会有较大影响。

（1）开封时间：打开时间会因青贮原料的不同有所差异，如玉米、高粱、苏丹草等禾本科饲草含糖量较高，容易青贮，发酵需要30～35天；秸秆质地较硬，发酵需要50天左右；豆科饲草等低含糖量、高蛋白、高缓冲能的饲料，发酵过程需要50天以上。

（2）开封及取用方法：青贮设施打开前，要先清理顶部的土、草等杂物，防止杂物混入青贮饲料中引起变质。若顶部为长方形，应在一端开口，分段取用，切勿打洞掏心，使表面长期裸露。在取用时应自上而下分层取用，取用多少根据饲喂量确定。取用后立即将顶部盖好，减少空气进入。

3. 防止好氧变质

好氧变质就是在打开青贮设施后，因管理不当，青贮饲料与空气接触，被抑制的好氧微生物，尤其是酵母和霉菌开始生长繁殖，导致青贮饲料发热，温度急剧上升，出现饲料腐败变质现象，也叫二次发酵。

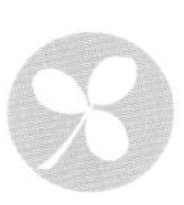

青贮饲料发生好氧变质，既有内因也有外因。外部原因主要是青贮设施内部的环境变化等。内部原因有青贮密度、青贮原料的水分含量等。在生产实践中往往是由于内部和外部因素的综合作用，造成了好氧变质。好氧变质一旦发生，会产生诸多不利影响。首先，发生好氧变质时，饲料会因为质量降低而导致适口性降低，家畜的食用量也会随之减少，饲料的能量、蛋白质的利用效率下降；其次，好氧变质时会产生霉菌，其含有毒有害成分，会使家畜出现产乳量降低、流产、繁殖力降低、中毒等现象，乳房炎的发病率也会有明显上升。有研究表明，好氧变质在近些年已经成为阻碍奶量高产的主要原因。

（1）微生物防止好氧变质：为了防止好氧变质，在制作青贮饲料时要选择能抑制好氧变质的酵母菌及霉菌的添加剂调制青贮饲料。可以添加乳酸菌来促进发酵，使青贮饲料的pH快速下降，从而起到抑制酵母菌、霉菌等的不良发酵。

（2）物理方法防止好氧变质：好氧变质的原因是因为青贮饲料接触到了空气，可以使用物理的方法阻隔空气和青贮饲料接触，这样可以防止饲料的好氧变质。但是需要注意以下几点。

设施要做到严格密封，不能漏气。因此在青贮前要检查青贮设施的内壁上有没有裂纹。

青贮原料要适时刈割，太早生长发育不完全，太迟原料纤维含量增加，不利于高密度青贮。原料进行切短处理并充分压实后，可提高青贮的密度，这样即使在开封后空气进入设施内部也可以有效防止好氧变质。

在取出饲料时要考虑取出的量与青贮容器是否适应，因为就算增加青贮的密度，也会留有一定空隙，空气会从饲料表面进入，浅处较多，深处较少，如果每次取出的饲料量较少，空气会进入饲料更深处，引起不良微生物的繁殖。所以必须在好氧细菌大量繁殖前把饲料取出饲喂。

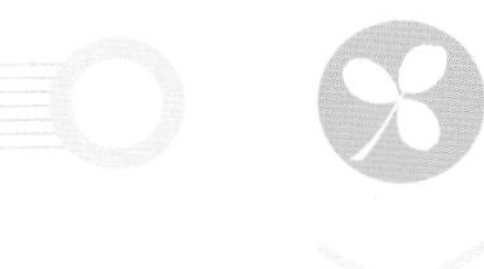

（3）化学方法防止好氧变质：常用的化学方法是往青贮饲料中加入化学制剂来抑制酵母菌及霉菌的生长繁殖，避免引起好氧变质，其中添加丙酸效果较好。丙酸的添加量在0.2%～0.5%时，可以在一定程度上抑制好氧细菌的繁殖；添加量达到0.5%～1%时，大部分的好氧细菌都能被抑制。其他添加剂如丙烯酸、尿素、山梨酸等也可以一定程度上防止青贮饲料的好氧变质。

（4）合理取料：对于大型青贮设施，取料时要十分迅速，应按顺序、分层次从设施中取料（图9–2）。竖直的青贮设施要从上到下取料，长型的设施由一端向内取料。取料时的开口要小，动作要快，完成取料后要迅速封闭开口，并用重物压上，防止空气进入。每日的取料用量要合理安排，做到喂多少取多少，现取现喂，以保证饲料的新鲜，不能一天取数次或者取一次饲喂数天。取出的青贮饲料要放在通风、阴凉、干净的地方，以防止细菌污染。

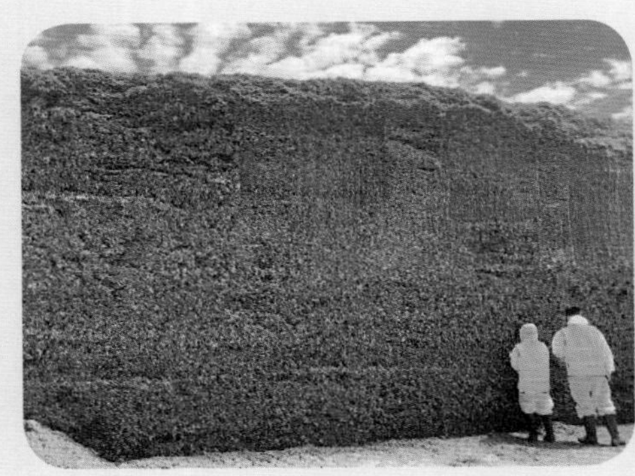

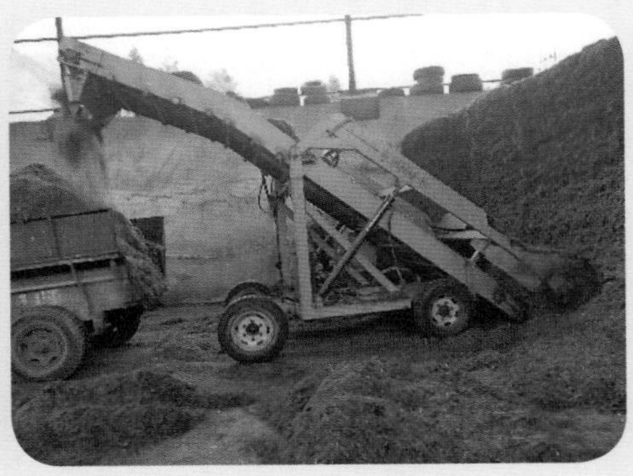

图9–2　合理取料

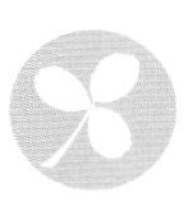

[illegible]

[illegible] ([illegible] 9-2) [illegible]

(4) [illegible]

[illegible] 0.2% ~ 0.5% [illegible] 0.5% ~ 1% [illegible]

(3) [illegible]

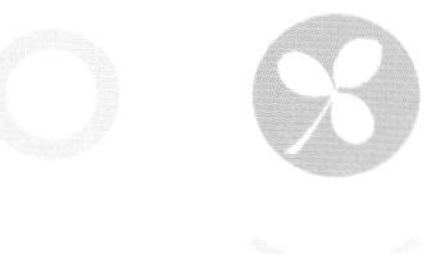

（二）青贮饲料的饲喂

1. 不同类型家畜的饲喂

通常家畜在刚开始时都会因为不习惯青贮饲料而拒食，需要进行驯喂。驯喂的方法有四种：第一种，在家畜饥饿时少量喂食青贮饲料；第二种，先将少量青贮饲料和其他饲料混合喂食，再喂食其他饲料；第三种，将青贮饲料放到饲槽的最底部，上面放其他饲料，逐渐让家畜熟悉气味；第四种，将其他饲料与青贮饲料混匀给家畜喂食，经过7～10天的饲喂，大多数家畜就喜欢采食了。经过不断的驯喂，青贮饲料的用量由少到多逐渐增加，直至达到日粮的要求为止。

在喂食青贮饲料时要合理搭配，因为青贮饲料虽然优质多汁，但不是家畜的唯一饲料，即使是某种家畜的专用青贮饲料，也不能作为其唯一饲料。由于青贮饲料的含水量较多，干物质含量相对较少，仅喂食青贮饲料不能满足家畜的需要，尤其是产奶的母畜、种公畜和生长发育家畜的营养需要。此外，家畜如果长期食用一种饲料会发生厌食或拒食的现象。所以，青贮饲料必须与其他干草、青草、精料等按家畜营养需要合理搭配。使用无机酸添加剂的青贮饲料中，由于无机酸会影响动物体内的矿物质代谢，出现钙的负平衡现象，所以喂食此类青贮饲料时要注意合理补钙。

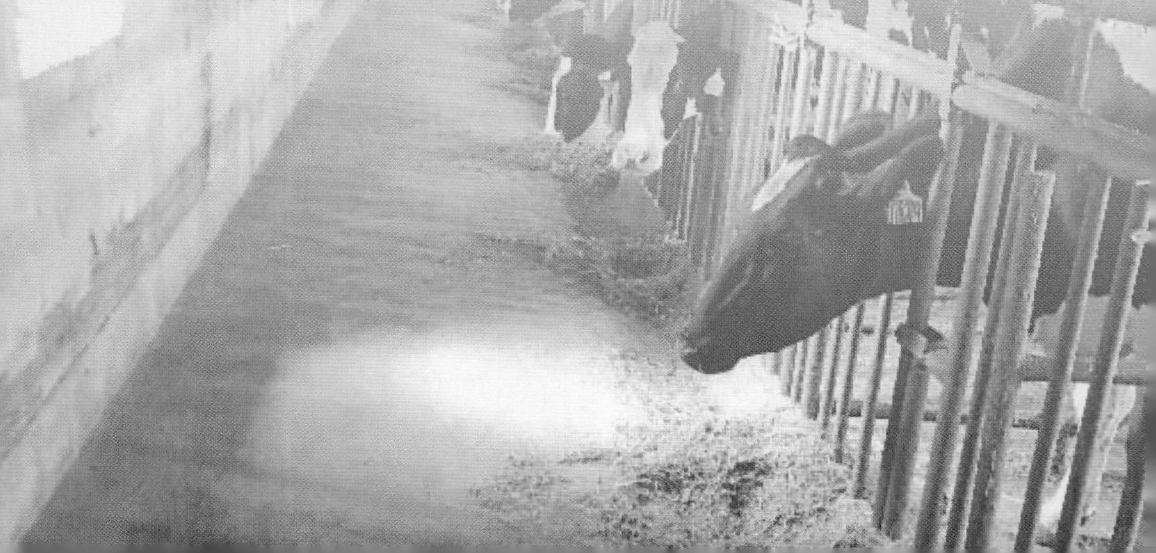

1. ᠳᠡᠭᠡᠵᠢ ᠶᠢᠨ ᠰᠣᠩᠭᠣᠯᠲᠠ

(ᠨᠢᠭᠡ) ᠰᠢᠯᠤᠰᠤ ᠲᠡᠵᠢᠭᠡᠯ ᠦᠨ ᠳᠡᠭᠡᠵᠢ

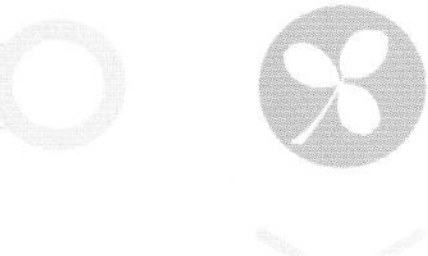

饲喂时，青贮饲料用量的控制要综合考虑青贮饲料的种类、品质、搭配的其他饲料以及家畜的种类、生理状态、年龄等各种因素。例如按奶牛的体重计算，每100千克体重喂食青贮饲料8千克，一头500千克的高产奶牛每天可喂40千克青贮饲料；一头300千克的育肥肉牛，每天可喂25千克青贮饲料；对于幼畜要少喂，5个月以内的犊牛一般从饲草中摄取1/3的干物质，从谷物中摄取2/3的干物质，而且较小的母牛不宜喂尿素；对临产和产后的母牛也应该少喂青贮饲料。不同动物青贮饲料的具体饲喂量可参照下表（9–1）。

表9–1　不同家畜青贮饲料的合理饲喂量

家畜种类	适宜喂量（千克/头）	家畜种类	适宜喂量（千克/头）
产奶牛	15 ～ 20	犊牛（初期）	5 ～ 9
育成牛	6 ～ 20	犊牛（后期）	4 ～ 5
肉　牛	10 ～ 20	羔　羊	0.5 ～ 1.0
育肥牛	12 ～ 14	羊	5 ～ 8
育肥牛（后期）	5 ～ 7	兔	0.2 ～ 0.5
马、驴、骡	5 ～ 10	育成猪	1 ～ 3

青贮饲料在饲喂时要保持食槽的清洁，家畜吃剩下的饲料要及时清理出去。先空腹喂食青贮饲料，再喂干草和精饲料，以缩短青贮饲料的采食时间。在饲喂的过程中如果发现家畜有拉稀现象，应减量或停止饲喂，待家畜恢复正常后再进行饲喂。

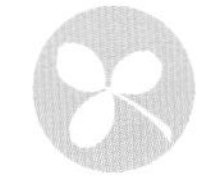

[illegible] ᠃

[illegible] ᠃

[illegible]	5～10	[illegible]	1～3
[illegible]	5～7	[illegible]	0.2～0.5
[illegible]	12～14	[illegible]	5～8
[illegible]	10～20	[illegible]	0.5～1.0
[illegible]	6～20	[illegible]	4～5
[illegible]	15～20	[illegible]	5～9
[illegible]	[illegible]	[illegible]	[illegible]

[illegible] 9 -1 [illegible]

[illegible] ([illegible] 9-1) ᠃

[illegible] 2/3 [illegible] 5 [illegible] 1/3 [illegible] 40 [illegible] 300 [illegible] 25 [illegible] 100 [illegible] 8 [illegible] 500 [illegible] ᠃

（1）奶牛：青贮饲料是奶牛主要的粗饲料来源（图9–3），青贮饲料的品质高低甚至会直接影响一个牧场的经济状况。一头奶牛每天采食青贮玉米40千克而不会产生消化上的异常，因为青贮饲料发酵的特性，可不同程度地改善家畜肠道对营养物质的吸收能力，同时也对产乳量的提高有明显作用。青贮原料的收获时期、切碎长度、萎蔫程度，以及青贮饲料的发酵品质、消化率或代谢能含量是影响奶牛奶产量的主要因素。研究表明，高质量的青贮饲料每千克干物质可以维持1.3千克左右的奶产量。当奶牛饲喂青贮饲料与精料的混合料时，可以维持更高的产奶水平。此外，青贮饲料不仅能够提高乳脂率，还能降低肠道疾病和乳房炎的发生。

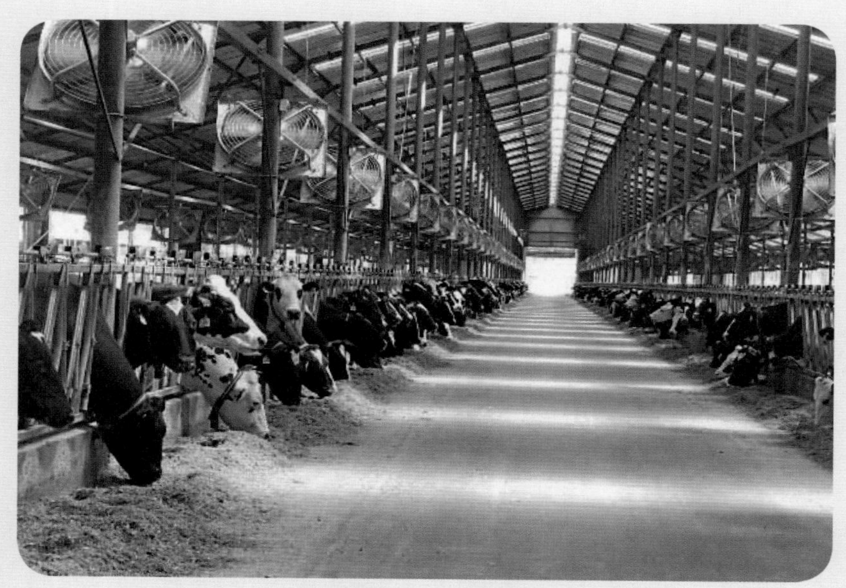

图9–3　饲喂奶牛

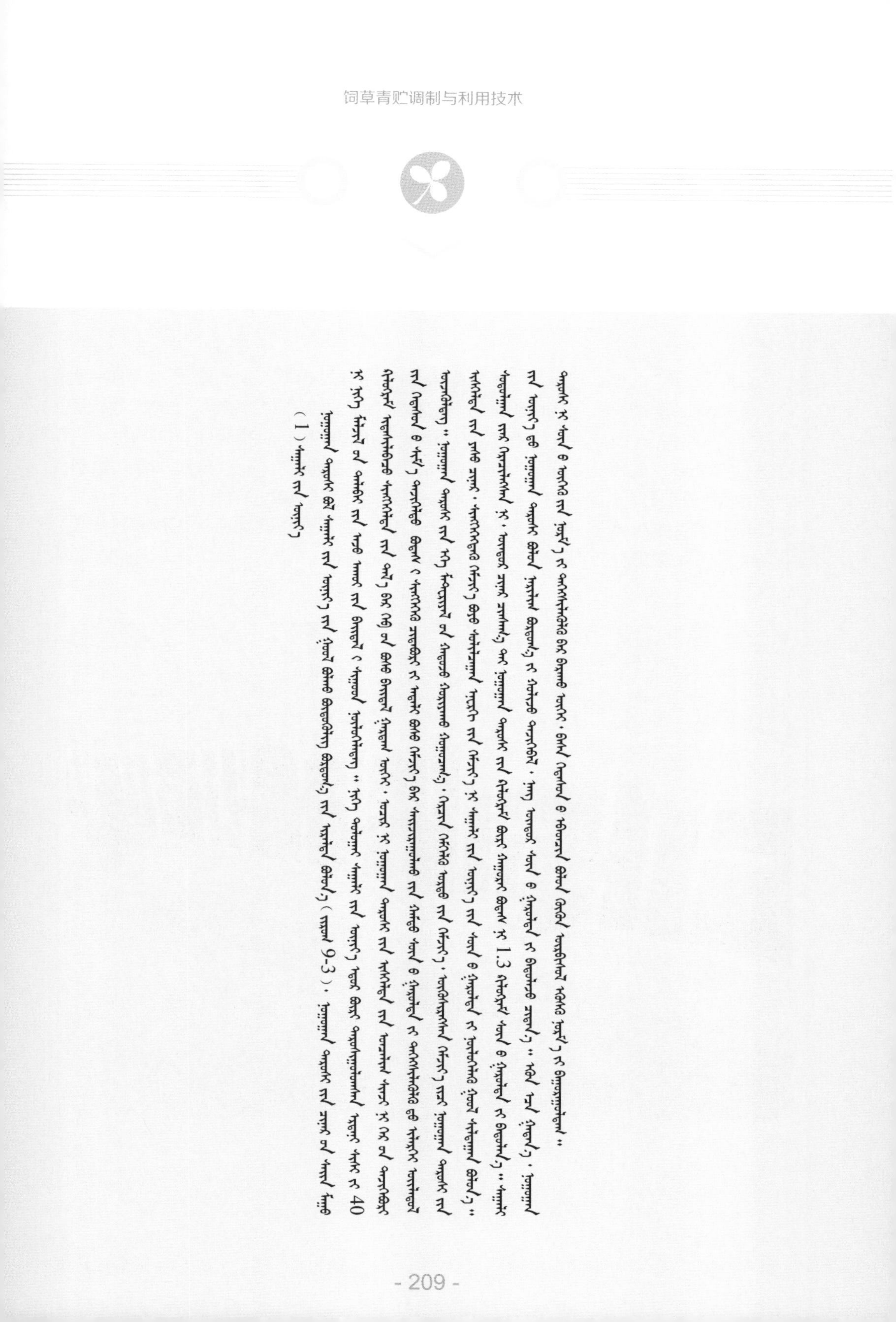

[illegible]

（2）肉牛：人们往往认为青贮饲料是奶牛的专属饲料，但实际上，在肉牛生产中青贮饲料也是饲草与其他粗饲料的重要辅助（图9–4），二者结合饲喂就能供应全年的饲料。在内蒙古9～12月寒冷季节使用青贮饲料饲喂肉牛，平均每天可增重0.63千克，而每天饲喂干草的肉牛平均体重则减少0.1千克。使用青贮饲料饲喂肉牛牛犊时要注意：小于6个月的牛犊需要专用的青贮饲料，所用原料必须是幼嫩且富含维生素和可消化蛋白质，并能促进肠胃发育的饲草，这些原料主要有孕蕾期一年生的豆科饲草、抽穗期的禾本科饲草等。

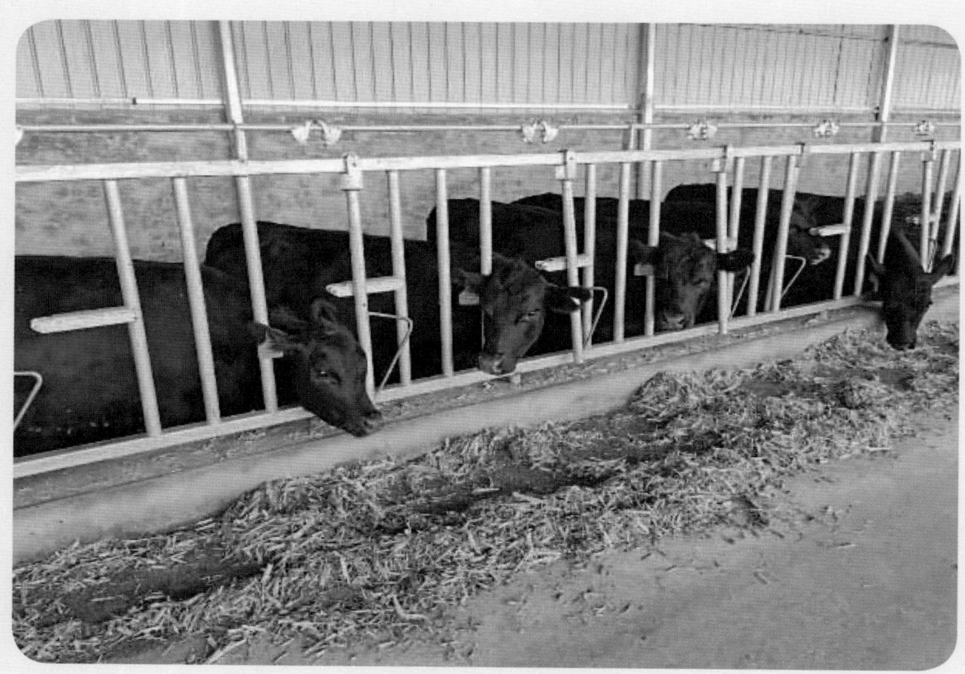

图9–4　饲喂肉牛

[illegible] 0.63 [illegible] 0.1 [illegible] 12 [illegible] 9 [illegible] 6 [illegible] 9-4 [illegible]

(2) [illegible]

（3）绵羊：绵羊是对粗饲料耐受性很强的家畜，最常见的饲料就是农作物秸秆外加自产精料。目前，在精饲料供给不足且价格高昂的情况下，青贮饲料具有显著优势，喂食青贮饲料有利于绵羊的生长发育，可以加快成羊体重及羊毛的增长（图9–5）。绵羊对青贮饲料的要求和牛相似，需要多纤维的原料，灌浆以后收贮的玉米和秸秆等都是很好的过冬饲料。青贮时原料要切碎，若原料水分含量较高还需晾晒后再青贮，因为水分较大会影响饲喂效果。母羊在饲喂青贮饲料后受胎率、羔羊成活率、产毛量和重量等均有所提升。对于怀孕母羊，特别是怀孕后期，如果饲喂太多，容易导致流产，一般青贮饲料的饲喂量不应超过怀孕母羊日粮总量的30%。

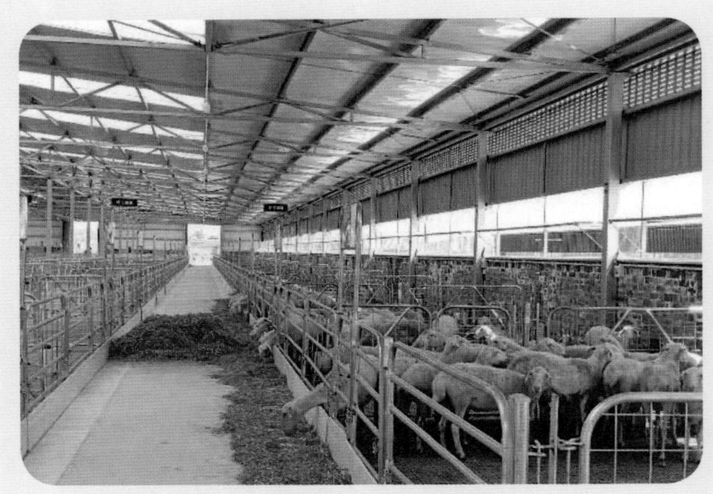

图9–5 饲喂绵羊

（4）马：马是单胃草食家畜，喜欢食用谷草和干草，而青贮饲料都带有酸味，刚开始饲喂时不习惯，必须进行驯喂。一般经过一周左右的驯喂后就可以正常饲喂，逐渐成为其不可缺少的饲料。饲喂时可以先喂青贮饲料，后喂精料、谷草、干草等，也可以混合饲喂。玉米和禾本科饲草制成的青贮饲料喂马效果较好，同时还具有宽肠、消食、下火的作用，尤其对役马作用更明显。

[illegible]

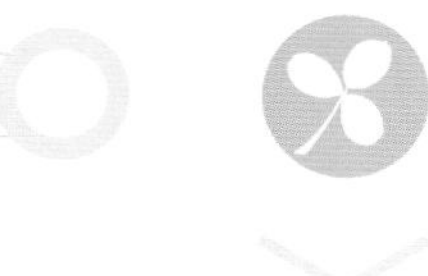

2. 饲喂注意事项

（1）控制饲喂量：青贮饲料属于酸性饲料，家畜食用后会有轻微的腹泻，对幼畜、妊娠母畜、弱畜的饲喂量要控制在适当的范围内。如果用量过多会引起腹泻和妊娠流产等后果，若发现有拉稀等不适症状，要减量或停止饲喂几天，直到恢复正常方可继续饲喂。饲喂时注意不能间断，以免设施内的饲料变质，或给家畜频繁换饲料导致消化不良。

（2）合理搭配：青贮饲料酸甜可口，水分含量较高，当饲料中来自青贮饲料的水分高于50%，奶牛的干物质采食量就会下降，加上青贮饲料发酵过程中蛋白质大量降解，能够被利用的蛋白含量减少，如果长期单一饲喂，家畜还可能会出现厌食现象，因此青贮饲料要和干草、青草、精料等合理搭配。如果按家畜摄取干物质量计算，日粮中青贮饲料的喂量一般不超过干物质总量的50%。

（3）适时饲喂：饲喂奶牛时，要注意饲喂时间的选择，以避免青贮饲料的味道进入牛奶。通常在挤奶后饲喂青贮饲料，其中有气味的物质会在下次挤奶前在体内消化，这样就能避免青贮饲料的味道进入牛奶。

（4）保鲜保温：新鲜的青贮饲料味道鲜美，营养丰富，饲喂效果良好。为使家畜能天天采食新鲜的饲料，要喂多少取多少，每次取出的饲料当天喂完，切记不可把几天的饲料都取出，或者一天多次取用饲料，以免引起青贮饲料发生霉变。家畜采食了发霉变质的饲料会有腹泻、流产、中毒等症状。在取料后要做好密闭措施，防止空气进入青贮设施内。冬季青贮饲料结冰后不能喂食，要在室内化开再喂，若喂食结冰的青贮饲料会引起孕牛的流产。

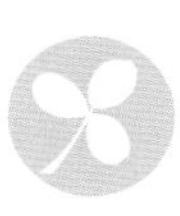